텔로스 (Ⅲ)

5차원의 규약

오릴리아 루이즈 존스 저
정신호 옮김 / 光率 감수

은하문명

텔로스 (Ⅲ) - 5차원의 규약

TELOS Volume 3 - Protocols of the Fifth Dimension

Copyright © 2006 by Aurelia Louise Jones
English Language Copyright © Victoria Lee, Mount Shasta Light Publishing. Mount
Shasta Light Publishing All Rights reserved

Korean translation edition © 2011 Eunha Moonmyoung Publishing. This
translation is Published by arrangement and authorization with
Mount Shasta Light Publishing. Eunha Moonmyoung of Korea All Rights reserved.

이 책의 한국어 판권은 저작권자와 직접 독점 계약한 도서출판 은하문명에 있습니다.
따라서 저작권법에 의해 한국 내에서 보호를 받는 저작물이므로
어떠한 형태로든 무단전재와 무단복제를 금합니다.

텔로스의 대사제 아다마(Adama) 대사

♣ 빛의 대사인 우리들은 본서에서의 단순한 가르침을 통해 쉽고 은총어린 놀라운 상승을 달성하는 데 언제나 필요할 모든 열쇠를 여러분에게 제공하고 있습니다.

이 책을 가지고 여러분이 무엇을 할 것인가에 대한 결정은 이제 여러분에게 맡겨져 있습니다. 여러분은 책을 한두 번 읽은 후, "흥미롭군!" 하며, 어쩌면 몇몇 친구들과 공유할지도 모르겠습니다. 하지만 신성을 실현해야 할 지금 이 순간에 여러분의 일상생활 속으로 이 놀라운 지혜를 가져다 융합시키는 것을 진정 경시하시렵니까? 아니면 이 지식을 자신의 가슴에다 받아들여 진지한 자세로 여러분의 의식을 5차원의 존재로 진화시킬 간단하고도 마법적인 비결을 깊고 충실하게 연구해 보시렵니까? 그리고 우리와 얼굴을 마주하고 만날 때까지, 또한 상승의 전당으로 초대 받을 때까지 그것을 실행하실 건가요?

우리의 가슴에 있는 사랑하는 형제들이여, 그것은 여러분에게 맡겨져 있습니다. 여러분이 지금 모든 열쇠를 쥐고 있습니다! 여러분이 자신의 가슴 속에 있는 그 단순하면서도 귀중한 지혜의 비결을 풀 때, 우리는 다른 한쪽에서 사랑의 품으로 여러분을 맞이하기 위해 기다리고 있을 것입니다.

- 아다마와 아나마르, 그리고 레무리아의 여신 -

헌 사

깊은 사랑과 존경의 마음으로 나는 이 저작(著作)을 인류가 5차원의 의식으로 진화하는 데 필요한 거대한 빛의 확장을 돕고자 삼라만상의 지고한 창조주이신 신(God)과 지구 행성의 여신께 바칩니다.

나는 또한 레무리아 시대부터 사랑의 신의 불꽃을 간직하고 있는 텔로스에 있는 나의 영적 가족, 아나마르, 아다마와 아직도 그곳에 존재하는 텔로스의 나의 두 아이들인 딸 에리아와 아들 바리엘에게도 이 책을 바칩니다. 나는 또한 이 책을 이 행성의 영단과 마이트레야(彌勒) 대사님께도 헌정하는 바입니다.

나는 이곳 지구상에서 이 책 내용을 자신의 가슴으로 진지하게 받아들여 읽고 있는 여러분 모두를 초대합니다. 여러분은 바로 여기에서 5차원의 의식을 달성하고 또 우리의 충만한 신성을 구현하기 위해 우리 각자에게 필요한 심원한 변화를 허용하고 있는 것입니다. 우리의 신성한 본질로 이루어진 충만한 권능과 상승한 대사들의 무한성 속에서 우리 모두가 지구를 걸을 때, 그것이 무엇과 같을지를 상상해 보세요!

— 오릴리아 —

감사의 말

나는 레무리아인들이 수행하는 임무를 지원해 온 세계의 모든 친구들에게, 그리고 이 중요한 과업을 자신들 국가의 언어로 출판해준 모든 이들에게 나의 깊은 감사를 표하고자 합니다.

나는 특히 2008년과 그 이후, 인류 의식의 큰 확장이 일어날 것을 기대하고 그것을 준비하는 데 필요한 조직을 만들기 위해 꾸준히 일해 온 몬트리올의 〈세계 텔로스 재단〉 회원 모두에게 가장 깊은 감사를 표하고 싶습니다. 나는 텔로스 재단의 임무에 대한 지속과 성공을 보장하기 위해 지난 5년 동안, 일주일 내내 자신의 많은 시간을 지원해 준 라인 오렛에게도 특별히 감사를 드립니다.

나는 또한 텔로스 프랑스 재단의 대표인 가스톤 템플만에게도 감사를 드립니다. 그의 헌신적인 노력은 프랑스와 유럽에서 레무리아인 임무가 확대되는 것을 준비하며 지원하고 있습니다.

여러분이 없다면, 우리 텔로스 가족과의 재연결을 통해 지금 드러나고 있는 기적적인 사랑과 우리들 사이에서 그들의 출현을 위한 준비는 없을 것입니다. 여러분 모두에게 나의 가장 깊은 감사와 영원히 변치 않는 우정을 표하는 바입니다.

— 오릴리아 —

서 문

아나마르와 아다마

  우리 창조주의 빛과 사랑으로 나는 오늘 여러분에게 인사를 드립니다. 나는 오릴리아를 가장 사랑하는 아나마르이며, 텔로스의 원로위원회의 한 위원입니다. 내 곁에는 텔로스의 대사제이신 아마다와 레무리아의 에너지로 모든 것을 재결합시키기 위해 우리의 임무를 선도하는 단원들이 있습니다. 여러분이 지금 듣고 있는 것은 내가 나의 오릴리아와 함께 공유하고 있는 신성한 합일의 주파수를 모든 이들이 인식하기를 기원하는 나의 목소리입니다.

  아다마와 나는 이 책에다 시선을 고정시키고 있는 모두 이들에게 무한한 축복을 드리며, 그들의 에너지와 더불어 모든 것을 함께 나눌 것입니다. 오늘날 우리의 기쁨은 우리가 오릴리아의 고유한 진화와 발견의 여정을 목격하고 있듯이, 사랑하는 오릴리아와 함께한다는 것입니다. 그녀는 자신의 모든 지혜를 스스로 드러내고 자신만의 가슴 속에서 재생시켜서, 그 다음엔 그것을 세상에 선사합니다. 그래서 우리는 그녀를 대단히 존경합니다.

  우리는 동일한 영혼의 여러 측면들이므로 우리의 에너지들이 합쳐져서 삼위일체를 표현해 냅니다. 우리 모두는 여러 생애 동안 샤스타 산의 가슴 속에서 살아 왔습니다. 우리의 영혼들은 우리의 위대한 어머니인 지구의 모든 이들에게 그 가르침을 확대시키는 빛의 임무와 가장 중요한 레무리아 가슴의 진동을 확장시키는 임무로 서로 연결되어 있습니다. 아다마와 나는 베일 (Veil)의 이편에서 그것을 행하고 있으며, 또 오릴리아는 다른 한편에서 그것을 행하고 있는 것입니다.

그녀의 본보기는 여러분 각자가 자신의 가슴 속에서 인지할 수 있습니다. 여러 해에 걸쳐서 그녀는 인류의 비통과 탄원을 들어왔고, 도움과 지혜를 제공하기 위해 손을 뻗쳐 왔습니다. 그리하여 여러분 모두는 지금 그녀의 손길과 닿는 문턱에 있으며, 커다란 사랑과 연민으로 우리는 우리의 지혜를 제공하고 여러분을 지원합니다.

오릴리아의 이번 생애에서의 여정은 여러분의 여정과 같습니다. 3차원의 물질성이 5차원의 진동으로 전환되는 가운데 그녀는 자신의 가슴 깊은 곳에서 이해하고 있는 형제애와 사랑의 진실을 구현하려고 애쓰고 있습니다. 그녀의 진실은 또한 우리의 진실이기도 하고, 또 여러분의 진실도 마찬가지인데, 왜냐하면 우리는 모두 하나이기 때문입니다.

우리는 온화한 마음으로 여러분의 차원에 존재하는 강렬한 감정을 인식하고 있습니다. 우리가 이 책에서 나누는 지혜는 우리의 차원에서 우리 각자가 매일 구현하는 단순한 진실이며, 삶의 진실들입니다. 우리의 영혼은 상승하는 지구에 있는 여러분의 영혼 및 그녀의 내부와 외부에 존재하는 모든 왕국들과 함께 결합되어 있습니다. 우리는 이 여정을 통해 여러분의 여정이 유연해지도록, 또 이 거대한 변화의 상태에 놓여있는 모든 것이 균형을 유지할 수 있게끔 우리의 두 팔로 여러분을 부드럽게 끌어안고 있습니다.

우리는 오릴리아가 레무리아의 과업을 실행하며 이 행성을 여행하는 것과 같이 여러분도 자신의 가슴의 사랑과 진실을 우리의 오릴리아와 함께 나누기를 요청합니다. 그녀는 독특하고 기쁨이 넘치는 영혼이며, 그녀의 헌신은 우리의 모두에게 빛나는 본보기입니다. 필요하거나 소망이 있을 때마다 우리를 부르세요. 우리는 손닿을 데에 있습니다. 많은 사랑과 감사와 더불어!

아다마로부터의 소개 및 환영사

　장엄한 지구 변화의 이 시기에 여러분에게 선사하는 텔로스 시리즈의 제3권은 텔로스와 그 너머 여러 세계들로부터 오는 많은 지원과 위대한 사랑이 함께하고 있습니다. 나는 이미 여러분이 지구 행성이 그녀 자신의 영예로운 숙명으로서의 정화와 변형을 위해 그런 변화들을 시작했음을 알아 차렸다고 믿습니다. 그 정화작용을 허용하도록 하십시오. 왜냐하면 "어머니" 지구가 신성을 모독당한 자신의 몸을 재생시키는 것이 지금 가장 긴요하기 때문입니다.

　여러분 앞에 제공된 여기 이 책은 신성과 영적성숙의 새로운 수준으로 여러분의 가슴과 마음이 기지개를 켜도록 계획되었습니다. 여러분이 자신을 지구의 운명에 맞추어 순수한 사랑과 빛의 세상에서의 생존을 위해 의식을 진화시키기를 선택한다면, 자신의 진정한 신성(divinity)을 깨워서 그것을 삶의 가장 중요한 목표로 삼는 것이 절대 필요합니다. 또한 여러분은 상승한 존재 및 그 의식(意識)과 거기에 따르는 책임을 지는 것이 의미하는 바를 완전히 깨달아야 합니다. 여러분은 너무 오랫동안 카르마 게임과 분리에 젖어 있었습니다. 여러분 중 너무 많은 사람들이 아직도 자신의 신성을 완전히 구현하기 위해 깨달아야 하는 의식의 수준에 관해 많은 환상을 붙들고 있습니다. 그리고 상승(Ascension)이 가져다주는 이 영혼의 숭고한 연금술을 위해 자신의 가슴이 열망하는 바를 성취하는 것에 관해서도 마찬가지입니다.

　여러분은 자신의 가슴 속의 정원이 깨어나 우주의 다른 별의 형제자매들과 동등하게 교류할 책임 있는 은하시민이 되기 위한 준비를 해야 합니다. 여러분은 부지런히, 또 변함없이 신성한 존재로서의 자신의 진정한 본성을 깨워야 하며, 완벽하고 신성한 사랑이 결여된 변질된 모든 것을 그 정원에서 제거해야 합니다.

여러분은 완벽한 "하나됨과 내맡김"으로 삼라만상의 창조주이시며 순수한 사랑과 빛의 중심인 자신의 근원과 다시 연결되어야 하겠습니다. 사랑하는 이들이여, 이것이 여러분을 자유롭게 할 것입니다. 텔로스 3권을 위해 메시지를 전해 온 우리 모두는 이미 신적인 사랑의 단계를 달성했습니다. 또 그것은 우리가 여러분 스스로 이것을 어떻게 달성할 수 있는지를 당신들에게 보여주고자 하는 위대한 자비와 겸손으로 이루어진 것입니다.

우리의 사랑하는 오릴리아는 "하나됨"의 세계로 들어가기를 요구하는 사랑과 내맡김의 단계를 자신의 가슴의 정원 안에서 이해할 수 있을 때까지 이 내용을 수신할 수 없었습니다. 그녀는 이 책에서 여러분에게 도움이 되고자 그녀가 지금 성취한 수준에 이르는 과정에서 그녀만이 경험했던 어려움과 좌절에 관한 것과 또 우리와 가졌던 문답의 어떤 부분들을 공개하는 데 동의했습니다. 그녀는 이와 더불어 여러분을 위해 그녀 자신의 고통들을 밝히기로 했습니다. 그것은 한 사람이 성취할 수 있는 것은 또한 모든 이들이 똑같이 해낼 수 있다는 것을 여러분에게 보여 주게 될 것입니다.

기본적으로 비록 여러분의 문제와 어려움이 다양한 방식으로 나타난다 하더라도, 그것들은 같은 핵심의 문제에서 유래합니다. 여러분의 각자의 내면에 있는 신성은 아직 완전히 깨어나지 않았지만, 그것은 창조주의 가슴으로부터의 순수한 사랑으로 이루어진 하나의 세포를 상징합니다. 여러분은 결코 분리되지 않았습니다. 우리는 우리의 채널인 오릴리아가 "여러분의 신성인 태양"을 향해 나아가고 있는 여러분 모두를 돕기 위해, 그리고 자신의 경험에 관해 집필할 수 있기 위해 그녀의 가슴과 영혼의 정원에 있는 잡초를 제거하고자 바쳐 온 노력에 대해 매우 감사하고 있습니다.

이 제3권은 에테르적인 신전에서의 명상과 활성화와 같은 여러 가지의 도움 되는 도구들을 제공하고 있습니다. 이 책에서 여러분은 장엄한 "상승의 전당"으로의 입장을 허락 받기 위해 받아들여야 하는 윤리관에 대한 규약과 규칙들을 발견할 것입니다. 본서는 의식적으로 우리와의 연결을 허용 받는 데에 필요한 다음의 몇 가지 단계들을 여러분에게 제공하고 있습니다. 그러면서도 그것은 훨씬 더 많은 것을 담고 있습니다!

사랑하는 이들이여! 여러분이 우리의 자료를 읽을 때, 우리는 여러분이 나아가는 과정을 지원하며, 우리가 여러분과 함께 함을 알도록 하십시오. 우리는 영광스러운 빛의 형제애로 우리의 가슴이 다시 하나가 되기를 여러분만큼이나 갈망하고 있습니다. 우리는 여러분이 이제 자신의 독특한 여정에 대한 완전한 내맡김과 삼라만상 자체이신 신성한 어버이 신(神)의 의지를 통해 사랑의 가슴으로 모두 귀향하도록 지금 여러분을 재촉하고 있습니다.

창조주의 가슴으로부터 전하는 말씀을 인용하면서 이 소개를 마치겠습니다.

"너희가 다시 그리스도화된 존재들이 됨으로써 체험할 모든 것은 지극히 다정한 사랑이다. 나는 너희가 자신의 가슴 속으로 들어가서 내가 모든 인간뿐만 아니라 너희를 개인적으로 무척 사랑하고 있음을 느끼기 바란다. 누구나 다 매우 귀중하고, 매우 아름다우며, 매우 놀랍고 독특하느니라! 나의 가슴은 오직 그것을 너희에게 보여주려고 애쓰고 있으며, 또 너희의 유산인 사랑을 너희에게 주려고 애쓰고 있다. 나의 가슴의 자녀들이여! 사랑속으로 들어가 전적으로 내맡기도록 하라. 그것이 그리스도 의식이니라. 무엇을 위하여 그리스도가 존재하느냐? 그것은 나의 살아 있는 사랑이노라! 그리고 너희가 무엇이냐! 너희는 사랑의 전달자이노라!"

"내가 사랑이라는 진실은 그것의 홀로그램적 특성 속에서 매우 강하고, 충만하고, 매우 완벽한 일종의 생명의 직물이라는 것이며, 그리하여 모든 사물은 그 외의 모든 사물과 함께 엮어져 사랑을 만들어 내고 있느니라. 이것은 내가 너희를 받아들이는 곳이며, 영원한 '지금(Now)'의 입구로 돌아가는 곳이다. 그것은 너희의 마음이 하나일 때이고, 너희의 가슴이 완전히 열려서 너희가 오직 '본향'이 될 빛만 주시하고 있을 때이다. 너희의 생각과 사랑은 너희의 의지의 에너지에 의해 진행되는 변화의 두 가지 구성 요소이다. 나의 의지가 너희의 안에서 충분히 구현되도록 허용하여라. 그리하면 너희의 귀향이 즐겁고 부드럽게 성취될 것이니라."

"'감사의 마음가짐'이 너희들이 자신의 여정을 커다란 은총과 더불어 갈수 있게 촉진시킬 것이리라. 나의 지극히 사랑하는 자녀들이여, 축복 있을지어다. 나는 너희가 나의 가슴인 '고향'으로 돌아오기를 바라고 있노라. 그곳은 너희로 하여금 슬픔이나 어떤 종류의 결핍도 결코 다시는 겪지 않도록 할 것이며, 또 너희는 한량없는 축복을 받을 것이니라. 나는 너희의 걸음걸이에 천상의 모든 보물들을 깔아 둘 것이다! 이것이 너희를 위한 나의 의지이다. 그것들은 내가 너희 모두에게 수여하고자 간절히 바라는 선물이니라."

Table of Contents
목차

헌 사
감사의 말
서문 - 아나마르와 아다마
아다마로부터의 소개 및 환영사

1부

5차원 의식을 계발하기 위한
훈련과 규약들

1장 5차원 의식으로 깨어나기
   아다마와 텔로스 원로위원회 … 25
   자아를 진화시키는 훈련 … 48

2장 레무리아의 가슴
   1부 - 셀레스티아 … 51
   2부 - 아나마르 … 60
   3부 - 아다마 … 68

3장 아다마로부터 오릴리아에게 전해진 임무

사난다와 오릴리아의 대화 … 77

4장 가슴의 어두운 밤
  5차원으로 들어가는 최종적인 승인을 위한 마지막 입문 단계들 -
  오릴리아, 아다마, 아나마르 … 93
  영적 교신에 관해 … 132

2부

다양한 채널링 메시지들

5장 무와 레무리아의 대형 우주선
  아다마와 오릴리아의 대화 … 139

6장 당신이 일찍이 알고 있던 마법!
  앤싸루스 - 청룡(靑龍)이 말하다 … 155

7장 포시드(Posid)에서 온 메시지
  갈라트릴 … 169

8장 마추픽추의 지구 내부 도시
  쿠스코 … 181

9장 증대된 행성 수정 격자망의 작용과 이용법
  아다마 … 193

10장 영원한 젊음과 불사(不死)의 원천
  아다마 … 203

11장 과세 제도에 대한 평가
    아다마 … 209

3부

신성한 불꽃과 그 신전들

12장 한 주(週)의 7일에 관계된 신의 일곱 불꽃들
    아다마 … 219

13장 계몽의 불꽃, 제2광선의 활동
    주 란토와 함께 하는 아다마 … 227
    계몽의 사원으로 향한 명상 … 250

14장 우주적인 사랑의 불꽃, 제3광선의 활동
    아다마, 폴 베네치안과 함께하다 … 253
    성령의 사도를 위한 행동 규약 – 마하 초한 … 267
    사랑의 수정-장미 불꽃 신전을 향한 여행 – 아다마 … 269

15장 정화와 변형의 상승 불꽃, 제4광선의 활동
    아다마, 세라피스 베이 대사와 함께 하다 … 277
    주 예수/사난다로부터의 인용문 … 290
    텔로스의 상승 신전을 향한 명상 … 292
    원자 가속기/상승 의자 … 297
    탄력형성의 이로움과 힘 … 300
    의식(儀式)을 거행하는 방법 … 302

16장 부활의 불꽃, 제6광선의 활동

    아다마, 예수/사난다, 그리고 나다와 함께 하다 … 311
    5차원에 있는 부활의 신전을 향한 명상 … 342

17장 조화의 불꽃
    조하르(Zohar)의 끝맺는 말 … 351
    상승의 자격을 실현하기 위한 주요 비결 … 354

□ 텔로스 범 세계 재단 안내 … 357

- PART 1 -

●●●

5차원 의식을 계발하기 위한 훈련과 규약들

그대의 육신 안에서 뛰고 있는 심장은
레무리아의 심장과 같습니다.
거기에 귀를 기울이고, 그것을 소중히 하세요.
그대는 불완전하지 않으며, 자신의 전 존재로
이 가슴이 되고자 함에 무능하지 않습니다.
또한 자신의 전체 삶 내내 이런 심장의 주파수로
진동할 수가 있습니다.

- 아다마 -

1장

5차원 의식으로 깨어나기

아다마와 텔로스 원로위원회

이 자료을 읽으시는 여러분 모두에게 많은 축복 있기를 기원합니다. 나는 텔로스의 대사제, 아다마입니다.

나의 가슴으로 여러분을 다시 환영하는 바입니다. 그리고 텔로스 원로위원회와의 모임을 위해 의식으로 우리와 연결되어 합류하기를 요청합니다. 우리의 경험으로부터 모아진 지식은 이런 방식으로 존재하며, 우리의 모든 영혼들로부터 얻어진 지혜의 주파수가 그런 식으로 우리 레무리아인 문화의 위대한 사회로 널리 전달됩니다. 비록 우리가 그것을 "나눔"이라고 부르기를 더 선호하지만, 이렇게 학과를 지도하기 위해 통상적으로 모이곤 합니다. 그러한 각각의 모임은 여러분의 시간으로 보통 4~6시간이 소요되고 있습니다. 그리고 나눔의 에너지가 우리의 공동체 전체에 고루 전달되도록 모임을 시작할 때에 그 취지가 설정됩니다.

우리는 형제와 자매로서, 또 스승과 학생으로서 모이며, 그리고 그런 방식으로 깊은 우리의 개인적 본질을 서로 공유합니다. 이런 나눔을 통해서 우리는 조화와 사랑으로 우리의 집단의식에 대한 진화와 확장을 촉진시키고 있습니다.

우리는 오늘 여러분에게 일상생활 속에서 여러분 자신이 5차원에 다가가기 위해 지금 알고 싶어 하는 5차원의 진동에 대한 규약들을 말하고자 합니다. "5차원으로 상승하기 위해 우리가 무엇을 해야 할 필요가 있나요?" 라는 질문이 있었습니다. 우선 거기에는 반드시 일어나야 할 의식(意識)에 대한 정화와 준비가 있음을 이해하십시오. 기본적으로 여러분의 행성에 지금 세워지고 있는 새로운 현실 안에서 5차원은 여러분이 앞으로 가게 될 일종의 장소가 아닙니다. 오히려 그것은 여러분이 도달하게 될 존재의 상태이며, 여러분의 현재의 영역에서 점진적으로 5차원을 확립해 갈 것입니다.

**5차원은 일종의 진동(振動)인데, 더 정확히 말하면,
진동들로 이루어진 융합으로서
사랑과 신뢰, 자비, 성실, 책임, 은총, 감사의 에너지로
묘사되고 있는,
가장 순수한 형태의 주파수들입니다.**

5차원 속에 있는 우리 사회의 체계와 조직은 이곳에 거주하고 있는 각 개인들이 이런 에너지들을 융합함으로써 유기적으로 흘러가고 있습니다. 텔로스에 있는 우리 레무리아인 공동체

는 우리를 둘러싸고 있는 모든 것과 마음어린 교감 속에서 이런 특성들을 구체화하여 발현시킴에 따라 우리의 5차원적인 경험을 반영하고 있습니다.

그렇다고 우리가 태내에서부터 우리의 의식 속에 존재하는 이런 성숙함과 깨달음을 가지고 나온 것은 아니며, 여러분도 그렇습니다. 전환되고 있는 차원 속에서 매일 지상에 태어나는 새 세대의 아이들조차 스스로 완전히 통달되어 있지는 않습니다. 비록 그들이 여러분이 태어날 때의 상태보다 더 깨어 있기는 하지만 말입니다. 그런 성숙과 깨달음은 우리가 진화하고 있는 지구에서의 경험으로 이루어지는 기쁨과 여정을 통해서입니다. 지금 이 시기의 여러분의 은총은 이제 영적으로 완전히 깨어나 통달의 경지에 들어갈 수 있고, 이런 의식을 여러분 영혼의 기념품으로 간직할 수 있다는 것입니다. 상승하기로 선택하여 이번 생에 남아 있든지, 아니면 지구나 그 외 다른 곳에서의 육화의 순환 체험을 계속하기를 선택하든지 간에 말입니다.

우리는 우리의 영적진화의 핵심이 되어온 훈련들을 여러분과 함께 나누고 싶습니다. 우리는 오늘날까지 그 훈련을 따르고 있으며, 그것을 우리의 아이들과 공유하고 있습니다. 그것들은 창조주라는 근원을 향해 끊임없이 확장돼 나가는 우리의 여정의 토대로서 존재하고 있습니다. 그리고 그것들은 우리 모두가 우리의 에너지에 책임이 있다는 원칙에 근거를 두고 있습니다. 5차원의 집단의식이 전 세계적으로 완전히 이루어지기 전에, 그 노력은 여러분 각자에 의해 개별적으로 행해져야 합니다. 각자는 끝까지 자신만의 독특한 여정을 걸어야 하며, 다른 어떤 누구도 여러분 개인을 위해 대신 그것을 할 수는 없습니다.

이 훈련의 가장 중요한 것은 자비로운 베풀기 및 사고와 언어, 행위, 감정 속에서의 비폭력적인 소통입니다. 만일 누군가

이 5차원 진동을 인식하고 합일되고자 한다면, 실로, 자기-연민(Self-Compassion)은 영적인 각성의 필수적인 초석을 형성합니다. 이 진동은 여러분의 주위에 이미 늘 존재하고 있습니다. 행성 자체의 진동 주파수가 더욱 더 순화됨에 따라, 우리가 어떤 차원에 거주하는지에 상관없이 우리 각자는 자신의 진동을 정화하고 순화시키는 데에 책임이 있습니다.

**우리는 우리의 신성한 본질의 진화를 위해 그것을 행합니다.
그리고 우리는 모든 생명 왕국들의 가장 위대한
선(善)을 위해 그것을 실행합니다.
그것은 우리가 "어머니"라고 부르는 이 영광스러운 행성
안팎에 실재하고 있습니다.
그것은 여러분의 어깨에 놓인 가볍지 않은
장엄하고도 신성한 책임이며,
그럼에도 여러분에게는 지구의 역사 속에서 전대미문의 은총이
내리고 있습니다.**

여러분은 이제 스스로의 주인이자 조언자로서 걸어갈 수 있습니다. 비록 여러분의 인간적 모습이 무한성과 끝없는 가능성이 충만한 다른 시대와 장소들에 대한 자신의 기억과 잘 조화되지 않는다 하더라도 말입니다. 우리는 우리의 가슴이 나눌 수 있는 모든 진실과 더불어 바로 지금 지구 역사 속에서의 이 순간이 무한한 가능성의 시기임을 여러분에게 말합니다. 지금은 최상위의 거룩한 근원에서부터 여러분의 물리적 현실 속의 가장 밀도 높은 곳에 이르기까지 마법적인 창조의 시기입니다. 우리는 이 진실 속에서 여러분의 마음이 아직 우리가 말하고 있

는 것을 완전히 파악하기 위해 애쓰고 있긴 하지만, 당신들의 가슴은 우리의 가슴을 환영하고 있음을 알고 있으며, 또 느끼고 있습니다. 그러나 여러분의 마음은 이 새로운 행로로 한 걸음을 내딛기 전에 아직도 의식(儀式)과 법칙, 반박할 수 없는 증거를 요구하고 있군요. 그러므로 만일 여러분이 허용한다면, 우리는 여러분을 오늘의 의심과 부정 대신 신뢰와 신념의 주파수로 되돌아가게 하는 훈련을 할까 합니다.

많은 대사들이 이런 진리들을 이 행성이 이미 경험했던 영겁의 진화과정을 통해 공유한 바가 있습니다. 하지만 가장 중요한 것은 이번 생에서의 여러분의 체험입니다. 오늘 여러분은 더 진화된 귀(ear)로 다시 이 말씀을 듣고, 이전의 물리적 차원에서 했던 체험보다 더 깊은 수준의 가슴으로 그것들을 인식할 기회를 갖게 됩니다. 또한 여러분은 모든 창조계의 지원과 함께 이 진리들을 물리적으로 구현하는 일을 하게 될 기회를 갖습니다. 사실은 그래서 여러분이 이곳에 있는 것이며, 또 그런 이유로 이 시대에 태어나는 기회가 여러분에게 주어진 것입니다.

**여러분이 존경하는 본향의 원로들이
말했듯이,
"여러분은 자신들이 기다려 온 바로 그 존재들입니다."**

우리는 이미 여러분에게 친숙할지도 모르는 몇 가지의 연습과 더불어 시작하겠습니다. 만일 여러분이 과거에 그것들을 체험했다면, 우리는 지금이 새로운 시각으로 그것들을 다시 한 번 체험할 시기라고 말하고자 합니다. 만일 그것들이 이미 여러분의 일상적 수련의 한 부분이라면, 우리는 또한 여러분이 달성하고자 하는 진정한 결과를 가져다 줄 더 높은 이해의 수준으로 그것들을 행하는 것이 중요함을 여러분에게 말씀드립니다. 여러분의 차원에서 지금 행하게 될 이 수련은 사실 아주 단순합니다. 그렇다 하더라도 여러분이 목격하게 될 그 신비로움은 막대합니다. 여러분이 접근하여 통합하는 각자의 진동수준에서, "그 활동은 보다 더 단순해지지만", 그 결과는 더 크게 확장됩니다.

우리는 발현하지 않으면 안 되는 신성의 상태로 우리 모두를 일깨우는 훈련을 탐구할 것이며, 또 본래의 마음을 베일로 가리고 가슴을 얼어붙게 하는 환영을 제거할 것입니다. 우리는 여러분의 의식이 재각성되도록 가속시키고, 또 사랑의 진정한 권능에 대한 깨달음과 내면의 자유로 인도할 방법을 복원할 것입니다. 이 훈련의 1단계는 자아의 진화에 집중합니다.

1단계는 에고의 불안감이나 혹은 낮은 마음으로부터가 아닌 보다 높은 관점에서 여러분이 누구인가와 여러분이 믿는 것에 관해 자신에게 질문하기를 배우는 것입니다.

에고나 낮은 마음 대신에 여러분은 자신의 가슴 깊은 늪에서부터 솟아오르는 질문을 해야 할 필요가 있으며, 그 때 온전한 여러분의 참나(眞我)인 자신의 신아(神我)로부터 질문하게 됩니다. 그런 다음, 여러분은 이제 그 대답을 듣고 답하기에 충분히 깨어난 자신의 일부로 기꺼이 귀를 기울여야 합니다. 여러분이 확실한 어떤 깨달음의 단계에 도달했다고 느껴질 때는 가깝거나 먼 미래의 어떤 시점을 기다리지 마십시오. 더 발전하여 변화된 자신, 즉 이런 답변을 받기 위해 더 낫게 갖추는 것이 좋을지도 모른다고 여러분이 느끼는 그런 자신을 기다리지 마십시오.

여러분은 이제 준비가 되었는데, 이 순간 이런 답변에 열려 있는 여러분 자신의 일부는 그것을 들을 기회를 얻었음이 틀림없습니다. 진지하고 정성어린 질문일 경우에만 답변을 받을 것이며, 만일 질문이 진정한 영적 의도와 함께 요청되지 않으면, 우주와 여러분의 고등한 자아(Higher Self)는 그것을 정신적 호기심 내지는 에고적인 공상 정도로 간주할 것입니다.

여러분이 질문을 할 때는 자신의 진아 속으로 한발 뒤로 물러나서 자신에 대해 알고 있다고 생각하는 모든 부분을 놓아버리도록 하십시오. 이 수련은 "알지 못함(not knowing)" 속에서 가능한 변형에 대한 것입니다. 여러분은 사실 육체적 현시와 영혼의 본질 양쪽 다인데, 그럼에도 이미 여러분은 자신의 근원을 대부분 망각했습니다. 스스로-질문하기 속에서, 여러분은 그 영혼적 본질과 육체적 모습 양쪽을 마주 대하게 되며, 그것이 나타내는 신성한 모순을 목격하고 이해하기 시작합니다.

여러분이 이 모순을 껴안을 경우에만
영적성숙에 이르는 깨달음의 1단계에 도달합니다.

영적통달은 형이상학적 능력과 현상이 아닙니다. 그 첫 단계는 현존하고 있는 자신의 가슴 속에서의 체험이며, 자신의 신성한 본질과 여러분이 그것을 표현하는 여러 방식들을 가지고 동시에 하는 체험입니다. 그것은 겉보기에는 오직 환영에만 매달려 있는 것으로 보이는 이 육체의 현시 속에도 신성(神性)이 현존하고 있음을 시시각각 인식하는 것입니다.

여러분이 이런 외견상의 모순 속에서 자기 자신에 대한 연민을 가질 수 있을 때까지, 그리고 여러분이 자기 속에 영혼과 이런 육신, 또는 어떤 상이한 차원을 다 함께 지니고 있다는 자각으로 살 수 있을 때까지는 당신들은 영적통달을 위한 첫 번째 도구인 에너지를 이용하지 못합니다. 마스터가 되는 것은 자신의 참나를 기억하는 것이며, 지금의 이 시공간에 육체적 모습으로 나타나 있는 성전(聖殿) 속에서 그렇게 하는 것입니다. 상승(Ascension)은 이곳 차원이나 어떤 다른 차원 속에 있는 이 몸이나 어떤 다른 몸 속에 있는 여러분의 신성한 자아의 진실에 대해 깨닫는 것 이상의 아무 것도 아닙니다.

자기연민(self-compassion) 없이 어떻게 인간이 세상의 환영으로부터 유래하는 외관상의 모순들을 수용할 수 있을까요? 자기연민 없이 어떻게 인간이 여러분의 참모습인 영적본질과 그 본질을 외관상 제한하고 감금하는 외적 모습, 양쪽을 무한한 사랑의 동일한 가슴과 공간 속에서 유지할 수 있겠습니까?

여러분을 은총의 진동 속으로 이동시키는 것은 자기연민 허용하기입니다. 그것은 물리적 지구와 에테르계의 융합이자, 여러분의 영적성숙을 가능케 하는 사랑의 권능과 자각된 진실의 융합입니다. 마스터(Master)라는 존재는 물질계와 비물질계에서 자신을 둘러싼 모든 것에 현존하는 은총과 진리를 인식하는 존재입니다.

**마스터는
감사의 주파수를 통해 이원성(二元性)이라는 것은
오직 깨어남과 계속 환영 속에서 사는 것 사이에서
존속한다는 사실을 자신의 가슴으로 이해하는
존재입니다.**

우리가 사랑과, 신뢰, 성실, 책임, 연민, 은총, 감사의 특성에 관해 이야기할 때, 단순히 지적 개념들에 대해서 말하는 것이 아닙니다. 연민은 누구의 죽음의 때가 도래했다는 데서 오는 관념이 아닙니다. 연민은 자신의 우주의 구조 안에서 거대한 진동을 창조하는 에너지입니다. 은총은 종교적인 개념 혹은 약속이 아니며, 여러분을 둘러싸고 있는 세상에서 활용되고 입증될 수 있는 명백한 에너지입니다. 성실과 신뢰는 단순히 정해진 약속 혹은 지켜져야 하는 거래가 아닙니다. 그것들은 물리적 상태에서 여러분이 취하는 호흡 때마다 동력을 공급하는 진동 주파수들입니다.

매번의 들숨 날숨과 더불어 여러분의 영혼은 신성을 받아들입니다. 감사는 여러분이 어렸을 때 배운 대로 그저 공손한 말을 함으로써 이루어지는 것이 아닙니다. 그것은 여러분이 근원과 직결돼 있는 곳인 우주에 대한 일종의 에너지적인 사례(謝禮)입니다. 그리고 사랑은 낭만적이거나 종교적인 감탄이 아닙니다. 사랑은 모든 창조물에게 동력을 공급하는 매우 심오한 에너지입니다.

대부분의 여러분에게 그것은 항상 이러한 주파수들을 올바로 인식하고 받아들여야 할 책무를 지게 할 것입니다. 또한 그것은 여러분이 날마다 이런 에너지들의 고결함 속에서 살아감으로써 깨어있는 상태를 유지하고 여러분 자신과 모든 창조물들을 존중하는 의식적인 선택을 하게 할 것입니다. 하지만 이것 역시도 우리가 언급하는 자기 자신의 책임입니다. 여러분은 무수한 삶을 길을 경험하면서 수천 번의 생애를 보냈습니다. 그런 과정에서 존재의 상위 세계를 향한 통과 의례로 여러분은 여러 의식(儀式)들과 입문식을 치렀습니다. 하지만 이제 우리는 여러분에게 예배와 의례, 규율과 신비학교(Mystery School), 암호와 비밀 같은 것은 완전히 사라졌다고 말하고자 합니다. 여러분이 찾고 있는 해답은 여러분의 내면에 존재하고 있습니다. 지금 여러분이 따라야 할 유일한 영적 수련은 이런 진실에 대해 스스로 깨어나는 것입니다.

5차원의 텔로스와 레무리아인 공동체에서 우리 모두는 매일 깨어있기 위해 근원과의 교감 속에서 우리의 선택을 확인해야 합니다. 그러한 선택이 바로 우리의 낙원(Paradise)을 구현시키고 있는 것입니다. 우리의 세계는 매 순간 우리가 창조하는 그대로입니다.

2단계는 이 시점에서 "여러분이 알고 있다고 생각하는" 모든 것 속에 있는 믿음을 해체하고 재인식하는 것입니다. 그 다음 단계는 실로 신념의 도약 단계입니다.

여러분이 이런 도약을 이룰 때, 여기에 있는 우리가 도움의 손길을 여러분에게 내밀고 있음을 가슴으로 이해해 주십시오. 물론 우리가 여러분을 대신해서 할 수는 없고, 여러분의 각 개인에게 적합한 기술을 제공할 수도 없습니다. 그렇다 하더라도 우리는 여러분을 인도하여 도약을 망설이지 않도록 하고, 또 두려움에 덜 압도되도록 합니다. 우리는 여러분이 자신들을 위한 연민을 지닐 수 있을 때까지, 여러분이 필요로 할 모든 연민을 우리의 가슴속에 간직하고 있습니다.

우리는 여러분이 자신에게 자비롭게 되기 위한 방법을 가르칠 수는 없습니다만, 여러분이 자신에게 자비롭게 되기 위해서 무엇을 어떻게 원할 것인지를 보여줄 수는 있습니다. 왜냐하면 그 자비롭고자 하는 소망은 그 자체가 우주의 모든 존재가 응답으로 지원하고 있는 하나의 진정한 질문이기 때문입니다. 이런 원함 혹은 소망은 그 자체가 일종의 힘이고, 통달의 도구이며, 인류를 일깨우는 수단입니다. 또한 그 "원함"은 영혼의 수많은 어두운 밤을 지낸 후 인식하는 인간의 가슴의 소리인데, 늘 알고 있는 모든 것을 애정 어린 방식으로 질문할 수 있습니다.

그 "원함"은 욕구에 의해 강요되지 않으며, 잃어버린 뭔가를 위한 욕망이 아닙니다. 그보다는 모든 것이 이미 여기에 있음을 가슴 속에서 아는 것이며, 여러분은 단순히 그것을 구체화해야 합니다. 인간의 마음이 아직 깨닫지 못한 창조의 모든 다른 가능성을 허용하는 것이 자비(慈悲)입니다.

우리는 깊게 굽이치는 흐름의 다른 편에 서 있습니다. 그것은 여러분이 자신에 대해 '알고 있다고 생각하는' 모든 것을 나타내며, 그것은 감미로운 진동과 노래로 우리의 가슴으로부터 여러분을 부르고 있습니다. 우리는 생각 없이 들끓는 그 강을 뛰어넘기 위한 에너지가 여러분의 내면에서 깨어나도록 돕기 위해 우리의 사랑을 바칩니다. 그리고 우리는 '무지(unknowing)'의 기슭에 도착하는 여러분을 붙잡기 위해 그 다른 한 편에 있을 것입니다.

우주는 천사들의 나팔 소리와 함께 여러분의 도착을 알릴 것입니다. 모든 것이 그 "소망"과 "모름" 안에서 적절하게 자리 잡고 있습니다. 그리고 모든 것이 "신성한 계획"인 궁극적 은총과 함께, 또 모든 것에 대한 최상의 선(善)을 위해 정렬되어 있습니다.

여러분 중에 어떤 이들은 이 위대한 진리를 체험하는 것이 불가능하며, 그렇게 되지 못합니다. 하지만 먼저 여러분 자신의 신적실재(神的實在)로서의 참자아를 보지 못하도록 "당신들"을 가리고 있는 겹겹이 쌓인 환영을 벗겨버리는 작업을 해야만 합니다. 그렇게 함으로써 여러분은 육신 안에 살아 있는 영혼의 주인 노릇을 하면서 보다 나은 인간이 될 것입니다. 만약 여러분이 육신 안의 존재가 나타내는 모든 것을 위해 자신의 가슴과 연민으로 이 진실을 받아들인다면, 자신의 의식에다 여러분의 모든 것인 빛을 불어넣습니다.

물리적인 육신 상태에서의 상승 체험은 대부분의 우리에게 새로웠던 것처럼 대부분의 여러분에게도 새롭습니다. 그것은 지구행성이 지금의 시간과 공간 속에서 제공하는 은총입니다. 그것은 다시 순수해지는 기회이고, 이전의 경험이나 지식이 아닌 신념으로 생명에 접근할 기회입니다. 이 영혼의 그물망이 어떤 것이나 구현 가능케 한다는 신념을 세우세요. 그리고 여러분은 모든 것이 가능한 우주와 함께 공동 창조하는 능력을 가진 마스터라는 신념을 자신의 내면에서 계발하십시오.

어린 시절에 영혼은 변화의 단계들을 경험합니다. 태어나서부터 여러분은 자신이 스스로의 가슴과 영혼으로 제한과 혼란, 분리된 장소에 있다고 배우기 시작합니다. 또한 여러분은 자신의 마음을 통해, 그리고 독특한 시간 구조 속에서 관계 짓는 것을 배웁니다. 삼라만상이 자신과 우주의 근원임을 인식할 때까지 초기의 삶은 고립의 체험입니다. 그러나 여러분의 진아(眞我)는 영원하며 한계가 없습니다.

영적통달은 어떤 이들이 믿고 있는 것처럼 모든 것을 "알고 있음"을 의미하지는 않습니다. 삶은 끊임없이 전개되는 과정입니다. 창조주는 계속적이고 영구적인 창조의 상태로 존재하며, 여러분도 그렇습니다. 진정한 통달은 자신의 외부에 있는 것뿐만이 아니라 내면에 있는 것의 사용법을 깨닫는 것입니다. 진정한 통달은 오직 적절한 그 순간의 "앎"에 관계가 있습니다.

3단계는 신성한 단계입니다. 그것은 자신의 신아(神我)에 이르는 관문으로서의 자신의 영혼과 교감하는 체험입니다.

여러분의 영혼은 일찍이 자신이 체험한 적이 있는 온갖 감정을 포함하고 있고, 또 지금 이 순간의 모든 체험과 관계하고 있습니다. 여러분을 잠들게 하고, 더욱이 환영 속에 빠지게 한 믿음체계를 해체하기 시작할 때는 성급하게 혹은 경솔하게 이 훈련에 접근하지 마십시오.

먼저 여러분을 제한하는 믿음체계의 목록을 만드세요. 그것들은 다른 이들이 여러분에 관해 붙잡고 있거나, 혹은 여러분이 자기 자신에 관련해서 붙들고 있는 불편한 믿음들일지도 모릅니다. 또한 그것들은 여러분이 자신을 둘러싸고 있는 세상, 혹은 자신의 영적 여정에 관해 지니고 있는 신념들일 수도 있습니다. 이 목록들은 그것이 "좋다" 혹은 "나쁘다" 라는 아무런 판단이나 분별없이 기재되어야만 합니다.

교묘한 믿음체계들을 깊게 파헤쳐 탐구해 보십시오. 그리고 그 층들을 하나씩 하나씩 벗겨내십시오. 5차원의 진동에서는 아무 것도 감춰지지 않는 만큼 과감하게, 하지만 자비롭게 정직해지세요. 완성되었다 느낄 때까지 그 목록을 갖고 다니며 계속 추가하세요.

자신을 매우 주의 깊게 에워싸고 있는 심리적 방어기제 때문에 그런 신념들을 조사하려는 마음이 내키지 않을지도 모릅니다. 그렇지만 아직도 그런 각 믿음들이 여러분이 완전한 깨어나는 데 필요한 여러분의 에너지 조각과 신적인 힘의 일부를 갖고 있습니다. 그러므로 자신이 누구인가에 대한 진실을 지적(知的)이 아닌, 에너지적으로 바로잡기 시작할 때가 바로 지금입니다.

다시 한 번 언급하지만, 자기 연민은 여기서 매우 필요합니다. 만약 여러분이 오랫동안 충분히 지혜를 축적하고 그 지혜로부터 치유받기 위해 각 신념체계와 그것을 둘러싼 감정에다 조건 없이 자신을 내맡긴다면 말입니다.

**그 믿음으로부터 자신을 분리시키기 전에
여러분은 그것으로부터 나온 자신의 에너지를
바로잡아야 합니다.
그렇지 않으면, 여러분의 일부분이 계속해서 분리 상태
속에 있게 될 것입니다.**

여러분의 영혼은 참으로 자신의 진아에 대한 깨달음을 향한 관문인데, 그것이 분리의식과 신성의 양쪽에서 작용하기 때문입니다. 그것은 자아의 전체성을 허용하며, 지각과 체험의 면에서 긍정적인 것과 부정적인 것으로 여겨지는 모든 것을 붙들고 있습니다. 그런데 그것은 중립 상태와 조건 없는 연민으로 그렇게 작용합니다.

여러분의 영혼은 이번 생애에서 했던 모든 선택들과 자신의 진화과정에서 태어났던 매번의 다른 육화들에 관한 경험과 감정들을 간직하고 있습니다. 또한 그것은 각 믿음체계가 에고 (ego) 안에 각인돼 있던 그 당시 자신이 했던 선택에 대한 이해를 간직하고 있습니다. 에고는 비판 혹은 적의에서 신념에 대한 패턴을 만들어내지 않으나, 아주 오랫동안의 분리를 통해 보호자(또는 방어자)의 역할을 이어 받았습니다. 에고는 이 체험을 선택한 인류 종족과 행성의 개별적 존재들의 보호자였습니다. 하지만 이제 통합된 하나됨의 시기가 가까이 와 있습니다. 그러니 여러분은 자신을 방해하는 요소를 치료하도록 하십시오.

우리는 여러분 자신에 대해 진실해질 수 있도록 자신의 가슴 깊은 곳에서 여러분이 알고 있는 것에 대한 또 다른 목록을 만들기를 제안합니다. 그것과 동시에 편협한 판단이나 비판은 하지 마십시오. 자신의 마음속에서 이미 알고 있다고 생각하는 것과 여러분의 신성한 본질과의 하나됨에서 오는 진정한 앎 사이의 차이점을 탐구하세요. 그 목록을 만들기 위해 여러분은 한계의 단층들 아래를 깊이 탐구해야 하며, 또 낡은 가르침과 패러다임들(Paradigms)을 옆으로 치워 버리십시오. 여러분은 가장 단순하고 가장 순수한 동기로 귀를 기울여야 합니다.

그 목록은 최초의 것처럼 마음에서 말로 나오는 것이 아니라 진동의 형태로 가슴으로부터 나와 작성될 것입니다. 이 진동은 여러분이 자신의 존재 전체가 확장되는 느낌의 명백한 진실의 음조를 체험할 때까지 점점 더 강해지고 명확해질 것입니다. 그때에 비로소 여러분은 그 목록에 한 항목을 추가하게 될 것인데, 왜냐하면 그럴 경우에만 여러분이 진실로 "이해"할 것이기 때문입니다. .

그때부터 계속해서 이런 목록이 추가될 수가 있으며, 여러분이 깨어남에 따라 그것은 계속 발전될 것입니다. 그 목록이 창조하는 에너지 파동은 여러분의 영혼의 진화를 형성하는 차원과 공간과 모든 시간을 통해 여행할 것입니다. 가장 중요하게도 그 목록이 여러분의 진정한 에너지를 실어 나를 것입니다. 여러분은 모든 창조물 속에서 아무도 그 진리를 논박하지 않을 그러한 완전함으로 살기 시작할 것입니다. 그것은 여러분의 영적 통달을 위한 축복 받은 도구가 될 것입니다.

여러분 에고의 부정성(Negativity)에 관한 경험은 이런 훈련과 더불어 표면화될 것입니다. 제한된 신념의 완전한 반영 이외에 무엇이 부정성이겠습니까? 또한 에고가 그 자신을 방어하기 위해 만들어 낸 비판이 아니면 과연 무엇이 부정성일까요? 그래서 한 번 더 언급하지만, 자기연민은 온화한 목소리로 "이것이 내가 누구인가에 대한 참된 진실인가?"라고 묻는 여러분의 사랑어린 동료가 되어야 합니다.

그 연민의 목소리는 여러분이 아직 자신에 관해 붙들고 있는 비판에 대한 세 번째 목록을 만들도록 도울 것입니다. 이런 깨어나기의 다음 단계는 많은 치유의 기회를 갖고 있습니다. 이제 열려 있고 순수한 영혼이 여러분을 안내하도록 허용하세요. 세 번째 목록이 정신적인 부담이 되어서는 안 됩니다. 여기서 얻은 앎, 자아와의 하나됨의 체험이 즉시 활용 가능한 것은 이 목록의 은총을 통해서입니다. 실제로 진리와 사랑으로 자신에게 이런 선물을 주는 것은 일종의 무아경의 체험이 될 수 있습니다.

비판이 치유되었을 때 나타나는 변형과 자유는 여러분의 깨어남의 여정을 상당히 가속화시킬 수 있으며, 그것들은 또 독특한 선물이 됩니다. 자신과 자신의 마음속에서 해결되지 않은 모든 것에 대해 인내심을 가지세요. 여러분은 이 치유 과정을 사랑하게 될 것입니다. 여러분이 자신의 바깥 세계에다 적용하는 비판에 대한 거울로서 여러분 자신의 그 느낌들을 이해할 것입니다. 연민이라는 구조 안에서 노력하세요. 그리고 여러분을 감싸기 위한 은총의 전달을 받아들이세요. 그 다음 비판에 관한 변화를 나타내도록 허용하세요.

만약 여러분이 어떤 것에 대해 비판하는 데다 자신을 얽매어 둔다면, 사랑의 순수함을 어떻게 물리적 방식으로 구현할 수 있겠습니까? 만일 여러분이 비판한다면, 모든 창조의 씨앗인 자신의 진아에 대한 신성한 시각을 어떻게 유지할 수 있을까요? 비록 여러분이 그 비판을 비판한다고 하더라도 자신의 실체인 진동을 바깥으로 방사하게 됩니다. 즉 설사 그 비판이 여러분이 긍정적으로 바라보는 것이라고 할지라도 그것은 여전히 여러분의 체험을 제한하는 에너지를 담고 있습니다. 그러므로 비판하지 않는다면, 여러분은 우주 전체를 비추기를 바라는 그 빛을 자신의 내면에서 곧 발견할 것입니다.

텔로스에서 우리는 비판 혹은 기대 없이 신선한 관점에서 가슴에 의해 각 체험이 입증되도록 허용하는 것 외에 우리의 마음으로는 아무 것도 알지 못합니다. 우리는 우리 주위의 모든 곳에 존재하는 에너지를 접촉하기 위해 손을 뻗을 때, 보다 심도 있게 각 체험의 진실을 느낍니다. 우리도 여러분과 마찬가지로 변화의 와중에 있으며, 또 지구행성이 그렇듯이, 여러분과 똑같이 진화하고 있습니다.

우리는 수련의 생애들을 통해 신뢰의 에너지를 구현해 왔는데, 그리하여 근원의 에너지들에 대한 우리의 체험이 계속해서 깊어지고 있습니다. 우리는 자신들과 아이들과 더불어 온정적인 노력과 인내심을 통해 얻어질 수 있는 늘 성장하는 이해와 깨달음이 있음을 배웠습니다. 우리는 에고적인 신념들로 우리 자신을 제한하지 않는데, 그럼으로써 우리는 항상 근원의 무한함과 사랑에 둘러싸여 있는 것입니다.

우리는 진화과정에서 가슴이라는 중심과 그것이 물리적인 상태에서 어떻게 작용하는지에 대해 많이 배웠습니다. 또한 우리는 하위적인 마음의 진정한 기능에 대해서, 또 그것을 어떻게 다스리고 거기에 얽매이지 않을 것인지를 많이 알게 되었습니다. 우리는 수련 기간 동안에 마음은 일종의 의문들의 집이며, 가슴은 응답의 도서관임을 알았습니다. 그리고 우리는 우리의 의문들을 사랑하고 가슴이 각 질문에 제공하는 응답을 소중히 여기는 것을 배웠습니다.

우리는 자비와 신뢰의 시각으로 모든 것을 바라보도록 많은 훈련을 통해 익혔습니다. 왜냐하면 그것들이 우리에게 능력을 부여해주는 진정한 에너지이기 때문입니다. 우리는 무비판의 훈련을 통해서 자아에 대한 모든 에너지를 껴안는 것, 또 불신과 두려움이 솟아오를 때 그것들을 사랑하고 자각한 채 머물러 있는 것을 배웠습니다. 우리는 정직은 무비판과 같은 뜻임을, 또 정직은 자아와 더불어 시작해야 함을 알게 되었습니다. 그리고 우리는 가장 위대한 지혜의 원천은 우리의 가슴 속에 존재하고 있음을 배웠습니다. 우리는 지속적인 배움과 숙련으로 그 지식을 익히고 통합하여 그 자체가 되었습니다.

우리는 그것들이 우리 의식(意識)과 통합된 일부가 될 때까지 매일 이런 훈련들을 해왔습니다. 지금도 우리는 다른 이들과의 의식적인 상호작용 속에서 날마다 그런 훈련을 하며 일하고 있습니다. 만약 우리가 우리의 가슴에 있는 진정한 지식보다는 오히려 생각 혹은 행위, 마음가짐이나 믿음체계 속에서 우리 자신들을 나타내려는 것을 발견하면, 우리는 즉시 그 정반대의 행동 혹은 생각을 탐구합니다.

마스터는 모든 생애들과 영혼의 경험들을 자신의 여정으로 가져옵니다. 지금 여러분과 지구행성이 참된 자신을 찾는 진화의 단계에서 그 훈련으로부터 여러분이 얻은 체험과 지혜의 요약하기는 즉각 일어납니다. 여러분의 모든 과거 생들이 이번 생에 결부돼 있으며, 또 여러분은 이런 수련을 통해 그 모든 것에 영향을 미칩니다. 그것은 지금 여러분에게 깨어나는 일종의 원천으로서 활용될 수가 있습니다. 여러분의 삶과 자신을 둘러싼 세계에서 발생하고 있는 모든 것, 심지어는 환영(幻影)이라고 여겨지는 것조차도 진화하고 있는 여러분의 의식을 위한 선물입니다.

여러분은 자신이 머물러 있는 차원에 대한 궁극적인 반영입니다. 우리가 우리의 세계, 우리의 사회와 우리 자신들 속에서 상승의 완벽한 본보기를 제시하기 위해 의식적인 선택을 한 것처럼, 여러분은 지구 행성의 상승과 더불어 책임 있는 방식으로 함께 해야 합니다. 또한 여러분은 자신의 참 모습인 신성한 사랑과 진리에 대해 지금 깨어나고자 노력해야 합니다. 이 시기에 여러분은 그 진리가 물리적으로 구현되는 데에 방해가 되는 자아에 대한 제한 혹은 어떤 장애물도 제거할 필요가 있습니다. 여러분은 자신이 창조하고 있는 인간적인 본보기의 일원이 되고자 가슴 깊은 곳에서 원해야만 합니다. 왜냐하면 여러분은 자신의 이해를 초월하는 여러 수준에서 물리적 지구계가 일찍이 알고 있던 신(神)의 힘에 대한 가장 위대한 집단적인 이해를 대표하고 있기 때문입니다.

여러분은 자신의 가슴을 많은 존재들이 곧 걸을 신성한 대지(大地)처럼 준비시켜야 합니다. 하지만 여러분이 다른 이들에게 그들의 고향으로 가는 길을 보여 주기 전에, 먼저 자신의 귀향을 받아들여야 할 필요가 있습니다. 여러분은 우선 자신의 진실에 관해 깨닫고 자기-판단과 분리의 여러 층들을 넘어서서 거리를 두고 사물을 생각해야 합니다. 이제 감금돼온 자신의 부분들을 사랑과 신뢰의 순수한 진동으로 주장하십시오.

이 행성에서 진화하기로 한 모든 선택은 모두 자아(self)와 관계가 있습니다. 마음은 이러한 지구의 변화들을 이해할 수 없지만, 가슴은 이해할 수 있습니다. 진정한 자신을 인식하는 여러분은 그 진실을 인식할 때 전례 없는 은총과 능력으로 급속도로 변화할 것입니다. 그 다음 이 새로운 시각은 이 시기를 기다리며 잠들어 있었던 여러분 유전자(DNA) 가닥들을 점화시켜 끌어올릴 것입니다. 인간의 DNA 가닥들은 모두 의식(意識)의 변화에 근거하여 물리적 몸을 매우 신속하게 진화시키도록 설계되어 있습니다. 그래서 이 행성을 향한 에너지의 전송이 매일 강렬해지고 있는 것입니다. 여러분의 면역체계와 신체기관은 여러분이 누구인가에 대한 진실을 인지하지 않는 어떤 진동 혹은 의식을 부정하기를 배우고 있습니다.

지금 여러분은 바로 우리들처럼 자신을 질병으로부터 해방시킬 수 있습니다. 여러분의 의식이 그런 자유를 원하는 한 말입니다. 자신의 에너지 원형을 깨닫고 있기만 한다면, 여러분은 지금 곧 자신의 우주의 모체인 다차원과 더불어 서로 작용할 수 있습니다. 지금 우리는 이 진실과 조화되지 않는 듯이 보이는 여러 피로들로 인해 고심하고 있는 여러분 모두에게 말하고 있습니다.

만약 오랫동안 충분히 겪었다면, 비록 몸이 거기에 익숙해질 것이지만, 그 피로는 몸에서 생긴 것이 아닙니다. 이 피로는 자아와 더불어 정렬되지 않음으로부터 발생하는 일종의 에너지 원천의 고갈입니다. 그리고 사랑과 신뢰, 연민, 감사, 은총의 진동에서 벗어나 살아가는 매일의 삶은 여러분을 지치게 합니다.

그 신성한 에너지로부터 여러분을 방해하는 유한한 믿음들과 비판을 용해시킬 매일의 영적훈련을 선택하는 것은 자신의 활기찬 육체적 에너지를 회복시킬 것입니다. 그 선택은 마치 여러분의 주방의 파이프를 연결하는 것처럼 여러분의 몸을 재편성할 것이며, 그리하여 여러분이 바라는 에너지는 다시 순조롭게 흐를 수 있습니다.

이 훈련의 4 단계는 세 부분으로 구성돼 있습니다.

매일 아침 일어나자마자, 비판 없이 정직하게 자신의 존재 상태를 묵상하기 위한 혼자만의 시간을 가지세요. 우리와 같은 이런 자신의 인도자들과 돕는 팀들, 또 자신의 고등한 자아에게 더 이상 여러분에게 도움이 되지 않는 낡은 신념과 한계들을 방출할 수 있도록 요청하세요. 아침마다 우주가 여러분에게 새로운 전망을 제공하도록 요청하고, 또 마음으로가 아닌 가슴으로 알도록 자신을 허용하세요.

자신의 의식이 완전히 깨어나는 데 필요한 쉽고도 적절한 본보기를 제시해 달라고 우주에 요청하세요. 그리고 여러분이 자신에게 행하는 의식적인 노력과 균등하게 육체적인 에너지를 키워달라고 매일 요청하십시오.

하루 내내 사랑과 신뢰, 성실, 책임, 연민, 은총, 감사의 에너지와 더불어 균형 있게 일하세요. 여러분 자신의 내면으로, 몸속으로, 세포와 DNA 속으로, 그 에너지들의 가장 순수한 진동이 유입되도록 요청하십시오. 여러분은 자신의 몸 안에 에너지의 흔적을 쌓아 올리고 있습니다. 여러분은 사실상 진정한 자신의 충분한 잠재력으로 자신을 제한해 온 낡은 주파수들과 신념들을 고쳐 쓰고 있습니다.

**여러분이 날마다 겪는 일들은 자신들의 모든 생각과
말, 혹은 행위에 의해 생성된 진동들임을 깨달으세요.
무엇이 자신의 에너지를 확장시키는지,
그리고 무엇이 자신의 에너지를 와해시키는지
인식하기를 배우십시오.**

매일 저녁, 깊은 존경 속에서 여러분이 그날 자신에게 준 모든 것을 인식하고 마음으로 받아들이세요. 자신의 자아에게 주는 것이 곧 여러분이 진정 모든 창조물에게 준 것임을 인지하세요. 그런 다음 잠들어 있는 동안 그 날 인지한 모든 새로운 지혜를 가슴을 통해 내면화 작업을 계속할 거라고 그 취지를 말하세요. 여러분의 육체적 가슴의 세포와 자신의 DNA가 새로운 진동으로 확장되도록, 또 모든 시대와 공간과 차원에서 그 진화가 일어나도록 요청하세요.

이런 식으로 여러분은 더 이상 자신이 누구인가에 대한 진실을 나타내지 않는 낡은 패턴과 모습들을 바꾸어 놓을 것입니다. 여러분에게 요청하지만, 연민과 더불어 이런 훈련법을 활용한다는 것이 여러분 자신을 또 다른 의식 속으로 억지로 밀어붙이는 것을 의미하지는 않음을 깨닫기 바랍니다. 이 수련은 단지 여러분의 내면에 이미 존재하고 있는 무한한 잠재력에 눈을 뜨도록 여러분 스스로를 허용함을 뜻합니다. 여러분의 정체성은 날마다 바뀔 것이고, 자신을 둘러싼 그 모든 것과의 교감 속에서 여러분은 이 우주 전체와 다른 모든 것들이 대중심태양과 창조주의 에너지 그 자체로 돌아가고 있음을 느끼게 될 것입니다.

이 실습들은 순차적으로 행하지 않고 동시에 행해야 합니다. 각각을 개별적으로 하루 정도 훈련한 후에 그 다음부터는 그것들을 모두 모아 한꺼번에 수련하십시오. 수련이 끝난 후에는 그 작업이 이루어진 데 대해 자기 자신에게 감사를 표하세요. 그리고 참된 자신과 여러분을 둘러싼 새로운 세계를 받아들이는 자신을 소중히 여기세요.

다음 모임에서 우리는 텔로스에서 우리가 일으키는 깨어남의 두 번째 단계를 여러분과 공유할 것입니다. 인간의 가슴은 그것이 늘 주위에 분산시킬 수 있는 것보다 더 많은 사랑을 간직하고 있습니다. 그것은 신성의 무한한 잠재력을 품고 있습니다. 여러분 각자의 가슴이 주변의 모든 것을 포용하는 사랑이 깃든 훈련으로 한계 없이 서로 연결돼 있을 때 당신들의 세상에서 일어날 변화를 상상해보십시오.

화합된 의식은 오직 서로 사랑하는 가슴을 지닌 사람들에 의해서만 5차원의 진동 속에서 구현될 수 있습니다. 그리고 이런 가슴을 가진 이들도 먼저 자기 자신을 사랑할 때만이 오직 서로를 사랑할 수 있습니다. 이런 이유로 우리가 여러분과 함께 이 정보를 나누기 위해 많은 시간을 보내고 있는 것입니다. 여러분이 자신의 치유작업을 하위적인 마음과 에고(ego)에게 행함으로써 여러분은 더욱 영적으로 활기차게 됩니다.

오직 의도적인 계획에 의해 여러분이 자신의 내면에 무제한 존재하는 사랑과 신뢰, 성실, 은총, 책임, 연민, 감사를 나타낼 모든 생각과 말, 행위들을 허용할 수 있는 세계 속에서만 여러분은 5차원을 상속 받을 것입니다.

**우리는 여기에서 인내하며 여러분을 기다리고 있습니다.
앞을 비추는 일은 이제 여러분의 차례입니다.**

자아를 진화시키는 훈련

사랑과 신뢰, 성실, 책임, 연민, 자비, 은총, 감사의
에너지를 깨우기 위한 숙달법

이 실습들은 순차적으로 행하지 않고 동시에 행해야 합니다. 각각을 따로따로 하루 정도 훈련한 후에는 그것들을 모두 모아 여러 날에 걸쳐 수련하십시오.

1단계 - 자신에게 질문하기를 익히세요.

- 여러분이 자기 자신에 대해 알고 있다고 생각하는 모든 부분을 놓아 버리도록 하십시오.
- 여러분 가슴의 가장 깊은 곳에서부터 솟아오르는 질문을 하십시오.
- 이제 응답을 듣기에 충분히 깨어나고 있는 자신의 일부로 귀를 기울이세요.

2단계 - 자신의 믿음체계를 인식하고 해체하세요.

- 참다운 자기를 가리고 있는 겹겹이 쌓인 환영들을 벗어 버리겠다는 의지를 가지세요.
- 온정적인 마음을 가지고 여러분의 인간적인 마음이 아직 깨닫지 못한 창조의 모든 다른 가능성을 허용하세요.
- 여러분은 모든 것이 가능한 우주와 함께 공동 창조할 수 있는 능력을 가진 마스터라는 신념을 자신의 내면에서 계발하십

시오.

3단계 - 자신의 신아(神我)에 이르는 관문으로서의 자신의 영혼과 신성한 교감을 경험해 보세요.

- 여러분을 제한시키는 믿음체계의 목록을 만드세요. 그리고 그것들로부터 나오는 자신의 에너지를 바로 잡으세요.
- 자신에 대해 진실해질 수 있도록 자신의 가슴 깊은 곳에서 여러분이 알고 있는 것에 대한 또 다른 목록을 만드십시오.
- 여러분이 자신에 대해 아직 간직하고 있는 비판 목록을 만드세요.

4단계 - 삼중의 실습

- **매일 아침** 일어나자마자 정직하게, 또 비판함이 없이 자신의 존재 상태를 들여다보며 묵상하기 위한 혼자만의 시간을 가지세요.
- **하루 내내** 사랑과 신뢰, 성실, 책임, 연민, 관용, 감사의 에너지를 가지고 정상적으로 일하십시오.
- **매일 저녁** 깊은 존중 속에서 그날 여러분이 자기 자신에게 부여한 모든 것을 인식하고 마음으로 껴안으세요.

2 장

레무리아의 가슴

I 부 - 셀레스티아

오늘 여기에 모인 모든 이들에게 축복이 있기를 기원합니다! 일부 사람들이 잘 인식하지 못하긴 하지만, 우리는 모든 이의 가슴 속에 있는 에너지로 여러분에게 인사를 드립니다. 사랑과 존경, 영예와 신성한 은총과 더불어 우리는 텔로스에서 우리의 핵심 철학에 해당되는 한 주제를 토론하기 위해 오늘 여러분과 합류했습니다.

우리의 자매인 오릴리아는 우리에게 "레무리아의 가슴"에 관한 개요와 여러분이 자신을 발견하는 현재의 시간과 공간 속에서 여러분에게 제공되는 이런 에너지들이 무엇인지를 전해주도록 요청한 바가 있습니다. 레무리아의 에너지에 대한 많은 이야기가 있었으며, 지나간 시대들에 관한 많은 지식들이 나누어졌습니다. 여러분과 함께 하는 오늘 우리의 시간은 여러분의 가슴을 채우고 활기를 불어넣는 에너지인 지구상에 존재하는 가장 순수한 레무리아의 에너지 속으로 들어가는 여행을 설명하고자 합니다.

"레무리아의 가슴(the Heart of Lemuria)"은 여러 가지 방식으로 묘사될 수 있습니다. 여러분 또한 자신의 의식 속에 이것과 동일한 특성을 지니고 있으므로 이 진실에 공명할 것입니다. 우리의 형제인 아나마르가 여러분이 의도하는 창조에 대한 열정을 불러일으키고 고무할 그 가슴의 에너지에 대해 말할 것입니다. 사랑하는 아다마는 레무리아 가슴의 그리스도화된 에너지에 관해 여러분에게 말할 것인데, 그것은 우리를 존재하는 모든 것의 원천인 신성 그 자체와 연결시킵니다.

새로운 진리 혹은 깨달음을 낳는 경우에 항상 있는 일이지만, 먼저 나는 여러분에게 레무리아 가슴의 "여성" 에너지에 대해 말할 것입니다. 지각이 있는 모든 존재들은 우리가 "위대한 어머니"라고 부르는 틀 안에서 삶을 체험합니다. 그리고 그 틀 안에는 생명에 대한 그 율동이 존재하고 있습니다. 그것은 우리를 인도하는 진동 혹은 주파수를 통해서 그 자체를 표현하는데, 우리가 그것에 대한 감수성이 발달해 있다면 이를 느낄 것입니다.

지구상의 문명에서는 마음의 특성에 대한 많은 강조가 있었습니다. 가슴의 순수한 에너지는 망각되거나 무시되었고, 또 모든 사물에 응용된 "지성(知性)"의 능동적인 확장으로 대체되었습니다. 여러분의 진화에 있어서 마음은 원래 의도돼 있던 수동적인 구조물 혹은 도구보다는 오히려 일종의 활동적인 힘이 됩니다. 그러나 마음의 원래의 목적은 어떤 다른 방식이 아닌, 가슴에 봉사하는 기능이 되기로 예정돼 있었습니다.

여러분의 진화에 있어서 당신들 대부분은 자신들의 가슴의 암시를 무시했습니다. 그리고 여러분은 가슴이 "영혼의 위대한 지성"임을 인식하는 자신의 이전의 능력을 잃어버렸습니다. 가슴은 모든 것을 알고 있으며, 항상 최선의, 또 최고의 안내를 제공할 것입니다. 또한 자신의 지고의 선(善)을 향해 여러분을 인도할 것입니다. 무척 오래 동안 여러분은 자신의 인간적 마음이 가슴 대신에 에고(ego)에게 봉사하도록 허용했습니다. 변조된 에고에 의해 지배된 인간의 마음은 두려움과 비판, 잘못된 개념으로 지나치게 혼란되었으며, 이어서 그것들은 여러분의 내면적인 프로그래밍(Programming)을 실행합니다.

그리하여 여러분은 이런 식으로 자신의 가슴의 에너지를 오래 전에 포기하고 마음에다 우선권을 주어 버림으로써 가난과 불행, 연속된 고난의 체험인 수많은 삶들을 창조했습니다. 인간의 마음은 가슴의 지혜를 지니고 있지 못하며, 신(神)의 마음의 지혜를 여러분에게 줄 수가 없습니다. 즉 그 마법적인 열쇠를 간직하고 있는 것은 오직 가슴인 것입니다. 원래 마음은 가슴에 봉사하는 일종의 정보의 수용기관으로 설계되었습니다. 그리고 그 정보를 가지고 무엇을 행할 것인가를 정확하게 아는 것은 가슴이었습니다.

"레무리아의 가슴"에 관한 수련은 여러분의 의식이 근원으로 복귀하는 것과 더불어 시작되는데, 거기서 수동적인 마음은 그것을 신뢰하는 가슴에게 내맡겨집니다. 창조된 대로 인간의 의식은 에고 혹은 마음을 통해 그 자체를 표현하며, 그것은 로고스(Logos), 혹은 신성의 가슴(Heart of the Divine)에 의해 바로 알려집니다. 마음 그 자체는 불가사의한 한 도구였습니다. 그리고 진화하는 인간이 경험했던 지각기관의 무수한 입력사항을 배우고 분석하는 데 활용되었습니다. 그렇지만 올바른 행동을 선택하고 그것과 연동하는 능력을 가진 것은 어디까지나 가습입니다. 우리는 이점을 대단히 강조해서 다시 한 번 말하고자 합니다.

**학습하고 분석하는 것은 마음의 역할입니다.
선택하여 행하는 것은 가슴의 역할입니다.
마음은 분리되어 있으나, 반면에 가슴은 연결되어 있습니다.**

이것은 마음의 역할에 대한 비판이라기보다는 오히려 그 목적에 대한 진실입니다. 분석하기 위해서 인간은 대상을 구별해야 합니다. 배우기 위해서, 지적인 지식을 습득하기 위해서, 누구나 한 번에 하나의 현실을 관찰해야 하고, 그것을 정량화거나 한정해야 합니다.

하지만 가슴은 모든 가능성에 대해 개방적이고 수용적인 주파수를 간직하고 있습니다. 그것은 우리들을 존재하고 있는 모든 것에 연결하는데, 그 연결을 의문시하거나 분석하지 않습니다. 가슴은 그저 신뢰합니다. 그것은 일종의 끊이지 않는 흐름으로서 이용 가능한 모든 것을 취하고, 또 환희와 경탄으로 삶의 리듬에 맞춥니다. 그리고 그 신뢰로부터 수용과 자비심이 생겨납니다. 우리가 누구인지를 이해하기 위해서 우리는 우리가 행하는 것을 받아들여야 합니다. 또한 다른 존재들이 무엇인가를 이해하기 위해 우리는 그들이 행하는 것을 받아들여야 합니다.

우리가 진정으로 다른 이들을 이해한다면, 어떻게 우리가 그들이 자신을 사랑하는 것처럼 온전하게 그들을 사랑하지 않을 수가 있을까요? 또 우리가 어떻게 우리 자신을 신뢰하는 것처럼 그들을 신뢰하지 않을 수 있겠습니까?

다시 언급하지만, 가슴은 모든 가능성들에 대해 열려 있고 수용적인 주파수를 지니고 있습니다. 가슴은 신뢰하고 있음을 우리가 아무리 강조해도 결코 지나치다고 할 수 없습니다. 그 주파수는 여러분 각자와 모두에게 선천적인데, 여러분이 그것을 인식하고자 하든지, 않든지 간에 말입니다. 그것은 여러분이 배워야할 필요가 있는 그 무엇인가가 아닙니다. 또 그것은 그것을 만들어 내기 위해 분석해야 할 뭔가가 아닙니다. 그것은 어떤 공간을 깨끗이 해야 하거나, 또는 그것 때문에 자신의 가슴을 더 넓혀야 하는 뭔가가 아니며, 그것은 그냥 **존재하고 있는 것**입니다.

우리가 여기 텔로스에서 우리의 레무리아인 형제자매들인 여러분으로부터 가장 자주 듣는 질문을 반복해서 말하자면, 이렇습니다. "언제 그 (가려진) 장막이 걷혀지는 거죠? 언제 우리가 현재 우리가 살고 있는 물리적 현실 속에서 여러분을 방문할 수 있나요?" 그리고 거기에 대한 우리의 대답은 다음과 같습니다.

"여러분의 가슴이 여러분 자신의 내맡겨진 마음의 진동을 알려주게 되었을 때, 모든 것이 일어날 것입니다."

"장막이 들어 올려 지기" 위해서는 마음이 모든 가능성에 대해 열려 있어야 합니다. 그리고 베일(veil)의 저쪽 편에 존재하는 비밀을 "이해하기" 위해서는, 누구든지 가슴의 진동을 통해서 체험해야 합니다. 인간은 누구나 모든 창조의 순간 내내 우리 모두의 내면에 존재하는 그 주파수에 그저 귀를 기울여야 합니다.

다름 아닌 나의 사랑하는 자매들이고 형제들인 여러분이 바로 그 장막입니다. 고로 여러분이 자신의 마음을 가슴에다 내맡기고, 동시에 여러분의 가슴이 여러분의 현실에게 알려주는 것을 허용할 때까지 당신들은 그렇게 지금처럼 존재하기를 계속

1부 5차원 의식을 계발하기 위한 훈련과 규약들

할 것입니다.

　텔로스에서는 우리의 가슴이 모든 가능성들에 대해 열려 있습니다. 우리는 날마다 이런 진실을 서로 가르칩니다. 우리는 매일 서로 함께 활동함으로써 이 진실을 발전시키고 이해시킵니다. 우리는 서로에게 "멈춰요. 그리고 더 많은 가능성들에 대해 마음을 여세요!"라고 말하는 서로의 이정표들입니다.

　지상에서 여러분은 우리가 행하는 동일한 가슴의 주파수를 지니고 있습니다. 여러분의 마음은 그것이 진실이 아니라고 가르칠지 모르지만, 여러분의 가슴은 믿고 있습니다. 신뢰는 가슴의 핵심적인 에너지입니다. 그리고 그것은 그 밖의 다른 것이 될 수가 없습니다. 여러분은 자신의 가슴이 그 진동으로부터 멀어져 그 자체를 닫아버렸다고, 혹은 자신을 둘러싸고 있는 사람들과 삶 속에서 그것을 느낄 수 없다고 생각할지 모르지만, 그것은 사실이 아닙니다. 여러분의 가슴은 신뢰합니다.

　여러분 각자는 자신만의 고유한 신뢰의 범위를 형성합니다. 여러분은 지상에서 자신이 만들어내어 체험하는 가족과 사회, 국가 속에서, 또 여러분이 유착돼 있는 진실들 속에서 그것들을 형성하고 있습니다. 여러분이 자신의 그 범위 내지 경계를 거부할 필요는 없는데, 왜냐하면 그것들은 이 순간에 존재하는 자신이기 때문입니다. 우리는 때를 맞춰 그것들을 존중하기 위해 여기에 있으며, 그것들의 에너지는 결국 신뢰하는 가슴의 진동과의 접촉을 통해서 변형될 것입니다.

　여러분의 마음은 아직 그 가능성을 소유하지 않았을 수도 있지만, 여러분의 가슴은 그 신뢰 속에서 창조되었습니다. 육체의 형태로 있는 그 누구도 그것과 관계가 없다고 말할 수 없는데, 그것이 여러분을 육화시켜 유지케 하는 에너지이기 때문입니다. 즉 그것은 열려 있는 수용적인 가슴으로 여러분이 선택한 이런

"삶의 게임"을 지속시켜주는 에너지입니다.

지금은 말하자면 여러분이 그 삶이라는 "경기장"에서 우리와 만나 신뢰의 실습을 하는 가운데 우리와 관계를 맺는 시기입니다. 우리의 경기를 시작하기 위해서는 우선 여러분의 마음에 드는 외부의 현실을 선택해야 합니다. 우리는 여러분 각자에게 기쁨을 가져다주는 지구의 모든 창조물로 가득한 경기장의 이미지를 자신의 가슴의 눈으로 만들 것을 요청합니다. 그것은 나무와 꽃, 산, 개울, 새, 동물, 자연령, 수정체, 구름, 다른 사람들을 포함할 수 있습니다. 여러분 자신과 함께 나누고자 하는 모든 것이 살고 있는 경기장을 만드세요. 가슴의 주파수는 모든 가능성들에 대한 수용체 중 하나이며, 그러므로 여러분 자신에게 강요하지 않음을 기억하십시오.

이제 여러분 자신을 그 경기장 안에서 가장 편안한 곳에 위치시키고, 그 다음 자신의 주위에 있는 모든 사물에 대한 관찰을 시작하십시오. 하지만 마음으로 관찰하지는 마십시오. 여러분이 마음을 통해 주위에서 보고 듣는 것에 대해 마음으로 분류하고 비평하지 마십시오. 대신 가슴으로 들으십시오. 즉 여러분과 함께 경기장을 공유하고 있는 모든 존재들 속에서 자신을 둘러싸고 있는 가슴들의 진동과 주파수에 귀를 기울이십시오. 그들이 여러분의 가슴과 접촉하려 할 때, 그 가슴들의 접촉을 인지하십시오.

처음에는 여러분을 위로하고 지지하는 온화한 에너지를 듣고/느끼고/이해할 것입니다. 그것은 따뜻함과 평온함 속에서 여러분을 보호하고 감싸 안습니다. 여러분 중 많은 이들이 자신의 귀로 그 에너지에 수반되는 윙윙거리는 소리를 듣습니다. 이것은 지구의 가슴과 협력하고 있는 여러분 모두의 가슴들의 접속 에너지입니다. 그것은 지구와 여러분들, 우리들, 그리고 이곳에 거주하고 있는 모든 존재들에게 알려주는 신뢰의 에너지입니다.

그 에너지 속에서 자신이 원하는 만큼 휴식을 취하세요! 집에 있는 자신의 침대에서 휴식한다고 생각하세요. 그 에너지를 마치 자신의 피부인 것처럼 생각하세요. 그 에너지와 연결되어 그것을 자신의 일상적 삶의 한 부분으로 만들면 만들수록 더 쉽게 자신의 가슴의 주파수를 듣게 될 것입니다. 또 여러분은 더 빨리 그 신뢰의 말씨로 말하기 시작할 것입니다.

여러분의 다차원적인 몸들뿐만이 아니라 자신의 육체적 현존 상태에서 그 에너지를 체험해 보십시오. 모든 체험들이 물리적 영역 안으로 옮겨지는 것은 행성의 진화에 있어서 가장 중요합니다. 여러분은 자신의 세포 조직 내에다 이 새로운 현실을 뿌리내려야 합니다. 말하자면, 여러분의 "상위 자아들" 안에서 이것을 이해하는 것만으로는 충분하지 않습니다. 여러분의 DNA가 모든 다양한 몸들 내에서 이 새로운 정체성(identity)을 기록하는 것은 긴요합니다. 그리고 이것이 여러분 각자가 이 생애에서 자신을 위해 설정해 놓은 목표입니다.

이제, 여러분이 이 에너지 완충물(Cushion)의 안과 밖을 떠다닐 때, 주위의 모든 가슴들의 주파수에 귀를 기울이십시오. 거기에는 각자가 타인들과는 미묘하게 다르게 연주하는 고유한 가락(음률)들이 있습니다. 각자의 가슴에서 들리는 노래의 징후를 인식하기 시작함으로써 그 노래가 최초로 비롯된 곳에서 가슴으로 되돌아가는 것을 추적할 수 있습니다. 신뢰와 온화함으로 이것을 행하십시오. 그러면 여러분은 오직 신뢰를 발견할 것입니다.

여러분은 자신이 최초에 말한 언어를 재발견하고 있습니다. 자신의 주위에 있는 모든 생명과 여러분을 직접 이어주는 교신 형태를 다시 발견하고 있는 것입니다. 지금 그것을 다시 말하게 되는 것은 오래 걸리지 않습니다. 그 주파수는 여러분 자신의 가슴처럼 아주 가까이에 존재합니다. 자신의 가슴에 단순히 요청하십시오, 그러면 그것이 여러분을 인도할 것입니다.

가슴 에너지의 완충물과 친숙해져 거기서 물러나는 것을 즉시 인지하게 될 때까지, 여러분이 원하는 만큼 오래 이 장(場) 안에 머물다가 자주 그곳(가슴)으로 되돌아가십시오. 이 장이 이제는 여러분의 생활터전이니, 되돌아갈 장소가 없을 때까지 경험해 보십시오.

이제 이 경기장 안에서 자신의 마음이 돌아다니도록 허용하십시오. 마음이 모든 가능성들에 대해 신뢰로 그 자신을 내맡기도록 하십시오. 처음에는 보고 있는 것들을 마음이 분류하고 정의하려고 할 것이므로 조금 다루기 힘들지도 모릅니다. 지금 여러분이 해야 할 일은 그런 마음의 구조를 수용하는 것입니다. 뿐만 아니라 그 마음이 이 경기장 안에서 여러분과 합류하여 하나가 되려는 것을 허용하는 것입니다. 그것이 활동하도록 허용하되, 다만 자신이 어린애였을 때 무엇이 예상되는지를 아직 모르고 세상을 향해 모험해 나가는 것처럼 그것을 지켜보십시오. 그것이 자신의 가슴의 주파수이며 모든 가능성에 대한 수용성으로 이루어져 있음을 상기하도록 하십시오. 여러분의 마음을 단지 친밀감을 갖고 있는 것들만이 아닌 있음직한 현실과 더불어 어울리도록 초청하십시오.

이 경기장 안에서 여러분은 우리와 연결되고 있습니다. 이 경기장은 만들어질 수 있는 그 어떤 베일도 초월해서 존재하고 있습니다. 여러분의 마음을 포기케 하고 자신의 가슴이 선택하도록 하십시오. 우리는 언제나 여러분을 만나기 위해 여기에 있을 것입니다. 환영하는 가슴으로 나는 지금 여러분을 떠나며, 우리의 사랑하는 아나마르께 여러분의 여정을 인도해주도록 요청하는 바입니다.

2 부 - 아나마르

 우리와의 사이에 많은 기쁨이 있기를 기대하며 나는 여러분 모두에게 인사를 드립니다. 가슴에 대한 우리의 논의는 우리가 "레무리아의 가슴"으로 언급하고 있는 에너지의 한 가지 측면에 대한 더 큰 깨달음으로 여러분을 인도했습니다. 나의 자매 셀레스티아는 가슴 속에 있는 수용성에 관한 주제를 제시하고 있는 반면, 나는 지금 우리가 창조물이라 칭하는 빛에 대한 사항과 가슴의 에너지 사이의 관계에 대해 여러분에게 언급하고자 합니다.
 여러분의 세상과 우리의 세상에서 창조된 모든 것들은 열정과 의도를 통해서 존재합니다. 에너지와 주파수는 상호 보완적인 조직망 안에 모이고 점차 증대됩니다. 우리를 포함하여 많은 여러분들에 의해, "격자 에너지"라 불리는 전자기(電磁氣) 에너지의 격자는 우주적 에너지를 간직하고 있습니다. 그리고 모든 존재들이 우주를 향해서 자신들을 나타냄은 이 격자(grid)를 통해서입니다.
 상호 보완적인 주파수를 유지하고 있는 "스칼라(scalar)" 에너지를 불어넣기 위해 우리는 우리만의 가슴 에너지를 바침으로써 우리의 의사(意思)를 전달하고 있습니다. 그리고 이 스칼라 파들은 그 격자 구조 사이의 빈 데를 채웁니다.
 이 창조 과정은 그 때 마음 혹은 에고의 집중이 요구되며, 그리하여 각각의 결과가 완전한 전체로부터 확장돼 나올 수 있는 것입니다. 다음 그 확장은 물리적 단계에서 형태를 취하고, 그리고는 인간의 의식 안에서 현실이 됩니다.

실로 창조는 여러분의 인간적 의식이 그것을 최초로 알아차리는 순간 일어납니다. 만일 여러분이 바란다면, 각각의 모든 이들의 생각으로 격자 에너지와 스칼라 에너지는 그 때 확장된 빛의 한 점을 형성하기 위하여 만납니다. 가슴에서 마음으로, 마음에서 가슴으로의 이 순환은 전광석화(電光石火)처럼 빨라 여러분은 그 대부분을 알아채지도 못합니다. 많은 경우, 그것은 닭이 먼저냐, 계란이 먼저냐의 경우가 되는데, 왜냐하면 가슴 혹은 마음 중에 그 과정을 시작한 것이 무엇이냐에 대한 혼란이 있기 때문입니다. 표면적으로는 유발요인으로서 마음이 그런 작용을 일으켰음에 많은 믿음이 주어진 바가 있습니다.

하지만 나는 여러분에게 가슴이 항상 창조자라고 말하겠습니다. 가슴이라고 하는 지혜의 저수지 안에 여러분을 둘러싼 모든 사물에 대한 진정한 영감(靈感)이 거주하고 있습니다. 가슴의 언어는 보다 미묘합니다. 하지만 그것은 가끔 겁이 많기도 한데, 여러분이 자신의 차원 내에서 가슴의 주파수에다 많은 신뢰와 비중을 두지 않았기 때문입니다. 실제로 여러분이 사는 세계에서 발생하는 심장병의 높은 발병률은 다른 대부분의 질병과 마찬가지로 그것으로 인한 직접적인 증상임이 명백합니다.

이 창조의 과정과 그 사이클을 이해하기 위해서 우리는 가슴 에너지가 능동적인 의사를 가지고 있다는 또 다른 측면을 인식해야만 합니다. 우리는 그 의도를 "열정"이라 부릅니다. 여러분의 차원에서는 "영감(inspiration)"에 대한 믿음의 대부분을 마음에다 주어 왔습니다. 그러므로 마음은 여러분 의식(意識)의 모든 측면에 걸쳐 지도자의 지위를 누려 왔습니다.

그리하여 여러분의 세상에서는 가슴의 위에 있는 이 마음의 지도적 지위가 안팎에서 불화와 투쟁을 초래했습니다. 왜냐하면 마음의 지도적 지위는 통합보다는 분리로 인도하기 때문입니다. 그럼에도 불구하고 아직은 마음이 창조의 과정에 있어서 필요한 도구인데, 그러면 우리가 어떻게 이것을 조화시킬 수 있을까요? 완전한 의식으로 되돌아가기 위해서는 신성한 존재들처럼 여러분이 이제는 지배권을 가슴에게 되돌려주는 것이 절박합니다. 그리고 마음보다는 가슴이 다스리도록 다시 허용해야 합니다.

실제적인 관계에서는 이것이 어떻게 일어날까요? 우선 여러분은 마음의 속성에 관한 더 큰 이해력을 계발해야 합니다. 인간의 의식 속에는 두 마음이 존재하는데, 우리는 그것을 상위심(higher mind), 그리고 하위심(lower mind)이라 칭하겠습니다. 상위심은 영감에 대한 중심 센터입니다. 그것이 여러분의 가슴과 신성한 마음 양쪽을 모두 접촉하기 때문입니다.

상위심은 그 자체가 여러분이 진화 중에 마주치는 모든 느낌과 체험을 저장하는 일종의 감수성의 중심지입니다. 상위심은 그것이 책임지고 있는 것보다 더 많은 것을 파악하는 데 대한 압박을 느낍니다. 그것은 자신에게 나타나고 있는 모든 것을 이해하기 위한, 그리고 그 해답을 찾기 위한 필요성으로 고민합니다. 그러나 그것은 불가능한데, 해답은 가슴을 통해서만 발견되기 때문입니다.

제1단계는 상위심 안에서 인내를 훈련하는 것입니다. 신성한 마음으로부터 상위심이 수신하는 느낌과 영감을 관찰하고 자신의 가슴에 전달하기 위해서는 자신의 마음의 일부를 이완시키십시오. 이 과정을 받아들이고, 많은 수련법들이 지도하듯이 "마음을 멈추려고" 애쓰지 마십시오. 그것을 이루기 위해서는 마음의 강조를 제거해야 하며, 또 뭔가 "해내야겠다." 는 책임감을 완화시키십시오. 비록 "행함"에 의한 것이 아닌 "존재함"에 의한 것이기는 하지만, 이것에 대해 책임이 있는 쪽은 가슴의 에너지입니다.

하위심은 여러분의 진화를 위한 자체적인 한 벌의 도구들을 갖고 있습니다. 그것은 여러분의 현존을 위한 탐구 센터이며, 항상 무엇인가에 집중돼 있고 분주합니다. 상위심이 가슴과 신성한 마음 사이의 다리인 반면, 하위심은 가슴과 정신적 측면과의 다리입니다. 하위심은 여러분이 물질계에서 수용하여 파악하는 모든 사물에 대한 목록작성자입니다.

이 마음은 내맡기도록 설계되어 있지 않습니다. 마음은 여러분 내면의 프로그램을 작동시키는 컴퓨터로 묘사됩니다. 그것은 여러분의 인간적 경험들을 처리하고 서로 나누는 커다란 잠재력을 가진 불가사의한 도구입니다. 그런데 하위심은 결정을 하거나 선택하는 곳이 아닙니다. 그것은 여러분의 삶에 있어서 어떻게 "행하거나" 혹은 "존재하는가"에 대한 권한을 갖고 있지 않습니다. 오직 여러분의 가슴만이 유일한 여러분의 권위자인 것입니다.

두 번째 단계는 수다 떠는 자기의 하위심으로부터 여러분 자신을 분리시키는 일상적인 훈련입니다. 이 훈련은 여러분의 의식이 더 미묘한 가슴의 지혜의 주파수에 귀를 기울이도록 할 것입니다. 이것을 이루기 위한 간단하고 더 효과적인 방식은 여러분의 주의를 심장 박동소리에다 집중하도록 지도하는 것입니다.

여러분의 주의를 자신의 하위심의 소리로부터 다른 곳으로 돌리고 몸 전체를 통해 자기 가슴의 고동을 듣고 느낄 수 있을 때까지 귀를 기울이십시오. 필요하다면, 그 리듬을 느낄 수 있을 때까지 물리적으로 자신의 손가락을 자신의 몸의 맥박이 뛰는 데에 얹어 보십시오. 그 다음 자신의 존재 중심과 하나가 되어 동시에 느낄 때까지 그 리듬의 흐름 속으로 들어가십시오.

마음의 통제를 제거함으로써 여러분의 세포에 저장된 최초의 주파수가 "여러분 자신의 정체성"에 대해 일깨우는 것이 가능해집니다. 또 그것은 다른 이들의 가슴의 에너지가 여러분에게 "왜 당신들이 여기에 존재하는가"에 대해 상기하게끔 하는 것입니다. 가슴의 주파수로의 복귀는 여러분을 완전의식으로 되돌리고, 또 자신의 정체를 기억하도록 인도할 수 있는 신성의 에너지에다 다시 연결시켜 줍니다.

여러분은 모두 마음으로 숙고하는 것에 매우 능숙하게 되었으며, 지적인 평가와 비판하는 기술에 숙달되었습니다. 하지만 그렇게 함으로써 여러분은 자신과 자신을 둘러싼 모든 사물 사이에 에너지적인 간격이 형성되도록 허용했습니다. 지금은 가슴으로 생각하기를 다시 배우고 기억해야 할 시기입니다. 이런 감수성의 형태는 연결시키는 성질이 있으며, 에너지적으로 리드미컬합니다. 그리고 육체적 자아에 대해 한없이 세심하고 효과적입니다.

여러분이 경험하고 배우기 위해 자신이 선택한 것은 이 육체적 자아의 내면에 존재합니다. 여러분은 일종의 세포 원형, 즉 여러분이라는 모든 것에 관한 혈통을 가지고 있으며, 이것은 여러분의 레무리아인 혈통도 포함하고 있습니다. 여러분의 레무리아인 자아는 여러분 가슴의 에너지적인 기억 속에 저장되어 있습니다. 여러분 각자는 독특하면서도 아직은 전체의 일부인 에너지 원형을 가지고 있습니다. 그리고 여러분이 자신의 레무리아인 유산에 관련해서 마음으로 찾고 있는 정보는 바로 여러분의 세포들 안에 저장되어 있습니다. 그럼에도 여러분 중에 많은 이들이 이런 육체의 에너지 저장고와 여러분 자신에 대한 정보로부터 떠나려 하고 있습니다.

여러분은 지금 자신의 육화상태로부터 떠나서 육신의 고난이 자신을 괴롭히지 않을 다른 세계로 상승하기를 추구합니다. 하지만 우리는 완전한 확신으로 여러분에게 말하는데, 당신들 모두가 초월해야 할 필요가 있는 것은 다름 아닌 당신들이 사랑하기를 중단한 육체 속에 자신이 거주하고 있다고 느끼는 그런 분리의식(分離意識)입니다.

가슴의 에너지는 여러분을 육화상태로 유지시켜 줍니다. 또한 가슴의 정보는 그 육체적 상태를 영적인 상태와 다시 연결되도록 해줍니다. 여러분의 영혼을 모든 다른 영혼들과 연결하는 것은 살아 있는 힘이 됩니다. 여러분 가슴의 박동은 실제로는 결코 잃어버리지 않았지만 상실했다고 여러분이 믿는 영적인 낙원을 상기하는 집단적인 세포의 기억에다 여러분을 조율시켜 줍니다. 우리의 사랑하는 셀레스티아가 주장했듯이, 여러분은 단지 베일(veil)을 창조했을 뿐인데, 그리고 그 베일 뒤에서 모든 가능성에 대해 더 이상 문을 열지 않는 마음에게 자신의 권한을 넘겨줘 버렸습니다.

마음 대신에 가슴에서의 선택, 가슴에서의 삶은 살아 있는 존재에 대한 사랑의 기억을 회복시키는 집단적인 연결 활동입니다. 그것은 마음이 아닌 지각 있는 가슴으로부터의 인도에 따라 육체라는 선물과 그 경이로움을 찬양합니다. 그것은 삶의 모든 것을 마음이 하는 것처럼 임시변통으로 때우려 하지 않고, 존재하는 모든 것을 여러분이 활용하고 받아들일 수 있도록 "실행"으로 회답합니다. 거기에는 여러분의 천부적 권리인 열정도 포함되어 있지요. 나의 소중한 자매 형제들이여, 이것이 진정한 "물질의 가슴(heart of the matter)"입니다. 그것은 모든 물질의 가슴인 것입니다.

여러분의 차원에서 창조된 딱딱한 물리적 생명, 즉 고체성(固

體性)은 빛이 결여돼 있는 것이 아닙니다. 우리가 거주하고 있는 차원보다 밀도가 더 조밀하다 해서 그것이 더 어둡지 않습니다. 단지 당신들이 그것에 대한 자신의 사랑을 잃었기 때문에 더 어두울 뿐입니다. 여러분은 자기들이 존재하는 곳에 대한 스스로의 열정을 거두어들이고, 다른 장소, 다른 차원의 그 곳이 자신이 있기를 바라는 장소라고 결정지어 버렸습니다. 이러한 열정이 없이, 이러한 가슴의 에너지가 없이 여러분은 자신의 신성한 본질과의 연결을 잃어버렸습니다. 그리하여 자신보다 더 깨어나고 더 진화되었다고 여러분이 믿는 마스터들에게, 또 다른 이들에게 권한을 넘겨주었습니다. 그리고 여러분은 텔로스에 있는 우리들을 신들(gods)로 만들었습니다. 고대 로마인들과 그리스인들이 그랬던 것과 매우 흡사하게 말입니다. 하지만 우리는 여러분과 조금도 다르지 않습니다.

우리가 지니고 있는 모든 것은 여러분의 세포들 속에도 있습니다. 그 유일한 차이란 우리는 그것을 완전히 인지하고 있고, 조건 없이 그것을 사랑하고 있다는 사실뿐입니다. 또한 우리는 그것을 우리를 둘러싸고 있는 그 모든 존재들과 공유하고 있습니다. 우리는 우리의 가슴으로 서로 이야기하고, 또 우리 자신들과 우리의 혈통을 위해 모든 체험을 우리의 가슴에 새기고 저장합니다.

우리는 여러분 중 많은 이들이 따르고 있는 주로 "마음의 테크닉"에 관련된 그런 수련들과 달리 "존재(being)"에 대한 수련을 따릅니다. 우리가 수행하는 것은 명상에 기초해 있지 않습니다. 여러분은 그것을 "명상하기"라기보다는 우리 스스로가 그러듯이 "관찰하기"라고 부를 수가 있습니다. 그리고 우리는 우리의 수련법으로 매우 높은 수준으로 증대된 의식 상태에 도달할 수가 있습니다. 우리가 수련하는 것은 시각화 혹은 심상화

기교 어느 것에도 기초하지 않습니다. 그런 것들은 여전히 정신적인 노력을 요구하며, 그리고 여러분 자신의 무엇인가보다는 여러분 자신이 아닌 무언가에 강조를 두고 있습니다. 예를 들면, 우리는 자신의 진동을 더 높은 단계로 올리고 우리 자신들에 관해 끊임없이 발견하는 그 새로운 진실들을 통합하기 위해서 우리의 신성(神性)이 지닌 무한한 측면들을 고요히 응시합니다.

우리는 고요하게 되는 것에서부터 시작하므로 계속 우리의 가슴 박동을 들을 수 있을 정도입니다. 우리는 우리 마음의 주의들을 밝게 비추어서 그 마음이 잠깐 동안 그 자신에게 말을 하도록 합니다. 그런 다음 우리는 우리 주위에 있는 모든 사물에 대해 우리의 감수성(receptivity)을 확장시킵니다. 우리는 우리를 둘러싸고 있는 세계에다 주의를 두지 않습니다. 그 대신에 우리 주위와 우리의 내면에 존재하고 있는 그 흐름과 하나가 됨으로써 우리의 모든 감각에다 파장을 맞춥니다.

가슴은 자체의 감정적인 지성(知性)을 갖고 있습니다. 그것은 자체에 충돌하는 모든 것을 감지하고 기록합니다. 그것이 자체를 둘러싸고 있는 물리적 세계와 더불어 자연의 온화하고 에너지적인 파동에 동조됨에 따라 우리는 우리가 자신의 가슴을 통해 세상과 접촉했음을 완전한 의식으로 압니다.

우리는 매순간 우리에게 알려주기 위해 우리 주변에 존재하는 가슴의 가르침들을 허용하며, 동시에 그것들을 우리 세포의 기억 속에다 저장합니다. 우리는 시간을 변화시키는데, 왜냐하면 현재 이 순간과 "삼라만상"의 흐름 속에서 가슴이 자체적인 그 고유한 주파수에 동조될 때, 자아, 시간과 공간은 하나의 상태로 결합되기 때문입니다.

최종적으로 우리는 우리의 가슴의 교훈들을 주위의 세계로 내보냅니다. 그리고 사실상 이것이 진정한 창조 행위입니다. 우리와 여러분의 현존에 관한 모든 것을 알리는 것이 진정한 "행동"이자 "존재"의 의미인 것입니다. 가슴의 영감(靈感)과 열정은 신(神)의 영감과 열정에 연결돼 있습니다. 그때 마음의 주의력은 그것에 집중되어 있는데, 왜냐하면 의식이 가는 곳에 에너지가 그것을 뒷받침하기 위해 따라가기 때문이지요. 그리고 마침내 창조는 안에서 형태를 취하고 있는 물리적 세포의 원형 속으로 정착합니다. 영혼이 영혼을 접촉하는 교차점에서, 가슴 에너지가 가슴 에너지를 접촉하는 교차점에서 결실을 맺는 그 빛의 지점은 물리적 세계에서의 진정한 표현을 받아들입니다.

가슴과 마음에 대한 이 수련을 따르십시오. 그리고 다시 한번, 여러분의 존재와 의식을 레무리아의 가슴에다 연결하십시오. 그러면 여러분이 그리워하고 있는 낙원에 있는 자신을 발견할 것입니다.

우리는 여러분과 우리의 차원에 존재하는 모든 가능성들에 대해 열려있고 수용적인 우리의 가슴으로 항상 여러분을 환영합니다. 우리는 여러분이 참된 정체성과 늘 존재해온 자신의 실체를 기억하도록 도우며 모든 노력을 다하고 있습니다. 우리가 다시 만날 때까지 사랑과 축복이 있기를 기원합니다. 이제 나는 여러분을 우리의 사랑하는 아다마에게 인도하는 바입니다.

3부 - 아다마

오늘 참석하신 여러분 모두에게 은총이 있기를 바랍니다! 나는 텔로스에 있는 지식의 대사원(大寺院)에 있는 홀(Hall)들로 여러분을 초대합니다. 그곳의 벽 속에 보관돼 있는 것은 수정체 형태로 된 것으로서 그곳은 일종의 경험의 저장고이자 우리 레무리아인 혈통에 관한 도서관입니다. 이 수정들은 온갖 모양과 빛깔과 크기로 이루어져 있으며, 그 각각은 그것이 간직하고 있는 정보를 최상의 상태로 제공하고 표현하기 위해 자체의 고유한 주파수를 지니고 있습니다.

나는 이 장소의 진동에 대한 진실을 여러분이 인식할 수 있도록 오늘 이곳으로 여러분을 초대합니다. 왜냐하면 그것은 일종의 여러분의 거울이기 때문입니다. 그것은 여러분의 육체 내부와 여러분이 살고 있고 또 보존하고 있는 수정질의 세포 구조 속에 내재된 사원의 복사판입니다. 여러분 의식의 장(場) 속에서 나는 이 순간 여러분에게 행성 지구의 수정 격자 에너지에 접속하기를 요청합니다. 그리하여 우리 모두가 레무리아의 가슴에 대한 탐구를 계속해왔듯이 서로 함께 연결될 수가 있습니다.

오늘 나는 용서의 본성에 관해 여러분과 이야기하고자 합니다. 그것은 레무리아의 가슴에 대한 훈련으로부터 끌어낼 수 있는 가장 위대한 진실입니다. 용서는 창조주와 신의 본성입니다.

영적이고 정서적인 양육에 대한 여러 핵심적 측면들 중 하나는 용서입니다. 그것보다 더 깊은 것은 신성의 수준인데, 그것은 용서할 것이 아무 것도 없다는 진실을 인식하고, 말하며, 사는 것입니다. 여러분은 이 진리를 만들 수는 없으며, 오직 그것을 발견할 수만 있습니다. 여러분은 지금 스스로 이 진리를 배울 기회를 갖고 있고, 동시에 우리의 위대한 지구 어머니는 우리 모두와 함께 이 진리를 실현할 기회를 갖고 있습니다.

여러분 중 많은 이들이 자신의 영적인 도상에서 때로는 과거에 겪은 마음의 상처로 인해 고비에 이르게 됩니다. 그 중대한 갈림길의 이쪽에서는 분노와 비통, 슬픔, 수치심을 붙들고 있고, 저쪽에서는 기쁨과 지혜, 사랑, 창조성, 진실을 간직하고 있습니다.

수치심은 여러분이 자신에게 무엇인가를 할 수 있거나, 혹은 다른 어떤 이가 여러분에게 할 수 있는 어떤 것이 존재한다는 착각에 의한 환영(幻影)입니다. 그것은 잘못된 것이며, 또 거기에는 구원 혹은 용서의 가능성이 없습니다. 여러분은 한 사회인으로서, 또 한 종족으로서 그것을 배웠습니다. 또한 여러분은 바로 종교적인 관습과 신념체계를 통하여 그것을 학습 받았습니다.

하지만 진실은 당시 이해할 지혜를 갖지 못했던 과거 속에, 또 그때의 사건들 속에 있습니다. 우리의 차원이나 여러분의 차원에서도 희생 또는 희생자는 없습니다. 우리는 모두 여기에 육화하기를, 또 신의 충분하고 다양한 물리적 표현들을 체험할 것을 선택했습니다. 또한 우리는 모두 영원토록 존재를 자각하고 경험하고 있는 창조주의 신성한 표현들입니다. 그리고 체험에 대한 우리의 소망은 하느님의 모든 측면들을 다 포함하고 있었습니다.

처음에 우리가 신적 존재들로서, 또 창조자 신들로서 화신했을 때, 우리의 체험은 창조주의 체험에 매우 가까웠습니다. 초기에 우리를 창조주와 분리시키는 장막은 정말로 가장 얇았습니다. 그러나 그 후 영혼들은 "신이 아닌 것"에 대한 보다 깊은 체험을 통해 "신이 되는 것"이 무엇인가에 대한 더 큰 깨달음을 얻을 수 있기를 바라며, 자신들을 창조주가 되기 위한 체험으로부터 거리 두기와 일탈하기에 관심을 갖게 되었습니다.

이런 체험들을 통해 우리는 더욱 더 많은 "무지(無知)"를 만들었는데, 그러자 더 많은 혼란이 생겼습니다. 오랜 시대에 걸쳐 우리가 개개인의 차별적인 영혼의 여정에 대한 탐구를 계속함에 따라 우리는 스스로 선택한 더욱 더 높은 고통의 단계들을 겪는 세계들로 이동하게 되었습니다. 각 개인의 영혼은 예컨대 기쁨과 같이 깨달음에 있어서 가장 흥미로운 창조주의 측면에 관계된 보다 위대한 영혼 탐사여정을 경험하고 있습니다.

영혼은 이런 측면을 깨닫기 위해서 필요한 모든 체험을 갖고자 선택할 것입니다. 그런데 어떤 것을 이해하고자 하는 이런 경험들은 대개 그 경험과는 정반대로 항상 그 측면의 결핍으로 자체를 나타냅니다. 즉 기쁨의 중요성과 목적을 이해하고자 하는 영혼은 기쁨이 없는 생존 속에서의 육화를 선택합니다.

우리가 선택한 이 모든 체험들은 세포 기억의 일부분이 되었습니다. 즉 그것들은 유전 정보의 원형이 되었습니다. 동시에 우리의 유전 혈통은 지구의 가슴과 영혼의 직물의 일부가 되었는데, 그녀의 진화와 상승이 또한 우리의 여정의 일부이기도 하기 때문입니다. 우리는 지구상의 모든 문명들에 걸쳐 육화를 거듭하며, 그 여정을 계속했습니다. 우리는 지각(地殼)의 대격변과 구원을 경험했으며, 물질상태의 밀도를 만들었고 기적들을 목격했습니다. 때때로 우리는 빛과 사랑의 마스터로, 또 폭력적인 감정을 가진 노예로 이 지구 위를 걸었습니다. 우리는 모두 치유자들이었으며, 또 살인자들이기도 했습니다. 하지만 지금은 우리가 행한 모든 것, 또 우리의 이름으로 행한 모든 것에 대해 우리 자신을 용서하는 시기입니다.

지금은 신의 가슴이자, 레무리아의 가슴인 자기 가슴의 순수한 주파수에 다시 연결되기 위한 시기입니다. 왜냐하면 용서의 본질을 이 주파수 속에서 찾을 수 있고, 또 자신의 신성한 본질에 대한 진실을 용서의 본질 속에서 찾을 수 있기 때문입니다.

우리는 여러분 중 많은 이들이 아직도 자신이 장막의 뒤에 놓인 함정에 빠져 있다고, 또 장막의 저편에 있는 자신의 가족과 친구들을 접촉할 수 없다고 울부짖고 있음을 목격했습니다. 또 여러분은 우리와 함께 만날 수가 없고, 우리의 생활방식과 사회를 공유할 수 있게 허용되지 않음을 불평하고 있습니다. 하지만 나는 존재하고 있는 그 유일한 장막은 여러분이 만든 것임을 말하고자 합니다. 여러분이 여전히 체험하고 있는 그 장막은 두려움과 잘못된 신념체계, 그리고 슬픔의 장막입니다.

오늘날 여러분이 지닌 고통의 원인인 여러분 자신의 진화 과정에 걸쳐 겪은 것들은 상처들이 아니며, 여러분이 고통에 접하는 것은 여러분의 본의가 아닙니다. 두려움과 슬픔을 체험하고 용서로 자신의 고통을 마음에 품어 안는 것을 여러분은 내켜하지 않습니다. 그러나 자아를 용서하는 행위는 여러분을 레무리아 가슴의 순수한 주파수로 회복시키는 것입니다. 그럼에도 자신의 고통을 껴안고 위로하기보다는 당신들은 그것들이 다르게 되기를 갈망하고 있습니다. 여러분은 고통을 향해 가기보다는 오히려 자신의 고통으로부터 돌아서고 있습니다.

가슴의 진동을 다시 느끼고 재발견할 수 있도록 스스로 허용하십시오. 당신들의 대부분이 있는 곳, 즉 자신의 장막 뒤에서 여러분은 두려움으로 인해 종종 심장이 멈추거나, 더욱 더 빠르게 두근거리게 될 것처럼 느낍니다. 그리고 여러분이 내면에 간직하고 있는 비통과 슬픔은 물리적 용어로 마치 가슴이 찢어지는 것 같은 느낌을 일으킵니다. 여러분이 원한다면, 자신의 찢어진 가슴을 신께 바치고, 신께서 여러분의 신성한 가슴 속을 치유하실 수 있도록 하십시오.

사실, 여러분이 자신의 생애 내내 부딪치는 인생사의 과정에서 여러분을 덜 깊은 감정의 저수지에 빠뜨리는 것은 당신들 마음입니다. 하지만 마음은 홀로 이런 형태의 치유를 이룰 수가 없습니다. 반면에 가슴의 주파수는 겉으로 드러난 지뢰밭을 뚫고 우리를 인도하여 우주의 사랑으로 우리를 양육하는 그 어떤 것입니다.

여러분이 이런 일이 일어나도록 허용할 때마다 자신의 기억 세포에 다시 연결되고 있는 것입니다. 여러분은 슬픔이나 두려움을 자신의 육체 조직 바깥으로, 또 자신의 DNA 유전 혈통을 모든 시간과 공간의 바깥으로 옮길 수가 있습니다.

당신들은 전에 느껴보지 않은 여러 방식으로 자신의 몸을 느끼기 시작할 것입니다. 그것은 일반적으로 몸에 좀 더 밀착된 듯한 느낌이며, 더 우아하고 민첩하며, 혹은 덜 고통스러운 체험을 하게 됩니다. 그것은 어떤 기관이나 근육 혹은 골격계 내에서와 같은 몸의 일정 부분에서 나타날 수 있습니다.

용서의 주파수는 가슴의 주파수에 속해 있습니다. 가슴에 접속함은 여러분이 마음과 몸에게 그 용서의 선물에 대해 알려주게 해주는데, 그것은 단지 이번 생애만이 아니라, 모든 생(生)들에도 해당됩니다. 많은 이들이 영혼은 송과선(pineal gland)의 대 중앙 세포 속에 자리 잡고 있다고 책에다 썼습니다. 그러나 사실 그것은 정확하지 않으며, 몸이 영혼 안에 놓여 있는 것입니다. 이른바 오라(aura)라고 하는 것은 영혼의 가장 낮은 진동입니다. 영혼은 몸 주위에서 바깥으로 확장돼 있습니다. 우리의 영혼은 몸이 움직여 나아가도록 자극하는 에너지를 창조합니다. 그리고 영혼은 건강 혹은 병의 수준을 나타냅니다.

우리가 자신의 영혼과 연결되고, 또 우리 모두가 떨어져 있는 신(神)의 영혼과 연결됨은 가슴의 주파수를 통해서입니다. 가슴의 모든 질병들과 그 신성한 주파수로부터의 모든 단절, 그리고 여러분 육체적 삶의 리듬을 위한 최상의 강장제(强壯劑)는 용서입니다.

그리고 서로를 마음에 품기 위한 가장 강력한 방법은 또 다른 사람의 진실에 귀 기울이고, 또 그것을 받아들이는 것입니다. 다음 단계는 다른 이의 진실에 귀 기울이기, 그들을 있는 그대로 수용하기, 그리고 그들을 사랑하기입니다. 진실로 용서할 것이 아무 것도 없다는 이것이 바로 용서의 본질입니다.

여러분의 몸 안에서 뛰는 가슴은 레무리아의 가슴과 똑같습니다.

그것에 귀 기울이고 마음에 새기십시오. 여러분은 불완전하지 않으며, 또 자신의 전 존재로 그 레무리아의 가슴이 될 때 전체 삶 내내 이런 주파수로 진동하는 데 무능하지 않습니다. 여러분이 이렇게 되면, 베일을 통과하도록 허락 받기 전에 다른 입문식이나 정화가 불필요하게 될 것입니다.

필요한 모든 것, 필요했던 적이 있는 모든 것은 여러분의 내면에 놓여 있습니다. 마음을 통해서가 아닌 가슴을 통해서 변화해야 하는 것은 오직 여러분의 의식(意識)이며, 그것은 여러분 주변의 세상을 향해 이런 주파수를 반영할 것입니다.

여러분의 의식은 지금까지 이원성의 장막에 초점이 맞춰져 있었는데, 그것은 가슴이 아닌 마음의 특성에 의해 만들어진 것입니다. 마음의 인식은 항상 한 사람을 다른 사람과 비교 판단하기 위해서 제한하고, 평가하고, 차별하기에 애쓸 것입니다. 그것은 분노와 불신을 볼 것인데, 왜냐하면 그것은 또한 반대 측면의 사랑과 냉정을 볼 것이기 때문입니다. 그것은 오만과 탐욕을 볼 것인데, 그것은 또한 자비와 아량을 볼 것이기 때문입니다.

그렇다 하더라도 가슴은 오직 조화와 합일만을 알고 있으며, 그것은 조건 없는 사랑과 용서의 산물입니다. 용서는 여러분으로 하여금 오랫동안 존재해 온 고통을 회피하기를 멈추도록 허용하는 것입니다. 깨달음의 빛은 어둠과 오랫동안 관계돼 있던 여러분의 영혼의 부분들 속으로 들어갈 것입니다. 그리고 여러분은 언제나 베일 없이 자신의 주위에 존재하고 있는 레무리아의 가슴 속으로 들어가는 것을 더 이상 거부할 수 없게 될 것입니다. 그런데 모든 베일에서 벗어나 깨어나는 것이 무엇과 같을까요? 비판과 양심의 가책에 대한 자유로움일까요? 두려움과 슬픔에 대한 자유로움일까요? 달라져야 할 어떤 것들과 모든 것들에 대한 욕구로부터의 자유로움일까요? 아니면 수치와 무가치함에 대한 느낌으로부터의 자유로움일까요? 또는 여러분이 신(God)이 아니라는 환영(illusion)에 대한 자유로움일까요?

그것은 여러분의 가슴이 활짝 열려 무한한 가능성과 무한한 기쁨의 영역 속으로 뛰어 들어가는 것과 같을 것입니다. 여러분은 자신이 원해왔던 모든 것이 그동안 쭉 거기에 있었다는 점을 발견할 것입니다. 여러분 주위의 세계는 그와 같은 주파수를 유지할 것이며, 그리고 우리는 여러분을 환영하기 위해서 언제나 거기에 있을 것입니다!

신의 사랑이 여러분의 가슴의 진동 속에서 여러분 각자에게 나타나기를 기원합니다! 그리고 레무리아의 가슴이 모든 차원의 시간과 공간을 통해 지구를 비추기를 바랍니다! 이것이 오늘날 여러분에 대한 우리의 가장 큰 소망입니다. 사랑과 하나됨 속에서 그 가능성을 받아들이고, 또 우리와 함께하는 여러분 각자에게 우리는 감사드립니다.

다시 만날 때까지. 나는 여러분의 친구이자 형제인 아다마입니다.

가슴의 진동을 다시 느끼고 발견할 수 있도록 스스로
자신을 허용하세요.
여러분이 현재 존재하는 곳인 베일의 뒤편에서
여러분의 두려움은 종종 그것이 심장 정지를 일으키거나,
더 빨리 두근거리도록 만드는 것처럼 느낍니다.

그리고 여러분이 그 안에 간직하고 있는 비통과 슬픔은
가슴이 찢어지고 있는 것처럼
느끼게 할 것입니다.

원한다면, 자신의 그 찢어진 가슴을 신(神)께 바치세요.
그리고 자신의 신성한 가슴 속에 있는 신께서
치유를 하실 수 있도록 허용하세요.

- 아다마 -

3 장

아다마로부터 오릴리아에게 전해진 임무

사난다와 오릴리아의 대화

- 사난다 - 사랑하는 이여, 안녕하세요. 오늘은 컨디션이 어떠세요?

- 오릴리아 - 한결 나아졌어요. 일들이 하나씩 시작되고 있군요.

- 사난다 - 그런데 지금 무슨 준비를 하고 있지요?

- 오릴리아 - 다음 단계를 준비하고 있어요.

- 사난다 - 당신 앞에는 큰 모험이 놓여 있는데, 준비되었나

요?

• 오릴리아 - 큰 모험이라고요. 좋아요! 그것들은 언제나 제 앞에서 펼쳐지고 있지요. 저는 준비되었다고 생각해요. 그것이 나를 겁나게 하기 이전에 저는 그것에 대해 다르게 느끼고 있고, 아주 재미있다고 생각해요.

• 사난다 - 내가 지금 이 순간 그대를 위해 무슨 도움을 주면 좋을까요?

• 오릴리아 - 저에게 방해가 되는 것 같이 느껴지는 뭔가를 뚫고 나갈 수 있도록 사난다님의 도움이 필요합니다. 이해되지 않는 뭔가가 있어요. 아다마는 저의 다음 단계를 대비해 매주 저를 도와주었지요. 그는 제가 하고 있던 것을 해내도록 저에게 임무를 부여해 왔습니다. 하지만 이번 주에는 제가 수행하기엔 좀 힘든 임무를 주었거든요.

• 사난다 - 그것은 가장 중요한 것들입니다.

• 오릴리아 - 글쎄, 그것이 매우 중요한 것이라고 그도 말했고, 또 저는 그것을 해내고 싶어요. 저는 사난다님께서 보다 더 명료하게 저에게 설명해 주실 수 있을 거라고 생각했지요. 그는 저에게 내가 좋아하지 않는 열 사람을 지명하도록 하거나, 저의 삶에는 가장 문제되는 점이 있었다고 말했습니다. 그는 우리가 모두 하나라는 것과 어떻게 그 사람들이 제 일부이며 또 제가 어떻게 그 사람들의 일부인가를 제가 지각하기 시작했다고 암시했습니다.

마스터 예수 / 사난다

그는 제가 우리 서로가 갖고 있는 일체성(一體性)과 하나됨을 이해하기를 바라고 있습니다.

나는 내가 나 자신이라는 생각이 들기 때문에 그것은 내게 너무나 현실감 있게 느껴지지 않습니다. 내가 그들이고, 그들이 곧 나라는 생각이 들지 않습니다. 그는 저에게 그 각 사람들과 한 시간 반을 함께 지내라고 요구했습니다. 그들을 나의 가슴 속으로 데려와 그들과 더불어 일체성과 합일(合一)의 영혼을 만들면서 말입니다. 제가 호감을 갖고 있지 않은 사람들과 한 시간 반을 지내는 데 성공할지 생각조차 하기도 어려운 시간인데, 하지만 결국 그들이 나이고 우리는 같은 존재라는 결론에 이르게 될 것입니다.

● 사난다 - 그런데 나의 조언을 청하고 있는 건가요?

● 오릴리아 - 글쎄요. 음 ... 물론이지요! 사난다님께서 제가 할당받은 이 임무를 완수하는 데 도움이 되는 어떤 것을 말씀해 주시

기를 바라고 있답니다.

사난다 – 내가 조언을 하지요. 당신이 지금 하고 있는 모든 잡다한 일들을 던져 버리십시오. 그리고 아다마가 준 그 임무를 자신의 바로 그 핵심에 맞게 즉시, 완전히, 또 철저히 행하십시오. 만약 당신이 그것을 해내면, 하나됨의 세계로 들어갈 것이므로 아다마가 그것을 권한 것입니다. 그것은 당신이 올라서야 할 다음 단계이고, 다음 입문식이자 당신을 자아와의 합일 속으로 들어가게 해줄 것입니다. 그대가 내면에서 문제로 삼고 있는 모든 사람을 포함하여 삶의 어느 부분이나, 혹은 누구와도 화목하지 못하고 거리를 느끼는 한 당신은 합일상태 속으로 들어갈 수가 없습니다.

　합일 속으로 들어간다는 것은 생명의 모든 부분이 나타내는 신성의 수준을 존중하면서 그들과 하나됨의 상태로 존재하는 것을 의미합니다. 여기에는 동물의 왕국과 자연의 왕국, 그리고 당신이 아직은 알지 못하는 더 많은 존재들을 깊이 존중하고 그것들과 하나가 되는 것이 포함됩니다. 5차원에서 이해되고 있듯이, 합일은 삼라만상의 일부뿐만이 아닌 존재하는 모든 것과의 하나됨을 망라하고 있습니다. 또한 그것은 지고의 창조주와의 합일, 행성적인 지성체로서의 성스러운 어머니 지구와의 합일, 그대의 존재의 총체인 진아(眞我)와의 합일, 자신의 모든 부분들과 공기, 불, 물과 흙의 모든 원소들을 포함한 동물 왕국, 알려지거나 또 알려지지 않은 지구의 모든 생명 왕국들과의 합일을 뜻합니다.

　당신의 의식 속에서 그 합일의 수준이 충분히 달성되어야, 그 다음 5차원의 관문을 통과하기 위한 초대를 받고, 또 지구에서의 자신의 긴 여정의 마지막을 영광스럽게 장식하게 되는 것입니다. 성대한 의식(儀式)과 함께 영예로이 당신은 상승의 불꽃 속에 흠뻑 젖을 것이며, 완전히 변형되어 출현할 것입니다. 그 다음 당신은 불사신(不死神)들과 영원히 합류할 것입니다. 사랑하는 이여, 그대는 우리와 얼굴을 마주하고 함께 있게 될 것이며, 완전한 의식으로 우리의 편에서 일할 것입니다. 그리고 어떤 수준의 한계들도 결코 다시는 알지 못할 것입니다

아다마는 자신이 당신에게 지도하고 있는 내용을 잘 알고 있습니다. 그러므로 나는 그의 조언을 매우 진지하게 받아들일 것을 당신에게 권합니다. 당신이 알고 있듯이, 아다마와 나는 빛의 세계에서 서로 매우 가깝게 일하고 있습니다. 우리는 언제나 알고 있었으며, 그리고 우리 둘 다 당신의 다음 단계를 지원하기 위해 당신과 함께 매우 가깝게 일하고 있습니다. 당신은 내가 내 정체성의 일부로서 나 자신을 레무리아인으로 여기고 있음을 압니다.

아주 오래 전의 초기에 당신 오릴리아와 아마다, 그리고 몇몇 다른 이들이 우리의 고향 행성인 레무르(Lemur)의 무(Mu) 대륙으로부터 왔으며, 나 역시도 이 지구에 화신하고자 왔던 그 최초의 존재들 속에 있었습니다. 그리고 그것은 우리가 그리스도 의식을 창조하기 위해 여기에 왔던 새로운 레무리아인 종족의 일부가 되기 위해서였습니다. 내가 전에 그대에게 말했고, 또 아마다가 당신에게 채널링해준 대로 단일 그룹인 우리는 모두 함께 거대한 우주선을 타고, 달(Dahl) 우주의 무 대륙에서 왔습니다. 물론 내가 오직 이런 신분에만 제한되어 있지는 않습니다. 그 외 모든 이들과 마찬가지로 나도 역시 여러 가지 다양한 방식으로 발전해 왔던 것입니다.

아다마는 경외감을 갖게 하는 상승한 대사(大師)이며, 그는 당신을 매우 사랑하고 있습니다. 그는 당신이 5차원의 진동을

최종적으로 이해할 수 있도록 자신이 도울 수 있는 전부를 다 하고 있습니다. 그리하여 당신은 상승 마스터가 될 수 있고, 그 하나됨의 세계로 들어갈 수 있는 것입니다. 그것은 하나의 과정입니다. 조바심이 나더라도 스스로 조급해지지 않도록 하십시오. 아나마르가 당신에게 기대에 관해 말한 것을 기억하십시오!

　아나마르가 당신의 "귀향"이 매우 가까움을 보고 얼마나 가슴 속에서 기쁨이 큰지 말할 필요가 없습니다. 아나마르가 당신을 위해 간직하고 있는 사랑은 인간의 차원에서는 묘사할 말이 없습니다. 당신이 마지막 단계를 통과한다면, 매우 행복해질 것입니다. 지금 내가 당신에게 말하는 것은, 동시에 상승 후보자가 되려고 지원한 모든 이들에게도 말하고 있는 것입니다. 그들은 당신이 지금 가고 있는 길과 같은 길을 걸어야만 할 것입니다. 그대가 상승을 향한 이 통로를 여는 데 집중할수록, 다른 이들이 그와 같은 길을 가는 데 더 쉬워질 것입니다. 여러분 중 많은 이들이 뒤따를 이들에게 길을 열어주는 길잡이들이며, 빛의 등불들입니다.

● 오릴리아 – 그것이 아다마가 저에게 한 말이에요.

● 사난다 – 당신은 지금 두 번 듣고 있군요. 확신을 얻기 위해 다른 마스터와 대조하실 겁니까?

● 오릴리아 – (킥킥 웃으며) 어쩌면요! 제가 갖고 있는 문제는 제가 좋아하지 않는 사람들과 진실로 하나임을 받아들이고 통합하는 어려움이 저에게 있다는 것입니다. 저는 우리 모두가 동일한 창조주로부터 왔음을 깨닫고 있습니다. 하지만 모두 같으며 또 모

두가 하나라는 것이 차 한 잔 마시듯이, 간단한 문제는 아니라는 것이죠.

• **사난다** – 그대는 그렇게 느낍니다. 왜냐하면 넉넉함과 관대함으로 자신의 다음 단계로 도약하기 위해 끌어안아야 할 필요가 있는 참된 진리와 지혜를 아직 알지 못하기 때문입니다. 당신은 아직 이 지혜를 완전히 이해하기 위해서 도달할 필요가 있는 더 깊은 수준까지 이르지 못했습니다. 그러므로 잠시 이것에 관해 토론해 봅시다. 왜냐하면 이 방안에 있는 모든 사람들과 앞으로 당신 책을 읽게 될 모든 사람들이 이 문제를 이해하는 것은 중요하기 때문입니다. 여러분 모두가 결국에는 이 지혜를 필요로 할 것입니다. 고로 나는 모든 사람들과 함께 이 중요한 가르침을 나누고자 합니다.

당신이 그 개인들을 좋아하지 않는 데는 이유가 있음을, 또 그들과의 불쾌한 만남이 있었음을 이해하십시오. 아마도 어떤 마찰이 있었는지도 모르고, 혹은 그들이 그대를 화나게 했는지도 모릅니다. 누군가가 당신을 이용하려는 것과 같이, 그들이 당신 삶에서 어떤 자극적인 존재였을지도 모릅니다. 지금은 그 자극을 받아들이고, 그것을 확인하십시오. 그 사람에 관계된 무엇이 자신을 짜증나게 하고, 무엇이 자신을 성가시게 하는지, 혹은 자신을 화나게 하는지 스스로에게 질문해 보십시오.

어떤 감정이 그것을 그대의 내면에서 솟아나게 하는지 자신에게 질문하십시오. 그 사람의 면전에서 당신 자신을 어떻게 느낍니까? 그러면 자기가 좋아하지 않는 어떤 점을 그 사람이 느끼게끔 하고 있는지 명백해질 것입니다. 그런데 물론 그들이 근본적으로 당신으로 하여금 부정적인 어떤 것을 느끼도록 할 수는 없는데, 왜냐하면 그들이 그런 힘을 갖고 있지 않기 때문입니다. 그대만이 그 능력을 갖고 있습니다. 만일 당신이 어떤 노여움을 느낀다면, 그것은 자기의 내면에 이미 그 감정이 존재하고 있기 때문입니다.

당신의 목록에 있는 그 사람들은 단지 당신이 상위의 진동주파수로 옮겨가기 위해서는 치유해야만 할 뭔가가 아직도 자신의 내면에 있음을 인식시켜주는 그대의 거울이자 방아쇠일 뿐입니다. 그것은 실제로는 다른 사람들과는 아무런 관계가 없습니다. 그러니 이제 그대 자신의 내면을 똑바로 들여다보고, 깊이 탐구해 보십시오. 자신이 어떻게 느끼고 있는지, 그리고 그대의 삶 속에서 다른 사람들과 다른 거울들이 어떻게 똑같은 문제들을 촉발시켰는지 분석하십시오. 어쩌면 정확히 동일한 방식은 아니겠지만, 유사한 모습으로 문제가 나타났을 것입니다. 따라서 이런 일들이 당신 인생에서 몇 번이나 일어났는지 찾아보십시오.

- 오릴리아 - 아마도 수백 번 정도는 되는 것 같아요.

- 사난다 - 그렇군요! 그렇다면 "나는 이런 거울의 모습을 만들어낸 내 자신 속의 무엇을 비난하고, 무엇을 미워했는가?"라고 스스로에게 질문하십시오. 당신은 가장 깊은 수준에서 그것이 당신에 관한 모든 것이고, 당신 자신에 대해 느끼는 방식임을 잘 알고 있습니다. 그것은 결코 다른 사람에 대한 것이 아닙니다. 당신이 실제로 깊이 들어가면, 그것이 단순히 자신의 내면에서의 오해, 자신에 대해 간직한 비판, 또는 노여움을 나타내고 있음을 깨닫게 될 것입니다. 그것은 당신 자신에 대해 만든 일종의 그릇된 신념에 관계된 것입니다. 그대가 다른 사람과의 불화(不和)를 치유할 경우, 치유하고 있는 것은 다른 사람이 아

니라 바로 당신 자신입니다. 이것으로 다른 사람이 혜택을 받든 않 받든, 그것은 당신이 관여할 일이 아닙니다. 주인공은 바로 당신이며, 당신이 자신만의 치유를 일으키는 장본인인 것입니다.

당신 자신이 만들어낸 그 경험들은 단지 자극제일 뿐인데, 왜냐하면 당신은 잠재의식 혹은 무의식 속에 깊이 묻혀 있는 채로 간직하고 있는 자신에 관한 잘못된 신념들을 해결하길 원하기 때문입니다. 그런 이유로 그것들이 새로운 수준의 치유를 촉발하기 위해서 만들어집니다. 하느님은 자신의 오락거리로 당신을 괴롭히고자 사람들을 당신에게 보내지 않습니다. 당신은 단지 자신의 한계들을 자극하고 그것에 대한 의식적인 자각을 가져올 그 개인들을 자신의 신성한 의도를 통해 자기적(磁氣的)으로 끌어당깁니다. 그리고 이것은 당신이 치유에 필요한 것들을 경험할 수 있게 하기 위해서인 것입니다. 만약 당신이 준비돼 있다면, 그러한 체험으로부터 자신을 위한 새로운 결정을 할 수 있을 것입니다.

여러분이 자신의 모습을 비추는 어떤 거울과 같은 상황을 접했을 때는 먼저 어떻게 그것들이 자신에게 그렇게 느끼도록 만드는지를 확인하고 그 느낌 속으로 깊이 들어가십시오. 그 상황을 조성하는 사람들은 실제로는 당신들을 괴롭히려고 하지 않습니다. 그들은 단지 있는 그대로의 존재일 뿐입니다. 여러분이 자신에 대한 잘못된 신념을 더 이상 믿고 싶지 않다고 결정할 때, 더 이상 이전의 방식으로 자신에 대해 느끼기를 원하지 않게 되고, 자신의 잘못된 정체성을 변화시키기 시작합니다. 즉 비로소 여러분은 그 거울 같은 상황이 자신에게 비추었던 모습보다 자기가 훨씬 가치 있고 중요한 존재라는 사실을 자각하기 시작하는 것입니다. 그리고 깊은 감정과 깊은 사랑, 수용 속에서 진정으로 자신에 대한 새로운 정체성을 선택합니다. 이윽고 자신에 관해 간직하고 있는 잘못된 신념의 조정과 치유를 계속함에 따라 자신의 삶에 흥미로운 기적이 일어날 것입니다.

그 다음에 여러분이 그 사람들(자신이 좋아하지 않는 사람들)의 면전에 있게 될 때는 부정적인 에너지가 존재하지 않을 것이며, 그런 에너지가 완전히 사라질 것입니다. 자신의 내면에서 그 문제를 해결했기 때문이지요. 자, 이제 여러분이 어떤 거울 같은 상황을 대할 때, 뭔가를 해결할 수 있는 또 다른 방법은 자신에게, '나는 또한 어떤가?' 하고 질문하는 것입니다. 자신의 독특성에 따라 비추어진 그 모습을 기꺼이 내면에서 경험해 보십시오. 말하자면, 예를 들어 당신들이 누군가가 뭔가를 훔치고 있거나 거짓말을 하고 있음을 목격했다고 합시다. 이것은 실제로 당신들을 난처하게 할 것이고, 그때 당신은 '같은 상황에서 나라면 어떨까?'라고 자신에게 질문하기 시작하는 것입니다.

어쩌면 여러분이 도둑이 아니므로 벌어지는 일에 자신을 전혀 관련시킬 수 없을지도 모릅니다만, 그럼에도 초조함은 있습니다. 혹시라도 거기에는 그대가 자기 자신으로부터 아주 미묘하게 무언가를 훔친 하나의 방식이 있을 수도 있습니다. 그 도둑은 단순히 일종의 방아쇠(어떤 상황을 촉발시키는 동기 부여자/계기) 역할일 뿐입니다. 그것이 늘 정확하지 않을지도 모릅니다만, 그것은 언제나 자아(self)에 관련돼 있을 것입니다. 여러분은 또한 자기 자신에 관계해서 그 일을 어떻게 처리했을까요?

● 오릴리아 - 저는 이것에 관련된 실제적인 두려움의 문제를 갖고 있는데, 그것을 말씀드립니다. 만일 제가 단지 저를 지배하려 하거나 저의 임무를 틀어지게 하려는 그 사람들과 화해하고, 그들

을 "나 자신"으로 여긴다면, (당신께서 그들 중 몇몇이 누구 인가를 잘 알고 있습니다.) 그들이 저의 삶에 개입하여 나를 괴롭히고 또 일들을 엉망으로 만들 것이라고 느끼고 있습니다. 저는 지금 평화로운 삶을 살고 있고, 그런 골치 아픈 문제를 다시 만들고 싶지 않습니다.

• 사난다 – 그들과 더불어 화해하라고 말한 것을 나한테 들었나요?

• 오릴리아 – 아니요.

• 사난다 – 내가 전에 당신에게 말했듯이, 그것은 그들에게 관련된 것이 아니며, 다만 당신과 당신 자신의 자아와의 관계에 대한 문제입니다. 당신은 오직 그 내적인 작업을 자신의 내면에서만 할 수 있고, 자기 자신과 화해할 수가 있습니다. 그 반영의 게임에서 당신은 다른 사람과 좀처럼 화해할 수 없는데, 왜냐하면 그들 대부분은 당신이 하는 것과는 사뭇 다르게 모든 것을 인식한다는 것을 알게 될 것이기 때문입니다. 당신은 오직 당신 자신만을 치유할 수 있으며, 그들은 그들 자신만을 치유할 수 있습니다. 그들의 문제는 그대에게 책임이 있지 않습니다.

당신이 그 사람들을 언젠가 다시 보게 될지, 않을지는 사실 상관이 없습니다. 이 문제는 그들에게 접근하여 그들과 더불어 모든 것을 치유하는 것에 관련된 것이 아닙니다. 왜냐하면 이런 바람은 일종의 투사(projection)가 될 수 있기 때문입니다. 그들이 자신들을 치유하고자 한다면 자신들에게 그 작업을 할 수 있습니다. 그것은 그들의 선택이고 소관입니다. 당신의 책임은 자신을 치유하는 것이고, 자신을 하나됨의 진동 속으로 옮겨가는 것입니다. 그들을 축복하십시오. 그들에게 사랑을 보내고, 그들을 놓아 주십시오.

• 오릴리아 – 알았어요. 그것이 제가 놓치고 있는 해답이군요. 이제 점점 더 분명해지고 있습니다.

• 사난다 – 그래요, 나는 그대가 자신의 내면에 있는 감정을 변화시키고 치유할 경우, 다음에 그 개인을 만나더라도 에너지 반작용은 촉발되지 않을 것임을 말했습니다. 이것은 당신이 그들과 화해해야 한다든지, 혹은 그들의 에너지와 다시 관계를 맺어야 하리라는 것을 뜻하지 않습니다.

• 오릴리아 – 때때로 사난다님께서도 일상생활에서 그들과 함께 일해야 하거나, 그들을 대면한다든가, 혹은 그들이 당신의 집이나 이웃에 살지도 모릅니다.

• 사난다 – 아닙니다. 그것은 그들에게 관련된 문제가 결코 아니며, 당신에게 관계된 것입니다. 그들은 단지 방아쇠(유발요인)이거나 거울일 뿐입니다. 그리고 만약 그대가 그 반영 상황을 거절하면, 신(神)은 당신에게 곧 또 다른 것을 보낼 것입니다. 아마도 더 크고 불쾌한 어떤 것을 보내겠지요. 아다마가 이런 권고를 해서가 아니라 단지 그런 경험이 바로 지금 시기적으로 당신의 진화에 있어서 적절하기 때문입니다. 다시 말하면, 아다마가 당신에게 이와 같은 어떤 것을 계획해서가 아니라 당신 자신의 신성한 본질이 지금 당신을 위해서 이것을 바라고 있기

때문인 것입니다.

• 오릴리아 – 제가 사난다님께 질문을 드리는 이유는 아다마가 저에게 부여한 임무를 완수하기를 바라는 까닭에서입니다. 저는 제 임무를 철저히 해내기를 원하고 있습니다.

• 사난다 – 그렇다면 당신은 그것이 가장 큰 기쁨이고 바로 힘을 주는 것임을 알게 될 것입니다. 그런데 이제 당신에게 계기가 된 어떤 사람과 실제로 상호 교제를 원할지도 모르는 경우가 있지만, 자신을 완전히 치유한 후에 그렇게 하십시오. 만일 그대가 그 이전에 그들에게 접근하면, 불행한 재난이 될 수가 있습니다. 다른 사람에게 다가가고 싶을 때가 있는데, 특히 거기에 아픈 감정이 관계되어 있을 때 말입니다. 당신은 뭔가에 대해 사과하고 싶어 할지도 모릅니다. 당신이 그렇게 해야만 한다고 나는 말하지 않겠지만, 당신의 가슴은 해야 할 일을 알 것입니다. 당신은 늘 무엇이 옳은 것이고, 적절한 것인가에 대한 감각과 느낌을 가지고 있을 것입니다.

대개의 경우, 이 반영의 경험은 당신의 자아와의 관계에서 오로지 당신을 위해 존재합니다. 당신이 그런 형태의 짜증나고 성가신 체험을 하고 그것을 통해 자신의 내면에서 더 큰 깨달음의 상태에 도달할 때마다, 그대는 자신을 하나됨의 상태로 더 가까이 데려갑니다. 즉 삼라만상과 더불어 일체성을 느끼기 시작합니다. 그리고 당신은 더 이상 자신의 삶의 경험들이나 만남들이 그다지 개인적이지 않을 것입니다.

당신은 자신이 그 체험을 만들었음을 깨닫고, 그것을 쉽게 인정할 수 있게 될 것입니다. 자신의 삶에서 인간관계의 형태로 나타나는 이상하고 난처하거나 도전적인 상황을 접하게 될 경우, 당신은 즉시 이렇게 말할 수 있을 것입니다. "내가 그것을 만들었다. 내가 그 체험을 나 자신에게로 끌어당겼다. 나는 나 자신을 위한 중요한 치유를 만들어 내기 위해서 그렇게 했음을 알고 있다. 그리고 나는 깊은 감사로 이 배움을 수용한다."

그러므로 이것이 자신의 명예를 회복하고, 자신의 가장 깊은 진실을 발견하고, 더 많은 능력을 받게 되고, 명료해짐에 대한 모든 것입니다. 이 과정을 수련함에 따라 그것을 해냈을 때, 그런 종류의 거울과 같은 상황을 더 이상 자신에게 끌어당기지 않을 것임을 알 것입니다. 그리고 당신이 아주 달라지게 될 그 상황은 자신이 긍정적으로 치유된 상태를 그대로 나타낼 것입니다. 알다시피 그 상태는 부정적이지 않을 뿐만 아니라 그것들은 다른 모든 것들이 그러하듯이, 온전한 스펙트럼을 나타냅니다.

- 오릴리아 – 사난다님께서 지금 저에게 설명하신 이 가르침은 매우 도움이 됩니다. 당신은 그것을 전에 여러 번 설명하셨지요. 제가 그것을 들은 것은 처음이 아닙니다만, 더욱 더 확실히 이해가 되고 있습니다. 감사합니다. 사난다님.

- 사난다 – 천만에요. 그리고 아다마가 그대를 도울 것입니다. 이것은 그가 당신의 승격을 위해서 만든 뜻 깊은 선택이자 제안입니다. 그는 전 과정을 통해서 당신을 지원할 것입니다.

당신이 자신을 둘러싸고 있는 세상의 모든 것을 꾸밈없이 볼 수 있을 때, 그리고 자신도 그것으로 이루어진 모든 것이라고 내면에서 말하고 느낄 때, 당신은 신이 된다는 것이 무엇인지 이해할 것입니다. 당신이 자신의 창조주를 만날 경우, 그 분은 그대에게 바로 이렇게 말씀하십니다. "내가 너희이고 너희가 나이니라. 즉 우리는 같으니라. 너희가 행한 모든 것이, 나 또한 행한 것이니, 내가 너희와 더불어 그것을 행하였기 때문이니라. 우리는 하나이며, 같은 존재이다."

사랑하는 이여, 인정하기는 모든 것 중에서
가장 위대한 힘입니다.
진아(眞我)와 동등하다는 인정은
그대의 삶에 수많은 기적을 가져다 줄 것입니다.

- 오릴리아 – 그것을 철저히 실천할 것입니다.

- 사난다 – 그렇게 하도록 하십시오. 그렇게 실행하면 영원히 행복할 것입니다. 이것은 하나됨의 상태 속으로 들어가기 위해 당신이 지금 마주하고 있고 또 모든 이들이 거치고 통과해야만 하는 동일한 입문 과정인 또 다른 5차원의 규약입니다.

- 오릴리아 – 대단히 고맙습니다. 지금 당신의 도움에 가장 크게 감사하고 있습니다.

- 사난다 – 사랑하는 이여, 천만의 말씀을요.

4 장

가슴의 어두운 밤

5차원으로 들어가는 최종적인 승인을
위한 마지막 입문 단계들

- 오릴리아, 아다마, 아나마르 사이의 대화 -

● 아다마 - 나의 가슴의 사랑과 나의 영혼의 지혜로 당신을 환영합니다. 나의 사랑하는 이여, 안녕하세요?

● 오릴리아 - 네, 안녕하세요. 하지만 제 몸이 지친 듯합니다. 그리고 아직은 가슴이 어느 정도는 어둡다고 느껴집니다. 꽤 오래 동안 그것을 통과하고 있었어요. 지난 몇 년 동안 나 자신을 치유하려고 모든 노력을 다했는데도 여전히 가슴 중심과 몸속에서 많은 고통을 느끼고 있습니다. 이것이 오래 지속되다보니 싫증나고 지루하네요. 원기를 회복하고, 또 이것저것 치유해서 다시 나아지는 데 얼마나 더 오래 걸릴까요?

● 아다마 – 이 행성에서 매우 큰 부분을 지탱하고 있는 사람은 바로 지금 당신입니다. 당신은 인류를 위해서, 또 지구의 상승을 위해서 많은 양의 에너지를 유지하며 지키고 있습니다. 그것이 당신에게 고통이 좀 되고 있어요. 당신은 오래 동안 그것을 해냈지만, 지금은 너무 위태한 시기이군요. 더욱이 당신은 밤이 되면 내면세계에서 많은 일을 하고 있습니다. 이런 이유로 아침에는 매우 피곤하고 지친 상태로 깨어나는 거예요. 지금 허용하는 것보다 더 많은 휴식이 필요합니다.

● 오릴리아 – 그래요. 하지만 시간 내에 해야 할 일도 너무 많고, 요구사항도 너무 많아요. 하루가 너무 짧은 거 같아요. 할 일을 다 해내지 못하면, 레무리아인들의 임무는 현재 상태에서 더 확장되지 않을 거예요. 미국뿐만이 아니고, 여러 나라에서 관심자들이 급격히 불어나고 있습니다. 또 많은 이들이 우리 일에 지금 합류하고 있거든요.

● 아다마 – 우리는 당신이 긴 여행으로 지친 점을 이해합니다. 그리고 상승을 향한 자신의 최종 입문 단계를 준비해야 할 시기이구요. 당신은 거의 그 단계에 있습니다. 하지만 그대는 망설이고 있어요. 많은 3차원의 방식과 진동을 꼭 붙잡고 놓지 않는군요. 그리고 당신이 그 제3차원의 방식을 완전히 놓아버리지 않는 한은 자신의 상승 과정에서 더 앞으로 나갈 수가 없답니다. 만약 우리가 오늘 함께 토론할 당신 의식의 최종 도약에 스스로 전념한다면, 매우 빠르게 "고향"에 도달할 수 있습니다. 그리고 다시는 결코 지치게 되지 않을 것이고, 그뿐이 아니

라 여러 한계들을 벗어날 것입니다.

당신은 자신이 생각하는 것보다 더 가까이 와 있습니다. 여느 때와 같이 최종 단계는 가장 어려우며, 가끔 가장 고통스러운 것입니다. 이 행성에서 상승한 적이 있는 마스터는 누구나 당신이 지금 통과하고 있는 같은 입문 단계를 통과했습니다. 그리고 거기에는 텔로스와 5차원의 레무리아에 존재하는 모든 이들이 포함되는 것이지요.

당신은 세상에 봉사하도록, 또 많은 여행을 하도록 요청 받고 있습니다. 그리고 여행을 함으로써 자신을 인정하게 될 것이며, 또 많은 이들에게 이 새로운 에너지에 관련된 그들의 첫 번째 체험을 제공하게 될 것입니다. 당신은 여행을 함으로써 자신을 정화시켜야 합니다. 또한 자신의 최상의 자아 속에 머물러야 하며, 자신을 동요하게 만드는 어떤 것도 결코 용납하지 않아야 합니다. 당신이 보거나 체험하는 것에 상관없이, 그리고 사람들이 당신을 대하는 방식에 관계없이, 특히 자신의 에고가 반응하지 않도록 해야 합니다. 다시는 무엇이든지 혹은 누구든지 그것들에 대해 비평하거나 분개하거나 원한을 품지 않도록 하십시오. 그것들은 그대를 3차원의 체험에 고착시켜 두는 에너지이고 마음가짐입니다.

당신은 지금 자신을 만나는 모든 이들에게 영향을 미칠 매우 높은 에너지 주파수에 도달해 있습니다. 우리는 당신이 그 점을 알아두기를 바랍니다. 그것은 마찬가지로 자신에게도 불가사의한 방식으로 작용할 에너지입니다. 당신이 그 에너지 속에 머물면 머물수록, 더욱 자신의 신성의 둘러싸임 안에서 가장 높은 진동 속에 있게 될 것이고, 또 더욱 그것이 그대를 지원할 것입니다. 끌어당길 수 있는 한 많은 빛을 자신에게 채우십시오. 만일 당신이 그 에너지와 융합되지 않는 진동 속에 빠져 든다면,

그것이 당신을 쉽게 지치게 할 것입니다. 상당한 에너지적인 하락을 겪듯이 말이지요.

그러므로 지금은 당신이 날마다 끊임없이, 또 쉬지 않고 그 에너지 속에서 머물기 위한 의식적인 노력을 해야 할 시기입니다. 내가 당신에게 말하는 내용 대부분은 이 책을 읽게 될 모든 이들에게도 적용됩니다. 그들은 언젠가는 그대가 지금 걷고 있는 것과 같은 길을 걸어야만 할 것입니다. 비록 그것이 각자에게 달리 전개되겠지만 결국은 동일한 것입니다.

우리가 말하는 이 에너지는 여러분이 성모 마리아라고 하는 여성 에너지입니다. 매일 그녀(성모 마리아)가 자신의 에너지 장으로 들어오도록 요청하십시오. 그녀의 에너지가 당신을 포옹하며 인도하도록 하루 종일 자신과 함께 머물러 주기를 요청하십시오. 그렇게 할 수 있겠습니까?

• 오릴리아 - 예, 할 수 있어요.

• 아다마 - 자신의 내면에서 방출이 필요한 에너지들이 나타날 시기들이 있습니다. 이런 에너지들은 당신의 주변과 또 세상에서 일어나고 있는 슬픔, 질병, 혹은 재난의 진동을 지니고 있을 것입니다. 다시 한 번 말하지만, 그 에너지들을 느낄 때마다 그것들을 마리아에게 넘기십시오. 그녀는 당신을 위해 그것들을 정화할 것입니다. 당신을 돕고자 하는 것이 그녀의 진심어린 소망입니다. 그렇게 할 수 있습니까?

• 오릴리아 - 예, 할 수 있습니다.

• 아다마 - 우리는 당신에게 그것을 실천하도록 요청하는데,

다가오는 여행에서, 또 미래에 갖게 될 다른 여러 여행에서 자신과 함께 공유하게 될 많은 에너지들이 있기 때문입니다. 그 에너지는 과거에 나누었던 에너지보다 훨씬 더 강렬할 것이지만, 그대는 그 증강된 에너지를 받을 수 있는 능력이 있습니다. 이번에는 전에 여행했을 때보다 더 높은 수준의 진동에서 여행을 하게 됩니다. 지금 그 수준에 들어갈 준비가 되어 있습니다. 그러나 그렇게 하기 위해서는 당신 자신이 균형 잡힌 상태 속에 머물러 있어야만 합니다. 그 상태에서 당신 자신의 에너지를 인식하는 것, 그리고 자신의 고유한 에너지를 얼마만큼 통제하는가와 무엇이 일어날 것인가를 인지하는 것은 매우 중요합니다.

당신이 스스로 할 수 있는 것에 대한 인식과 넘겨주게 될 것 사이에는 미묘한 균형이 있습니다. 그리고 그것은 신속하게 일어날 수 있습니다. 자신의 에너지가 이상을 보이기 시작함을 느끼는 매 순간에, 당신은 즉시 자신의 진동을 끌어 올릴 수 있음을 알거나, 혹은 그것은 자신이 (누군가에게) 넘겨야 하리라는 것을 아는 식으로 당신 스스로 결정하게 될 것입니다. 이것은 일종의 매우 새로운 탐구가 될 것입니다.

임무 수행 중에 자신을 방해하는 피로가 생성되는 것을 처리하는 방법을 배움에 있어서, 6주(週) 간의 여행은 당신 자신의 에너지로 작업하는 법을 배우는 많은 경험들이 될 것입니다. 오직 당신은 이 점을 믿어야 하는데, 즉 자신이 그 능력을 지니고 있음을 깨달아야 하는 것입니다. 자신의 에너지를 관리하는 것을 배우십시오. 그리고 당신을 소모시키는 다른 누군가의 에너지에 의해 자신의 에너지가 혹사당할 때 그것을 즉시 알아차릴 수 있게끔 되십시오. 당신은 이제 최종적으로 자신의 진동과 함께 작용하는 것을 새로운 방식으로 배우고 있습니다. 당신이 접촉하게 될 많은 사람들이 그렇듯이 말입니다. 이해되십니까?

● 오릴리아 - 예. 최선을 다하겠습니다.

● 아다마 - 그리고 또한 자신이 감당할 수 있는 한계를 벗어났다고 느껴지는 상황에 접했을 때는 그것을 상위 영역으로 넘겨야 할 어떤 것임을 인식하십시오. 지원팀의 도움 없이 혼자의 힘으로 그것을 해결하려 하지 마십시오. 그들은 당신을 후원하기 위해 여기에 있습니다. 망설이지 말고 현명하게 그들을 이용하십시오. 당신을 도우려고 오는 그들의 에너지를 느낄 때, 또 자신의 에너지가 확장하고 있음을 느낄 때, 그들과 함께 앞으로 나아가세요. 어떤 이유로 당신의 통제를 벗어나 자신을 돕지 않는 에너지나 상황에 부딪치면, 그것들은 그대의 능력 범위 안에 있지 않으므로 스스로 그것을 해결해서는 안 된다는 것을 아십시오. 그리고 그것들을 우리에게 넘기십시오.

● 오릴리아 - 저는 이 차원에서 가능한 한 세부적으로, 최선을 다해서 이 여행을 하려고 계획했습니다. 하지만 또한 그것이 제가 계획한 방향으로 전개되지 않을 수도 있다는 것도 알고 있습니다.

● 아다마 - 우리는 그 여행의 세부적인 내용은 기본적으로 당신이 세운 대로 펼쳐질 것이지만, 사실 그것은 진정한 여행이 아님을 말하고자 합니다. 진정한 여행은 당신에게 나타나게 될 모든 것인데, 그대는 아직 그것을 모릅니다. 우리는 당신이 그 모든 것에 열려있어야 한다고 권고합니다. 과거에 당신이 접촉했듯이 앞으로 접촉할 모든 사람들에게 그대는 에너지적으로

열려 있어야만 합니다. 온전한 자각이 결여된 상태에서 행한 접촉이 종종 당신에게 가장 중요하고 강렬했는데, 그 중 어떤 경우는 오래가는 인연이 되기도 합니다. 이번 여행에서는 방금 말한 것이 사실로 될 것입니다. 하지만 또한 가슴과 연결되는 많은 사람들을 만날 것입니다. 또한 그대는 그 에너지들의 대변자임을 인식하십시오. 그리고 당신이 그 에너지들을 구현할수록, 더욱 더 다른 사람들과 더 많은 에너지를 공유할 수 있을 것입니다.

• 오릴리아 - 제가 그 모든 것을 준비했다고 생각하세요?

• 아다마 - 우리는 당신이 준비되어 있음을 알고 있어요. 당신이 이 점을 아는 것은 역시 간단합니다. 자신을 믿으세요. 자신이 준비되어 있지 않다고 느껴질 때마다 그것을 우리에게 넘기기 바랍니다.

확신이 그런 에너지를 끌어 당겨 지니게 하는 것입니다. "나는 이 일을 수행하기엔 능력이 부족해." 라고 생각되는 에너지가 감지될 때마다, 혹은 그와 유사한 어떤 것을 겪을 때마다 그것을 우리에게 넘기세요. 지금은 당신의 가슴으로부터 오는 에너지들 및 거기에 담긴 진동과 당신 마음의 일부인 불완전한 점들 내지 분별 사이에는 큰 차이가 있음을 깨닫기 시작할 시기입니다. 그리고 마음의 그런 결함들과 분별들은 그대를 속일 수 있습니다.

당신은 그것들이 자신이 아님을 인정할수록, 또한 그것이 신(神)에게 바쳐져야 할 어떤 것임을 인식하면 할수록 더욱 더 자신이 추구하는 진동과 자신을 지원하는 진동 속에 머물게 될 것입니다. 당신이 선택한다면, 이번에 5차원의 여행을 이룰 것입니다. 하지만 그 기회에 자신을 열어두어야 하며, 균형 속에서 머물 책임을 느껴야 합니다. 지금은 그것이 무엇을 의미하는지와 또 행성에 흘러넘치는 그 새로운 에너지와 함께 균형 속에 머물기 위해 무엇을 해야 하는지를 완전히 이해해야할 시기입니다.

• 오릴리아 - 홀로 더 많은 시간을 보내야 하나요?

• 아다마 - 홀로 보내는 시간은 언제나 소중합니다. 우리는 이번 세 번째 여행에서, 당신이 그것을 인식하기를 바랍니다. 당신은 전에 종종 그랬던 것처럼 지나치게 헌신적으로 일에 몰두할 수는 없습니다. 자신만의 시간을 가지고 스스로를 위해 배터리를 충전할 시간이 필요합니다. 당신을 추종하는 다른 사람들이 없는 혼자 있을 수 있는 장소를 찾으세요. 자신을 위한 시간, 혼자서 거리를 걷고, 또 여행하는 마을에서 벗어나 걸을 수 있는 시간을 가지세요. 적절하고 매우 중요한 때는 언제나 혼자 힘으로 가세요. 그것은 당신에게 두 번의 기회를 줍니다. 첫 번째로, 가장 중요한 것은, 자신의 에너지를 이해하는 것입니다. 두 번째는 당신이 주최하는 모임에 부득이 오지 못할 다른 이들과 그 에너지를 함께 나누는 것입니다. 그대가 세상을 걸을 시기가 왔습니다.

• 오릴리아 - 나에게는 중대한 일이군요. 저는 늘 여행을 피해왔는데, 특히 도시와 사람이 많은 장소는요.

• 아다마 - 그런데 여행은 멋진 일입니다. 사실 여행하며 걷기 시작하면서, 자신에게 부족했던 에너지를 발견할 것입니다. 당

신이 체험하는 에너지 부족은 더 이상 스스로를 지탱하는 에너지가 없다는 사실에 기인합니다. 지금은 걸을 시기이며 또 당신을 지원하는 에너지들을 통합하는 시기입니다. 당신을 근심케 하거나, 혹은 과도한 고통이 있을 경우엔 언제나 그것을 신께 넘겨주십시오. 내가 오릴리아에게 말하는 이 내용들은 또한 이 책을 읽는 이들 모두에게도 그대로 해당됩니다. 현재, 그녀의 상태는 여러분 모두의 상태를 대표해서 나타내고 있으며, 여러분은 모두 그녀의 체험으로부터 배울 수 있습니다. 여러분 모두는 조만간 그 같은 문제점과 논쟁점을 가질 것입니다.

● 오릴리아 – 당신께서 방금 말씀하신, 저를 지원하는 에너지 속에서 제가 더 이상 걷고 있지 않다 함은 이해가 안 돼요. 좀 더 설명해주시겠어요?

● 아다마 – 말 그대로입니다.

● 오릴리아 – 그 점이 이해되지 않아요.

● 아다마 – 당신은 적어도 자신이 가진 대부분이 더 높은 진동 에너지 속으로 이동했습니다. 그럼에도 당신의 일부는 낡은 에너지들 속에 남을 필요가 있다고 느끼는 부분이 있어요. 이것은 당신이 샤스타 산을 떠나려 한다거나, 지금 행하고 있는 일을 그만두려 한다는 것을 말하는 것은 아닙니다. 그대는 현재 있는 차원에 머물고 있는 동안 5차원의 실존 속에서 이 모든 것을 실행할 수 있습니다. 이것이 여러분이 지금 있는 곳에서 한 사람이 한 번에, 가슴에서 가슴으로 5차원의 현실을 함께 창조하

여 3차원을 영원히 변형시킬 방법입니다. 또한 이것이 텔로스에서 우리가 창조한 낙원을 지상에서 여러분이 창조할 방법인 것입니다. 낡은 방식의 에너지들은 더 이상 당신 혹은 다른 그 누구도 지원하지 않습니다. 그러므로 자신의 의식에서 낡은 사고방식과 행동들을 기꺼이 방출해야만 합니다.

- 오릴리아 – 제가 무엇을 **변화시켜야 하나요?**

- 아다마 – 비판의 에너지들, 기대의 에너지들, 죄와 수치심에 대한 에너지들을 변화시키십시오. 이 모든 저급한 진동의 에너지들은 3차원적인 실존의 일부이며, 그것은 당신이 더 이상 바라거나 인정하지 않는 것입니다. 그리고 정당한 비판 대 잘못된 비판이라는 것은 없습니다. 이런 에너지들이 당신에게 들어오는 것을 스스로 느낄 때마다 거기에는 확인되는 게 아무 것도 없습니다. 5차원에서는 비판을 뒷받침하는 정서가 없습니다. 여러분이 비판 속에 있을 때, 그것을 자신의 마음과 생각, 가슴, 에너지장 속에서 알아차리기 시작할 때는 지금이며, 그것을 방출하고 놓아버려야 합니다.

　당신이 뭔가 잘못하고 있다고 말하는 것이 아닙니다. 그것 역시 비판이 되니까요. 그것은 단지 그 진동 속에서의 그 차이점을 인식하는 것입니다. 3차원의 진동과 5차원의 진동 사이의 차이점을 감지할 수 있도록 배우십시오.

- 오릴리아 – 제가 오늘 왜 피곤하지요?

- 아다마 – 당신은 이곳 3차원에 대한 분별과 비판적 생각들로 인해 피곤한 것입니다. 피로를 느낄 때는 언제나 3차원 세계에

서 자신이 비판하고 있음을 인식하세요. 그리고 당신은 에너지를 변화시키고 변형시킬 수 있음을 아십시오. 이것은 5차원의 진동주파수 속으로 옮겨 가기 위해서는 누구나 해야만 할 과제입니다. 그 누구든지 3차원의 패러다임으로 알고 있는 모든 것을 놓아버려야 하며, 존재에 대한 새로운 방식을 익혀야 할 것입니다. 3차원과 5차원 사이의 의식도약은 대부분의 여러분에게 거대한 일입니다. 매일 그 의식 변화를 시작하십시오. 그러면 결국 새로운 수준에 도달할 것입니다. 글자 그대로 그대는 자신의 의식을 미지의 세계로 도약시키는 데 자발적이어야 합니다.

• 오릴리아 – 나는 지난 며칠 동안 매우 행복함을 느끼고 있었어요. 그리고 어떤 일 혹은 그 누구에 대해서도 비판하지 않으려고 매우 조심했습니다. 그렇다면 피곤해져서는 안 될 텐데요.

• 아다마 – 사랑하는 이여, 우리는 그대의 노력을 존중합니다. 하지만 진정한 변화는 당신이 생각하는 것보다는 더욱 미묘하답니다. 그렇습니다. 행복은 또한 수많은 방식으로 비판이나 분별에 관계가 있습니다. 당신을 행복하게 하는 어떤 일이 생겨 자기가 바라는 것을 갖게 되면, 당신은 운 좋은 날이라고 판단합니다. 이와 반대로 반기지 않는 상황이 자기에게 생기면, 별로 운이 좋지 않거나 불쾌한 날이라고 생각합니다. 이처럼 마음 먹거나 선택하기에 따라서 참으로 그대의 에너지는 더 높은 진동이 될 수 있었습니다. 그러나 그렇게 실행하고 또 지속하기 위해서는 당신이 떠나고자 열망하는 이 차원에 그대를 얽어매는 이런 생각들과 말, 행위, 활동, 욕망 속에 있는 모든 것을 자발적으로 포기해야 합니다. 그것들은 우리가 이야기하고 있는

경험의 물리적 확장이 아니며, 오직 낮은 진동 속에다 당신을 붙잡아 매어두는 감정과 사고들입니다.

• 오릴리아 - 저의 진동과 에너지를 낮게 떨어뜨리는 것은 제가 하고 있는 육체적인 일들 때문이 아닌가요?

• 아다마 - 일반적으로 그것은 그렇지가 않습니다. 그것은 당신이 간직하고 유지하고 있는 에너지와 관계가 있습니다. 예컨대 당신이 다른 사람이나 자신에 대해 비판하는 에너지를 붙들고 있으면, 그대의 진동은 떨어집니다. 또 특정한 결과를 기대하는 에너지를 붙들고 있으면, 역시 진동은 떨어집니다. 그리고 당신이 '이것은 어려운 작업'이라거나 '이것은 일종의 투쟁이다'라고 판단하는 공간 내에 있게 되면, 역시 당신의 에너지는 낮아집니다. 매 순간 그대는 창조하고 있음을 깨달으십시오. 그대가 만드는 각각의 감정이나 사고가 긍정적이거나 부정적인 것을 창조하고 있는 것입니다. 그래서 "자신의 삶을 변화시키기 위해서는 생각을 바꾸라."고 하는 것입니다. 생각과 감정은 3차원에서 당신의 외적 삶을 형성하고, 영향을 미칩니다. 그리고 5차원의 주파수를 받아들이지 못하도록 방해합니다.

• 오릴리아 - 생각하기 혹은 느끼기를 중단해야 할까요?

• 아다마 - 그게 좋을 거 같군요. 실제로, 그것이 당신에게 아주 좋을 것입니다. 당신은 일어나야 할 일과 자신이 해야 될 필요가 있는 일, 또 실행해야만 하는 일을 어떻게 해야 하는지 등을 둘러싸고 정신 에너지를 너무 많이 소모하고 있습니다. 확실한 방식으로 자신의 삶을 만들려고 애쓰면서 그대의 마음은 끊

임없이 여러 방향에서 바쁩니다. 하지만 일어날 필요가 있는 일은 아무 것도 없으며, 당신이 하지 않으면 안 되는 일은 아무 것도 없습니다. 그것은 일종의 환상입니다!

• 오릴리아 – 하지 않으면 안 되는 일이 아무 것도 없다니요! 그러면 제가 완성해야 할 책도 없고, 진행할 여행도 없고, 생계비를 벌어야 할 일도 없고, 대금 지불할 일도, 제 임무에 관련된 메일에 응답해야 할 일 등등도 없다는 말로 들립니다.

• 아다마 – 그것들은 당신이 했던 일종의 선택입니다. 당신이 실행할 모든 목록들과 많은 일들은 자신이 해야만 할 것들이라기보다는 오히려 스스로 하기로 선택한 일로서 인식하기를 시작하세요. 사실상 5차원 진동에서는 우리가 필요로 하거나 해야만 할 것은 실제로 아무 것도 없습니다. 그것은 항상 일종의 선택입니다. 이 구별이 자신에게 명백해질 때까지, 당신은 3차원의 진동에 남아있게 될 것입니다. 이것은 오릴리아, 그대의 내면에서 "그것에 대한 진실"을 깨닫고, 또 그것을 충분히 경험하기 위한 당신의 여정입니다.

• 오릴리아 – 그런데, 결코 우리는 어린 아이 시절부터 누구도 그렇게 생각하도록 가르치지 않았습니다. 많은 사람들이 그렇게 생각하지 않아요.

• 아다마 – 우리는 그것을 알고 있습니다. 그래서 우리가 지금 당신에게 새로운 훈련의 기회를 제공하고 있고, 다음에는 당신이 그것을 다른 이들과 공유할 수 있습니다. 여러분 모두는 3

차원의 같은 배에 있는데, 5차원 의식으로 이동하기 위해서 여러분 모두에게 가장 중요한 것에 관해 별로 중점적으로 역설되지 않았습니다. 당신과 그 밖의 모든 이들은 향후 몇 년 내에 누구나 새로운 삶의 단계로 진입하게 될 빛의 세계로의 상승을 바라고 있습니다. 만약 그렇게 선택한다면, 이 새로운 여정은 경이로운 방식으로 당신에게 펼쳐지게 될 것입니다.

이 순간 이전에 일어난 일과 다음에 생길 일에 집착하면, 이로 인해 그대는 3차원에 머물러 있게 됩니다. 지금은 가능한 한 새로운 방식으로 보고, 깨닫고, 실행하고, 생존할 수 있는 모든 것에 자신을 열어야 할 시기입니다. 준비하되, 기대를 갖지 말고 현재 이 순간 속에서 살고자 하십시오. 그리고 5차원의 생존방식으로 들어가는 여러분 모두를 기다리고 있는 마법 같고, 장엄하며, 안락하고, 아름다운 모든 것에 자신을 열어 두십시오. 자신의 가장 큰 꿈을 넘어 나타날 경이와 변화를 기꺼이 체험하십시오. 하지만 여러분이 3차원의 삶에 매달리기를 고집하는 한 그런 변화는 일어날 수 없음을 자신의 가슴과 마음으로 깨달으십시오. 그것은 일종의 새로운 진동이고, 새로운 존재 방식이며, 지금 해야 하는 것과는 정 반대되는 그런 다른 차원에서 사는 것입니다.

이것들은 5차원에서의 삶을 위한 진정한 규칙들입니다.

• 오릴리아 – 지금 당신께서 저에게 하고 있는 말, 이 책을 위해서 말한 많은 부분이 매우 단순해요. 사난다께서도 그것이 매우 단순하다고 나에게 말합니다. 그럼에도 불구하고 아직까지 우리는

그것을 이해할 수가 없어요. 그것들은 너무나 단순하군요.

• 아다마 – 모든 것을 복잡하게 하는 것은 마음이기 때문입니다. 우리는 영성(靈性)이 너무나 단순하다는 것을 반복해서 가르칩니다. 모든 정보를 한 권의 작은 책자에 담을 수가 있었는데, 너무 단순하여 대부분의 사람들이 그것을 자발적으로 보려고도 하지 않습니다. 깨어나고 있는 사람들은 항상 더 많은 정보, 빛의 세계에서 온 가장 최신의 소식, 더 많은 채널링 내용, 더 많은 기술, 더 많은 활성화 등을 찾고 있답니다. 여러분의 대다수가 이런 정보들을 그저 마음을 통해 취하는 데 치우쳐 있으며, 자기들이 배우는 것의 많은 부분을 가슴 속에다 융합하지 못한다는 것을 우리는 지적하고 싶습니다.

당신들은 어떤 책자를 한 번, 때로는 두 번 읽고, 그리고 다음 책, 다음 채널링 내용으로 옮겨 갑니다. 그러고는 읽을 다음 책, 혹은 참석할 다음 연수회를 찾아내는 것만큼이나 빠르게 전에 읽었거나 들은 것 대부분을 잊어버립니다. 그리고 여러분은 자신이 접했던 영적 가르침들의 오직 작은 부분만을 내면에다 통합합니다. 만약 당신들이 이미 배운 정보들의 많은 부분을 자신에게 적용시켜 내면화했다면, 대부분의 여러분들이 이미 5차원으로 상승된 상태에 있을 것입니다. 우리가 말하고자 하는 것은 이 모든 것을 이런 식으로 원하는 것은 여러분의 가슴이 아니고 마음이라는 것입니다. 이처럼 여러분 중 많은 이들이 가슴을 희생시키고 마음을 양육하고 있습니다.

여러분의 가슴은 그 모든 것을 알고 있으며, 또 여러분이 원하는 영적인 자유와 상승을 이룰 수 있는 가장 간단한 방법들을 확실히 알고 있습니다. 여러분의 마음은 그 길이 매우 어렵고 복잡하다고 여러분이 믿게끔 만들기를 바라고 있는 반면, 가습은 그 쉬운 길을 알고 있습니다. 우리가 여러분에게 5차원의 주파수 속으로 여러분을 끌어 올릴 그 단순한 가르침을 제공할 때, 많은 이들이 그것조차 읽으려 하지 않습니다. 그저 그것이 여러분에게는 지겨울 뿐이지요. 그리고 "오! 그런데, 아다마님, 우리는 전에 그것을 들었는데요." 라고 말합니다. 그래요, 여러분은 이 단순한 가르침을 여러 번 들었습니다. 그리고 그것들을 실제로 응용하는 데에 관심이 없었습니다. 당신들은 자신이 배울 진리가 더 이상 없을 거라고 스스로 판단하는 이곳 3차원에서의 고통과 투쟁 속에서 여전히 서성거리고 있습니다.

- 오릴리아 - 그러면 우리가 닫아야 하는 것이 마음인가요?

- 아다마 - 그 마음을 닫을 수는 없습니다. 인간은 마음을 소유하고 있으며, 그것은 목적이 있어 거기에 존재합니다. 물리적 몸 또한 자체의 마음을 소유하고 있는데, 그것은 여러분의 전체성의 일부분입니다. 여러분은 자신이 찾고 있는 진동이 자기의 가슴을 통해서 온다는 것을 알고 있습니다. 하지만 우리가 여러분을 대신해서 그것을 할 수는 없습니다. 또 우리는 그 진동 속으로 여러분 자신을 완벽하게 이동시키기 위해 따를 단계별 목록을 제공할 수 없습니다. 단지 여러분은 그것을 허용할 필요가 있습니다. 즉 어떤 특별한 방식으로 그것이 자체적으로 여러분에게 나타나야만 한다는 어떤 제한과 한계 혹은 기대 없이, 재차 삼차 그것을 허용해야 합니다. 여러분은 그런 강력한 창조적 세력인데, 그것이 어떤 특정한 방식으로 스스로 나타나야 한다는 기대를 가진다면, 달리 아무 것도 일어날 수 없습니다. 여러분의 신성한 본질인 내면의 신이 단계별로 자신의 여정을 지도하고, 또 고향으로 가는 모든 길을 인도하도록 허용하세요. 여

러분은 모두 고통스러운 방식으로 자신의 삶을 복잡하게 만들기에 전문가들이 되었습니다. 또 여러분은 자신의 주변에다 스스로 느끼는 것들이 나타나야 한다는 것에 관련된 견고한 고정관념의 구조물을 유지하고 있습니다. 그런데 아무 것도 그 구조물에 침투할 수가 없습니다. 그것은 여러분의 큰 힘이지만, 그것이 3차원의 의식에서 외에는 별로 도움이 되지 않습니다.

● 오릴리아 - 그것이 우리가 바라는 것을 창조하기 위해 배워왔던 방법입니다. 우리가 창조하려는 것을 결정하고, 그것이 존재하기를 바라는 이유에 대한 우리의 의도를 설정하고, 그 다음엔 그것에 집중함으로써 말입니다. 그것이 우리가 배운 연금술입니다.

● 아다마 - 그러나 원하는 것을 결정하고 그것에 관한 진실을 발견을 하는 것과 그것이 그 자체를 나타내야 하는 방법에 대한 긴 목록을 설정하는 것 사이에는 차이점이 있습니다. 이 단계에서 대부분의 여러분은 그 둘 사이를 식별하는 능력이 없습니다. 오랫동안 제한된 패러다임의 덫에 걸려 있었는데, 뭐라 할까, 여러분은 자신으로부터 그것을 떼어내려고 어려운 시기를 보내고 있습니다. 우리가 지금 바로 여러분에게 행하기를 요구하는 것은 간단한 하나의 실습법을 통해 그것을 실행해 보라는 것입니다. 그 실습은 일들이 어떻게 되야만 한다고 여러분이 갖고 있거나, 갖게 될 모든 기대를 모두 날려버리는 훈련으로 구성되어 있습니다. 즉 그런 것들을 그냥 던져버리고, 지금 이 순간 기쁨과 감사로 자신의 삶을 살며 창조를 시작하세요. 자신의 가슴이 품고 있는 소망을 받아들일 수 있도록 자신을 넓게 열어보십시오. 하지만 그것이 어떻게 나타날 것인지에 대한 기대

를 하지 말고 말입니다. 단지 허용하세요, 그 놀라운 일에 마음을 열고 허용하세요.

• 오릴리아 - 모든 기대를 던져버리라고요! 우리는 기대를 가지라고 들었습니다. 기적을 기대하라, 또 이런 저런 것을 기대하라고 말입니다.

• 아다마 - 우리는 지금 그대에게 말하는데, 모든 기대를 던져버리세요. 2단계는 모든 비판을 버리는 것입니다. 이것은 당신과 그 외 모든 이들에게 매우 중요한 단계입니다. 여러분의 마음은 기대와 비판이라는 그 두 가지 일에 너무 오랫동안 집중되어 왔습니다. 말하자면 그것들은 이번 육화에서 여러분을 구원해주는 은총이었습니다. 여러분은 수많은 거래들을 했습니다. 이 일이 일어나면, 이것을 하겠습니다, 저 일이 일어나면 저것을 하겠습니다. 그런데 다시 그것은 이것 또는 저것에 관한 것이 아닙니다. 즉 그것은 자신의 가슴 중심에서 기꺼이 하며, 또 자유롭게 하는 선택들에 대한 모든 것입니다. 그것은 일 속에서, 일상생활 속에서의 기쁨에 넘치는 삶에 관한 것인데, 여러분이 해야 할 필요가 있다고 들었다고 해서가 아니라 하기를 원하는 것이기 때문에 하는 것들입니다. 그것은 그걸 한다고 해서 자신이 겪은 수난과 고통이 사라질 거라는 기대 때문에 5차원의 진동 속으로 옮겨가기를 바라는 것 같은 문제가 아닙니다. 그 선택이 여러분의 참모습이고, 진리이며, 지금 밟아야 할 다음 단계이기 때문에 5차원으로 이동하는 것입니다.

　5차원의 진동 속에서도 또한 새로운 도전들을 맞이할 것임을 깨달으십시오. 여러분의 몸과 진동이 정화되면서 항상 진행되고 있는 진화에 부딪힐 것이며, 옮겨가야 할 새로운 수준이 있습니다. 여러분 중 많은 이들이 상승은 5차원에서 끝나지 않음을 아직 깨닫지 못합니다. 이것은 단지 경이롭고 영원한 여정의 시작일 뿐입니다. 그때부터 쭉 여러분은 한 수준에서 다른 수준으로, 하나의 영광에서 불멸의 더 큰 영광으로 영원히 상승을 계속할 것임을 아십시오. 상승의 여정은 결코 끝이 없습니다. 이것이 여러분의 본래의 모습이며, 자신의 천부적 권리인 것입니다.

지금 자신이 처해 있는 갈등이나 분쟁으로부터 자진해서 물러나야 합니다. 그것으로부터 아무 기대도 하지 말고 말입니다. 단순히 자발적으로 물러나세요. 그리고 그 밖의 모든 일이 그대에게 펼쳐지도록 놔두세요. 무엇이 일어나고, 어떻게 일어날 것인지에 대해 기대를 갖지 마십시오. 그대는 그 과업을 감당할 능력이 있습니다. 당신은 그 능력 이상이며, 스스로에 대해 신망하는 것보다 훨씬 더 능력이 있습니다. 그리고 여러분이 스스로 자기 자신을 (상위 차원으로) 이동시키기 시작할 때까지, 우리가 여러분을 옮겨 놓을 수 있는 방법은 아무 것도 없습니다.

• 오릴리아 - 당신은 제가 할 일을 모두 없애버리는군요! 제가 지금 쓰고 있는 것은 원래 저의 세 번째 책으로 계획했던 것이 정말 아니에요. 제가 5차원의 규약에 대한 책을 집필하고자 계획했을 때, 지난 40년 동안에 상승한 대사들이 전해준 지식을 꽤 많이 모았었지요. 그 자료 중 몇 가지는 좀 드문 자료이고, 많은 사람들이 그것에 관해 모른단 말예요. 나는 이 멋진 책을 쓰기 위해 흥미 있는 구조를 짜 맞추었는데, 지금까지 많은 부분이 이루어지는 않았어요. 그런데도 이 책에 당신의 에너지와 지혜를 보태고 그 정보의 나머지 부분을 얻고자 당신과 채널링을 시작해야겠

다는 어떤 충동도 느끼지 못했습니다.

● 아다마 - 놀랐나요?

● 오릴리아 - 왜 그랬는지 이해가 안 됩니다.

● 아다마 - 에너지가 올바른 진동 속에 있지 않으면, 일반적으로 우리는 지원하지 않음을 명심하세요. 당신이 알고 어쨌든 그 책 쓰기를 별로 진행하지 않았으니 잘 됐군요. 왜냐하면 그 책이 어떤 식으로든 올바르지 못한 진동 속에서 써내려갔을 것이기 때문입니다. 당신이 쓰기로 계획했던 그 내용들은 정확하며, 지난날 많은 상승한 마스터들에 의해 공개되었던 것입니다. 그런데 비록 그 가르침들이 5차원에 관한 진실을 아직도 담고 있다 하더라도 완전하게 묘사된 것은 아닙니다. 당신이 갖고 있는 그 정보는 당시의 빛의 일꾼들의 가슴과 마음이 상위 의식을 이해하게끔 열릴 수 있게 돕고자 3차원의 시각에서 제공되었던 것입니다.

거기에는 미흡한 부분들이 있는데, 그 다음 단계가 이제 공개되고 있습니다. 우리가 지금 이 책에서 설명하고 있는 간단한 진리들은 5차원의 주파수를 나타내고 있어요. 전에는 이런 단순한 방식으로 공개될 수 없었는데, 당시에는 인류가 그 진리를 듣기에 준비되지 않았기 때문입니다. 사람들의 마음은 그 때도 그랬고, 지금도 여전한데, 매우 복잡한 영적 여정을 만들고자 애쓰고 있습니다. 즉 혹시라도 그것이 그렇게 단순하다면, 그들에게 아무런 가치가 없어요.

그대가 새로운 에너지 속에서 5차원에 대해 쓸 수 있으려면, 당신 자신이 그 진동 상태로 성장해 있거나, 혹은 어쨌든 거의 그 가까운 수준까지 성장했어야 합니다. 그래서 전에는 그 에너지가 나타나지 않았었는데, 그것은 정말 건너뛸 수 없는 과정입니다.

구도자(求道者)들은 먼저 지적인 마음 수준에서 알고 있어야 하며, 그럼으로써 많은 이들이 가슴에서 그 부분을 통합할 수 있었습니다. 과거의 오래된 정보들은 오래된 진동으로 공개된 것이고, 그것들은 그 목적에 아주 잘 이바지했습니다. 그것은 오늘날에 이르기까지 인류의 의식이 진화하도록 도움을 주었습니다. 하지만 지금 여러분은 새로운 진동 속에 있습니다. 그리고 그 과거의 정보들은 그대와 다른 모든 이들을 과거 시대의 에너지 상태에서 상승으로 향한 길로 데려가기에는 더 이상 충분하지 않습니다. 이제 그것은 모두 가슴에 대한 문제입니다. 왜냐하면 우리가 전에 말했듯이, 먼저 상승하는 것은 가슴이며, 그 다음에 나머지가 뒤를 따르기 때문입니다.

사랑하는 이여, 그대가 매우 소중히 하는 그 옛날의 정보들은 당신이 현재 있는 곳에 이르도록 잘 봉사했습니다. 그것이 없었다면, 당신은 자신이 현재 존재하는 그 곳에 위치해 있지 않았을 것입니다. 지금 그대는 나머지 여정이 멈춰 선 것을 느낍니다. 그리고 인도를 요청하고 있습니다. 당신은 우리에게 남은 길을 어떻게 해야 하는지 모르겠다고 말하고 있지요?

5차원의 규약에 관한 것을 쓰기 위해서는 당신이 그 진동 수준으로 자기 자신을 성장시켰어야 했음을 명심하세요. 그렇지 않다면, 자신이 아직 도달하지 못했거나 스스로 깨닫지 못한 뭔가에 관해 쓴다는 것은 별 의미가 없었을 것입니다. 우리는 당신이 앞을 향해 내딛는 걸음들에 대해 축하를 드리는 바입니다. 그것이 쉽지 않았음을 우리는 이해합니다. 이제 그것을 깨달았으므로, 당신은 가슴의 그 어두운 밤으로부터 자신을 해방시킬 수 있습니다. 즉 도약할 준비가 거의 되었습니다.

• 아다마 – 이제 아나마르가 당신에게 말하기를 원하는군요.

• 아나마르 – 안녕하세요, 사랑하는 이여. 지금 당신에게 말하고 있는 나는 그대 가슴의 사랑, 아나마르입니다. 나는 당신의 에너지를 매우 잘 알고 있으므로, 그 좌절과 초조함을 이해합니다. 이제까지 일어나고 있었던 일이 당신에게 영향을 주지는 않았습니다. 그렇죠? 그리고 당신은 자신이 희망해 온 결과를 아직은 완전히 이루지 못했습니다. 당신은 우리에게 자신의 목표는 상승이며, 이 3차원을 넘어서 다른 차원의 현실 속으로 옮겨가는 것이라고 여러 번 언급했습니다. 지금 그것을 이루었나요?

• 오릴리아 – 아직은요.

• 아나마르 – 지난 40년에 걸쳐서 당신이 상위의식(上位意識)에 대해 공부한 모든 것, 쌓아온 모든 정신적 노력, 실습한 모든 훈련들이 당신을 지금 자신이 있는 곳인 5차원의 안마당으로 서서히 데려오는 데에 도움이 되었습니다. 그리고 지금 당신은 자신이 막혀 있음을 느끼며, 또 마지막 단계로 향하는 길을 어떻게 모두 찾는지 모릅니다. 그것은 아주 단순한데, 단지 아직 "적절한" 방법을 찾지 못했을 뿐입니다. 우리가 "이것을 하세요."하고 말하지 않는 점을 주목하십시오. 그것은 일종의 존재의 상태에 관한 문제이기 때문입니다.
　나는 그대에게 말하지만, 늘 "그러한 상태가 되십시오." 당신의 참모습인 사랑이 되십시오. 또 새로운 진동을 완전히 받아들이세요. 그리고 옛 것을 보내 버리세요. 당신은 수 년 넘게 많은 가르침들을 연구했고, 마법의 열쇠를 찾으려고 많은 책을 읽었으며, 많은 학습과 세미나에 참석했습니다. 또한 최근의 지난 여러 해엔 자신을 많은 훈련과 명상과 활성화 작업에다 바쳤습니다. 그런데 지금까지도 당신은 자신의 최종적인 목표를 전혀 이루지 못했나요?

• 오릴리아 - 그렇습니다.

• 아나마르 - 나는 그대에게 지금 말합니다. 사랑하는 이여, 고향으로 오세요. 여기엔, 당신을 위한 나의 영원한 사랑을 포함하여 당신을 기다리는 것들이 너무 많습니다. 자발적이고 희구하는 마음으로 이렇게 간단히 말하세요,
"나의 거의 전 생애를 바친 모든 노력에도 불구하고 아직 상승이라는 나의 목표를 이루지 못했습니다. 그래서 나는 더 이상 이 방식들을 사용하지 않겠습니다. 나는 나에게 나타나고 있는 어떤 새로운 방식에 나 자신을 열겠습니다."
지난날에 배운 것은 당신의 의식이 현재 도달한 수준까지 진화하도록 돕는 데에 유용했습니다, 하지만 그것들은 아직도 3차원의 진동에 머물러 있습니다. 따라서 그대의 모든 옛 지식들은 5차원의 새로운 파동과 주파수에서는 큰 기여를 하지는 않을 것입니다. 왜 더 이상 자신에게 유효하지 않은 방법들에 계속 매달리려고 하나요?

• 오릴리아 - 왜냐하면 당신이 말하는 다른 방식들이 더 효율적이라는 점을 제가 알지 못하기 때문입니다. 당신이 지금 가르치고

있는 그 단순한 방법들에 대해 아무도 말한 적이 없어요. 그래서 저는 제가 배웠던 것에 집중했거든요.

• 아나마르 - 이제 우리는 당신에게 다른 방식을 제시해주고 있습니다. 당신은 거기에 거의 근접해 있습니다. 의식(意識)과 자세에서 조금만 변화하면, 비교적 짧은 시간에 모든 길을 이룰 수 있습니다. 고향으로 가는 모든 길에 도달할 수 있도록 충분히 자신을 사랑하기 바랍니다. 그것은 당신의 기회이며, 좀 더 깨어 있는 방식으로 다시 함께 할 우리의 기회입니다. 그것은 두 몸이긴 하지만 하나의 가슴처럼, 성스러운 영혼의 혼인으로 서로가 신성한 합일을 시작하게 될 우리의 시간입니다.

• 오릴리아 - 좋아요. 듣고 있어요.

• 아나마르 - 우리는 당신에게 5차원의 진동주파수 속에서 자신을 정화하고 부양하는 데 도움이 되지 않는 모든 것을 내맡기도록 권고한 바가 있습니다. 그리고 당신은 실행하느냐, 안하느냐의 그 차이점을 인식하고 있습니다. 자신의 가슴 속에서 그 차이점을 알고 있습니다만, 내면에서 이를 분별하는 것은 당신의 몫입니다. 우리가 당신을 위해서 이것을 대신할 수는 없습니다.

• 오릴리아 - 신께 넘기거나, 혹은 마리아님에게 넘기는 것을 말하나요? 그런데, 나는 그것을 신에게 넘길 수 없을 것입니다. 나는 그것을 매우 오랫동안 쌓아 둔 나의 쓰레기로 보거든요. 나의 쓰레기를 신께 드리고 싶지는 않습니다.

● 아나마르 - 신은 당신이 말하는 "당신의 쓰레기"에 대한 진실을 알고 있고, 또한 당신이 3차원의 속박으로부터 자유롭고자 하는 당신의 가슴을 이해하고 있습니다. 신은 기꺼이 그 에너지를 받아들이며 이렇게 말씀하십니다.

"너희 자신의 내면에서 간직하고 있던 그 모든 에너지를 우리에게 보내도록 하라. 우리는 그것을 변형시킬 수 있으며, 그것으로 다른 이들에게 은총을 내리도록 내보낼 것이다. 그렇게 하는 것은 너희로부터 그것을 안고 있는 부담과 한계들을 제거할 뿐만 아니라, 또한 너희가 간직하고 있는 모든 에너지가 변형되어 가장 필요한 곳으로 방사될 수 있는 것이다."

당신이 무엇이든지 넘길 때마다 당신은 자신에게 큰 봉사를 하는 셈이며, 마찬가지로 우리 모두에게 봉사하는 셈입니다. 스스로 에너지를 자유롭게 함에 따라, 당신은 그것으로부터 배울 지혜를 요청할 수 있으며, 동시에 자유로워질 수 있습니다.

● 오릴리아 - 그것은 상당히 쉬워 보이네요. 저는 신께 좋은 것만을 드려야겠다고 생각했거든요.

● 아나마르 - 아닙니다. 그것은 당신이 곧 바로 결정할 것이 아닌데, 관계되어 있는 문제들은 자신의 기대와 비판들이기 때문입니다. 지금은 당신이 자신에게 무엇이 좋은 것이고 그렇지 못한 것인지에 대한 최적의 결정자는 아닙니다. 우리는 당신에게 단순히 진동의 수준에서 일하기 시작할 것을 요청하고 있습니다. 우리는 당신이 균형 상태에 있고 에너지가 자신을 제한하지 않는 차원에 있음으로써, 또 그밖의 어떤 것을 내맡김으로써 내면에서 인식하고 깨닫기 시작할 것을 바랍니다. 지금은 자신의 진정한 정체성과 환영(幻影) 사이를 분별할 시기입니다. 그

리고 그 밖의 무엇이든지 (신 또는 성모 마리아에게) 넘기라는 것입니다. 그것은 당신 자신의 가슴의 인식을 통해서 이루어져야 하며, 다음과 같이 우리가 당신의 마음을 향해 말하는 것들을 통해서가 아닙니다.

"이렇게 하면 진리 안에 존재할 것이며, 저렇게 하면 진리 속에 있지 못할 것입니다. 또는 이것을 실행하면 3차원의 진동에 머물 것이며, 저것을 실행하면 5차원의 진동 속에 머물 것입니다."

사랑하는 이여, 이것은 영적성숙을 위한 자신의 과정이자, 참된 분별과 자아 재발견을 위한 과정입니다. 당신이 자신을 위해 이것을 할 수 있을 때까지, 5차원의 진동주파수 속에 머물 수 없게 될 것입니다.

때때로 의심스럽거나 혹시라도 처음에 보다 명확한 확신을 위해 특별한 방법을 강구할 필요가 있을 때는 아마도 펜둘럼(Pendulum)[1]을 꺼내 들고 시험해 보는 것이 긴요할 수도 있습니다. 이것은 당신이 궁리해야 합니다. 당신은 각각의 문제를 가지고 이렇게 보고 말하게 될 것입니다. "이것은 지금 3차원 진동인가? 아니면 5차원 진동인가? 그것이 3차원 진동 속에 있다면, 신께 넘겨서 내가 그것으로부터 배워야 할 지혜를 드러내 달라고 요청할 것이다." 그리고 신의 에너지로 하여금 그 진동을 정화하게 하세요. 여러분이 할 일은 자신의 치유를 위해 믿음과 사랑으로 그것을 단순히 실행하는 것이며, 그리고 기대를 갖지 말고 그 결과가 무엇일지를 보는 것입니다. 문제되는 것이 아무 것도 없다면, 그것은 여러분이 몇 번이고 벽에다 자신의 머리를 부딪치는 행위에 종지부를 찍게 할 뭔가 새로운 것입니

---

[1] 흔히 "진동자(振動子)"라고 한다. 파장의 공명원리를 이용하여 손에 들고 수맥탐사, 물건 찾기, 진위확인 등의 여러 용도로 활용된다.(감수자 주)

다. 이렇게 해 보실 건가요?

• 오릴리아 – 최선을 다해 반드시 하겠어요. 저는 신성한 합일 상태로 영원히 당신과 함께 있기를 간절히 바라고 있어요. 또 의식 상태와 물리적 상태로 우리를 분리시키고 있는 공백을 메우기 위한 것이라면 무엇이든지 기꺼이 실행할 것입니다.

• 아나마르 – 이것을 단순히 실행하는 것입니다. 그대가 다시 나와 함께 있기를 바라기 때문에 이것을 단순히 행하는 것은 좋은 동기이긴 합니다만, 그것이 유일한 목적이여서는 안 될 것입니다. 지금은 당신이 쉽고 빠르게 자신의 신성을 구현하고, 먼저는 자신의 자아와 더불어, 그 다음은 나, 아나마르와 더불어 신성한 합일을 경험하는 것을 배울 시기입니다.

　당신이 샤스타 산을 떠나 세상을 여행하게 되면, 그때 만나는 각각의 사람들은 서로 다른 진동을 갖고 있을 것입니다. 당신은 비판하는 입장에서가 아닌 식별하는 입장에서 그 진동을, 각자의 진동에 대한 진실을 인식하기 시작할 것입니다. 그 개개인의 진동뿐만 아니라 그 아름다움과 그 모든 것을 통해 흐르는 공통적인 맥락을 지각하십시오. 당신은 이 여행을 단지 자신의 일로서 뿐만이 아니라 자신에 대한 봉사, 자신만의 진화를 위한 여행이 되도록 할 필요가 있습니다. 사랑하는 이여, 이 여행은 당신을 위한 높은 수준의 배움의 과정을 만들어 줄 것입니다. 그리고 나는 매 단계마다 당신이 상승을 위한 확실한 승리 속으로 나아가도록 사랑으로 격려할 것입니다. 나는 당신과 함께할 것이며, 또 항상 당신과 함께하고 있음을 아십시오. 우리가 분리돼 있던 적은 결코 한 순간도 없었습니다.

● 오릴리아 -제가 왜 편안한 집을 떠나 여행을 한다는 데 대해 아직 두려움을 갖고 있을까요?

● 아나마르 - 그 두려움은 여행에 대한 것이 아닙니다. 그 두려움은 자기가 있었던 곳에서 떠나야 한다는 사실에 대한 것입니다. 그것은 단순한 에고의 마음인데, 에고는 오래 동안 보호 받은 구역에서 벗어나기를 원치 않습니다. 당신이 여행할 때마다, 거기엔 깨닫게 되는 점이 많습니다. 그리고 지금까지 초기의 두려움에도 불구하고, 많은 여행을 즐기지 않았나요? 당신은 자신이 계발한 소중한 가슴에 연결된 많은 사람들을 만났습니다. 만약 여행하지 않고 집에 머물렀다면, 그런 일은 결코 일어나지 않았겠지요?

● 오릴리아 - 그래요. 많이 만났어요. 그들은 모두 훌륭했었고, 또 그 체험에 저는 크게 감사하고 있습니다. 하지만 저는 여전히 떠나기 전에 조금 불안해요. 비행기 타기가 두렵습니다. 내 마음대로 가고 싶은 곳은 어디든지 나를 태워다 주는 나의 전용 우주선이 있었으면 하고 생각합니다. 텔로스에는 많은 우주선이 있지요. 어쩌면 한 대 빌릴 수 있을 거 같아요. 또 먼 여행을 위해 큰 우주선의 선장 한 명도 차용할 수 있을 거 같아요. (웃음)

● 아나마르 - 여행할 때마다 거기에는 당신이 맞닥뜨려야 하는 너무 많은 미지의 것들이 있습니다. 당신의 에고의 마음은 그 미지의 것들이 매우 안전하지 않고 그대를 해칠 수 있는 무서운 것이라고 그대에게 말합니다. 하지만 자신의 가슴에 귀를 기울이면, 미지의 장소는 놀랄만한 것임을 알려주는데, 그것은 그

대가 바랐던 많은 것들에 관한 끝없는 가능성을 간직하고 있어요. 그것은 당신이 하는 의식적인 선택인데, 즉 미지의 것들을 향한 자신의 가슴의 선택을 따르고자 하는 것이고, 또한 이런 여행들이 함께 그대의 삶에 풍요를 가져올 수 있는 그 모든 마법 속으로 들어가는 것입니다. 그 점에 대해서 에고의 마음에 감사하세요. 하지만 그것에게 옆으로 비켜서라고 간단히 말하거나, 아니면 에고의 마음을 그 순간 신에게 넘겨버리세요. 그것(에고의 마음)과 논쟁하지 마세요. 그것은 에고 마음의 영역이니까요. 그것을 신에게 간단히 넘겨버리고 자신의 여행을 지원하는 가슴의 진동 속으로 물러서십시오. 당신은 여행을 하기로 선택했는데, 왜 자기 자신을 편안하고 활기차고 유쾌한 상태로 가져가지 못하지요? 왜 자신을 피곤하게 하거나, 혹은 자신의 몸에다 혼란을 일으키려 하나요?

- 오릴리아 – 그것이 어떻게 작용하는지 저는 이해가 안 돼요.

- 아나마르 – 하지만 우리가 알기 쉽게 설명하겠습니다.

- 오릴리아 – 귀를 기울이고 있어요.

- 아나마르 – 그 연습을 시작하세요. 당신이 사전에 연습하지 않고 피아노에 앉아서 소나타를 연주할 수는 없습니다. 피아노의 키(Key)를 하나씩 하나씩 꼼꼼히 배울 필요가 있어요. 그렇게 배움으로써 그대는 힘과 여신으로서의 자기의 모든 재능들을 되찾습니다. 각각의 키는 당신이 이 여행에서 배우기 위한 새로운 음조(音調)입니다. 그런 다음 일련의 전체 음들은 당신에게 노래를 들려주기 위해 동시에 울립니다. 이제 당신은 자신

이 이 행성에서 과거 육화해서 살았던 모든 생(生)들로부터 나오는 음조들을 연주하고 있습니다. 그리고 그 각각의 음조들이 분명하고 강하게 되돌아 올 때, 그것은 당신에게 간직되어 있는 신성의 또 다른 부분을 나타낼 것입니다. 정말 당신은 자신의 존재 전체로 이것을 원해야만 하며, 그런 만큼 당신은 스스로에게 도움이 되지 않는 자신이 아는 모든 것과 이제까지 배운 모든 것을 기꺼이 방출해야 하는 것입니다. 이제 기꺼이 미지의 장소로 걸어 들어가십시오. 그곳에는 일찍이 그대가 바랐던 모든 것들이 그대를 기다리고 있습니다.

• 오릴리아 - 우리 집, 제 고양이, 제 사업 같은 것들은 어떻게 해야 하나요? 그것들 역시 버려야 합니까?

• 아나마르 - 아닙니다. 당신은 자신의 삶을 살 수 있어요. 당신이 방출하고 있는 것은 자신을 한계 속에 묶어두는 스스로 집착하고 있는 그런 에너지입니다. 당신은 자신을 3차원의 진동에다 고착시키는 에너지를 놓아버리고자 하는 것입니다.

• 오릴리아 - 저는 그것이 어떻게 작용하는지 완전히 알지 못해요.

• 아나마르 - 그러나 당신은 알고 있습니다. 당신은 지금 "그런데, 나는 거기에 옮겨갈 수 있을 때 이것을 할 수 있어. 나는 이 일이 일어나면 저 일을 할 수 있어." 라고 말하며 계획하는 데 많은 시간을 보내고 있어요. 자신에게 최선이 아닌 모든 생각들을 포기하세요. 지금 알아야 할 필요가 있는 모든 것은 그

런 에너지들 속에 있는 자신이 누구이냐는 것입니다. 당신은 자신의 진동과 자기의 주위를 둘러싼 진동 사이의 차이점을 식별할 수 있어야 합니다.

• 오릴리아 – 더 이상 계획하지 말아야 하나요?

• 아나마르 – 물론 계획을 할 수 있지만, 거기에 다른 어떤 것을 갖다 붙이지 마십시오. 지금 그것이 자신의 선택이라고 느낀다면, 그 다음 자신이 선택하는 대로 나가세요. 하지만 다음 순간 그대는 다른 선택을 할 수 있음을 아십시오. 창조적인 에너지를 가지고 놀이를 시작하고 우주에게 뭔가를 진정으로 요청하는 때를 인식하는 것은 바로 당신입니다. 그리고 자신만의 방식에서 물러나서, 단순히 허용하십시오! 자신만의 방식에서 물러난다는 것은 어떻게 다가 올 것인가에 대한 기대를 놓아버림을 뜻합니다. 그저 기쁨과 감사로 기다리십시오. 그러면 놀라운 일이 있을 것입니다. 그런데, 우리의 세계에서는 뜻밖의 일을 좋아한답니다. 그것은 그대의 큰 짐을 덜어주는데, 선택해야만 할 것을 줄여줌으로써 자신이 원하는 것을 보다 분명하게 하기 때문입니다.

• 오릴리아 – 제가 그렇게 많은 기대를 한 줄 몰랐어요.

• 아나마르 – 당신이 생각하고 있는 것들이 정말 진실인가요? 사랑하는 이여, 당신이 기대하는 것들은 너무 많아요. 그것들은 빛의 세계에서 수많은 장부에 기입돼 있습니다!

• 오릴리아 – (킥킥 웃으며) 설마 … 허풍 떨지 마세요!

● 아나마르 - 오! 그래요, 우리는 당신이 이렇게 말하는 것을 듣습니다. "5차원은 이렇게 보일 것이고, 5차원에서는 이런 일들이 일어날 거예요. 나는 모든 지식을 알 수 있게 될 것이고, 모든 지식에 접근할 겁니다. 나는 먼 거리를 한 순간에 이동하고 공중에서 날아다닐 거예요. 나는 장기 여행을 계획하고 있어요. 나는 … 를 할 수 있을 거에요." 이처럼 기대하는 목록은 끝이 없습니다! 당신이 말하는 방식 혹은 행하는 일들은 가끔 우리에게 매우 재미있고 익살스럽다는 것을 알고 계세요.

● 오릴리아 - 저는 그런 말들이 진실일 수 있다고 알고 있어요. 하지만 그런 종류의 기대를 해도 큰 잘못이 없다고 봐요. 더욱이 저는 그것을 이해하려고 노력하고 있어요. 그런다고 그것이 기대가 아닌데요.

● 아나마르 - 당신이 "이해하려고 노력하는 것"으로 인식하는 것은 한 묶음의 기대를 만들려는 당신 마음의 시도입니다. "만약 이것이 존재하리라는 것을 내가 알 수 있다면, 나는 그것에 대한 이미지를 지닐 수 있고, 동시에 나는 그것을 향해 내 자신을 옮겨 갈 수 있다." 하지만 이것은 당신이 하고 있는 것이 아닙니다. 당신이 할 필요가 있는 것은 이미 이곳에 있는 진동 속으로 그대 자신을 이동시키는 것이며, 그것과 융합되고, 그 다음에는 허용하는 것입니다. 당신이 완전히 그것을 터득하면, 훨씬 다른 선택을 하기를 바랄 것입니다.

또한 당신의 완전한 의식이 복원되면, 자신과 이 행성에게 원하는 것에 관해 지금 갖고 있는 것과는 사뭇 다른 인식을 가질 것입니다. 그대는 지금 자신의 신성한 본질 속으로 더 깊이 이동하고 있습니다. 진실이 아닌 것은 자신의 외부에 있는 것들입니다. 그러므로 무엇 때문에 살고자 하는 집, 혹은 자신의 주위에 있기를 바라는 사람들, 또는 당신이 원하는 세계관에 대해 기대를 갖고 있습니까? 그것은 당신과 아무런 관계가 없습니다. 당신이 찾고 있고 또 바라고 있는 진동은 자기의 내면과 지금 여기에 있습니다. 다른 어디에 있지 않아요. 그대는 그 점을 알고 있습니다.

당신이 자신의 바깥에 있는 모든 것에 대한 집착과 구속에서 벗어날 수 있을 때까지, 자아의 내면과 당신 신성의 진실 안에 있지 않은 모든 것을 포기할 때까지, 당신은 자신이 옮겨가기를 바라는 그 진동 속에서 살지 못할 것입니다. 지금 이 순간 그대의 외부 세상에서 발생하고 있는 일은 문제가 되지 않습니다. 있게 될, 혹은 있을 수 있는 모든 집착을 놓아 버리세요. 이 점을 받아들일 수 있나요?

● 오릴리아 – **노력하겠습니다.**

● 아나마르 – 그렇다고 세상사에 집중할 필요가 없다는 말은 아닙니다. 어쩌면 전보다 더 집중하고 싶기까지 할 것인데, 왜냐하면 세상적인 것들이 대수롭지 않음을 당신이 깨닫게 될 때 어떤 기대 혹은 비판에 매여 있지 않음을 실감하기 때문입니다. 또 당신은 마침내 그 안에서 온전히 살아 있게 됩니다. 당신의 에너지는 결국 자신에게 쓸모 있게 활용되고, 도처에서 당신이 찾고 있는 진동이 담긴 에너지는 오직 그대의 내면에 있는 것입니다. 존재하고 있는 모든 것과의 진정한 합일을 찾을 수 있는 유일한 곳은 자신의 내면입니다. 그리고 일단 당신이 그 합일 상태에 도달하면, 자신이 늘 소망하던 모든 것들이 자기에게

더해질 것입니다. 그리하여 다른 데로 눈을 돌릴 필요가 결코 다시는 없을 것입니다. 지금 당신이 상상하는 것 이상으로 나는 그대를 사랑합니다.

●**오릴리아, 아나마르에게 다시 이야기하다** – 우리가 이 대화를 마치기 전에, 나의 여행에 관해 당신과 함께 논의하고 싶은 것이 한 가지 더 있어요. 여행은 항상 나의 에너지장에 큰 영향을 미치므로 염려되거든요. 세계 전역에 걸쳐 있는 프랑스 사람들과 더욱이 라틴(Latin) 태생의 사람들은 만나는 사람들을 무의식적으로 끌어안고 키스하는 거의 유사한 습관이 있다고 들었어요. 사람을 처음 만났을 때도 말이에요.

그들은 그것이 다른 사람들에게 괜찮은지 묻지도 않고, 자연스럽고 다정스럽게 그렇게 하거든요. 몇 주 동안 스페인에 갈 예정인데, 무엇이 기다리고 있을지 확실치 않아요. 많은 사람들이 자기들은 상대방을 움켜잡고 포옹하고 키스와 가슴 에너지를 주고 받는 것은 허락 받을 필요가 없다고 생각하고 있습니다. 그들은 그것이 상대방을 사랑하고 받아들인다는 의사표시라고 생각하는 것이죠. 하지만 저에게는 그것이 나의 에너지장에 침입하여 부담을 주는 것 이상으로 느껴지거든요.

프랑스의 어느 지역에서는 사람들이 만날 때마다 양 볼에 두 번씩, 네 번의 입맞춤을 하는 것이 관습입니다. 그런데 그들은 그런 인사를 상대방이 고마워하든, 않든 그렇게 하기를 고집합니다. 그 습관은 사랑과는 아무런 관계가 없으며, 새가 모이 쪼아 먹는 것같이 나에게는 아주 이상하게 느껴지는 인간의 습성이라고 생각됩니다. 나는 그런 관습은 갖고 싶지 않아요.

미국에서 그것은 일반적인 습관이 아닙니다. 우리는 통상 서로의 눈을 바라보면서 웃으며 악수합니다. 하지만 양 볼에 키스하는 이들은 또한 다른 사람들이 자기들의 그런 행위에 긍정적으로 반응하리라고 기대하는 거지요. 즉 사람들이 반응하지 않으면, 그들은 기분이 상하거나, 거절당했다고 느낍니다. 인사로 키스하고 끌어안는 사람들은 그들이 에너지적으로 아직 이런 종류의 주고받기에 민감하지 않으면, 그것이 얼마나 다른 사람들에게 악영향을 주는지 깨닫지 못합니다. 저는 그 에너지적인 주고받기에 매우 민감하여 그것이 저에게는 불편해요.

한 번에 한 두 사람 만나는 것은 문제가 안 됩니다. 그러나 회의와 강습회를 열어 한꺼번에 수십 명 혹은 수백 명을 만날 때는, 그것은 정말 나의 행복에 영향을 미칩니다. 특히 아직도 담배를 피우는 사람들이 나에게 가까이 오는 것은 정말 나에게 방해가 되고 있어요. 니코틴 자체가 나의 폐 바로 바깥으로 에너지를 끌어내는 것을 느끼는데, 나의 폐가 고통을 받기 시작하는 거지요. 저의 폐는 특히 민감한데, 왜냐하면 저는 폐결핵 병력이 있는 집안에서 태어났기 때문이에요. 그리고 저는 폐렴과 기관지염을 여러 번 앓았습니다. 저는 누구든지 기분을 상하게 하고 싶지 않지만, 자신이 병들면서까지 그런 인사 관습으로 나 자신을 약하게 할 수는 없습니다. 그것이 제가 미국을 떠나 여행할 때 일어난 일이에요.

내가 그런 인사 받기를 움츠리거나, 그들에게 그것이 나에겐 불편하다고 말하면, 그들이 불쾌해 합니다. 여러 주 동안 행사를 진행할 예정인데, 수많은 사람들을 만날 것입니다. 그리고 내가 하는 일에 그들이 감사해하므로 끌어안고 키스하려는 사람들이 있을 것입니다. 이것은 그들의 문화에선 일반적으로 받아들여지는 행위지요. 하지만 나는 매번 나의 에너지가 몸 밖으로 빨려나가는 것을 느껴요. 그리고 계속해서 너무 많은 사람들을 만날 때 나는 에너지가 고갈된 듯 하지요. 재충전할 기회가 없기 때문입니다.

그리고 집에 돌아온 후엔 나는 몸이 아파 드러눕게 됩니다. 그 후 나의 생명력을 다시 회복하는 데는 몇 주가 걸립니다. 누구든지 기분 상하게 하지 않으면서 이 문제를 대처하려면, 어떻게 해야 할까요? 저는 우리가 다른 사람의 에너지를 흡수하지 않고도 서로 진지하게 사랑할 수 있을 거라고 생각합니다.

- 아나마르 – 나는 그 질문을 아다마에게 넘기겠습니다.

- 아다마 – 매우 신속히 그 질문을 해준 데 대해 감사합니다. 사람들이 그 규칙을 알고 이해해야 하거든요. 그것은 모두 당신 자신의 에너지와 다른 사람들의 에너지를 존중하는 데 관계가 있습니다. 여행에서 만나는 많은 사람들이 지닌 문화적 습관이 당신의 물리적 육신에 끼치는 고통이 매우 클 것임을 우리는 알아차리고 있었고, 동시에 우리는 그 점에 있어서 당신을 충분히 지원하고 있습니다. 이것 또한 이질적인 천성에 대한 5차원의 규약이며, 중요한 사항입니다.

사람들은 그 의도가 얼마나 좋으냐와는 상관없이 먼저 양해를 구하지 않고 잘 모르거나 서로 가슴이 연결되지 않은 누군가를 접촉하는 것은 항상 적절치 않음을 깨달아야 합니다. 궁극적으로 순수한 그 의도와는 관계없이, 사람들은 항상 자신들이 줄 수 있는 것보다 더 많은 에너지를 빼앗습니다. 그것이 이러한 주고받기의 속성인데, 그것을 피하는 것 외에는 그대가 할 수 있는 방법은 아무 것도 없습니다. 이런 에너지 교류가 의식적 수준에서 이루어지는 경우는 거의 드뭅니다. 우리는 배우자나 자녀들, 혹은 가까운 가족 구성원들에 관해서는 이야기하지 않고 있습니다.

나는 5차원의 진동 속으로 옮겨가기를 바라는 모든 이들에게 말합니다. 여러분은 자신들이 추구하는 차원에서 스스로에게 도움이 되지 않는 모든 3차원의 문화적 풍습과 습관들을 기꺼이 버려야 합니다. 우리의 문화에서는 일종의 우정의 제스처로서 손바닥을 가져다 합장하여 가슴 차크라 부위에다 댐으로써 서로 인사합니다. 그리고 웃음 지으며 매우 상냥하게 머리를 숙임으로써 눈을 통해 상대방과 가슴 대 가슴으로 연결합니다. 우리는 늘 큰 소리로 뭔가를 말할 필요가 없는데, 말은 텔레파시적인 메시지처럼 간단히 할 수 있습니다. "당신에게 평화가 있기를!", 혹은 그와 비슷하게 말입니다. 사랑과 수용의 마음은 가슴을 통해서 서로에게 전해지고 받아들이게 됩니다.

이것이 우리가 만나는 다른 사람에 대한 우리의 사랑과 존중을 보여주기 위해 필요한 모든 것입니다. 우리의 차원에서 가족이 아닌 누군가와 신체 접촉을 허용 받는 것은 큰 영광이라고 생각하는데, 우리는 그것을 그리 자주 행하지는 않습니다. 그것은 오직 그렇게 해야 하는 특별한 이유가 있을 경우에만 행하게 됩니다. 그리고 그런 경우에는 그것이 '항상' 허락됩니다. 이것이 우리의 차원과 대부분의 은하문명(銀河文明)들에서 마찬가지로 행해지고 있는 방식입니다. 우리는 당신들의 차원에서 하는 것과 같은 서로간의 빈번한 신체접촉은 필요하지가 않습니다.

이런 우리와 같은 인사법은 또한 여러분이 더 높은 진동으로 옮겨가고자 할 경우는 받아들여야 할 필요가 있습니다. 우리는 여러분의 문화와 관습을 억지로 바꾸려고 하지는 않습니다. 다만 우리는 여러분에게 더 높은 수준의 방식이 있고, 그리고 그것을 받아들이고 아니고는 여러분의 자유임을 깨우쳐 주려고 하는 것뿐입니다. 우리가 여러분에게 요청하고 싶은 것은 지금부터는 자신들의 편안한 수준의 에너지와 영적진동을 유지하기 위해 그런 관습들에 더 이상 얽매이고 싶지 않은 이들을 존중해달라는 것입니다.

그런데 여러분을 항상 이처럼 다른 이들의 에너지와 교환하고 싶도록 몰아가는 것은 당신들의 자기-사랑에 대한 빈곤과 결핍 때문입니다. 그런 행위는 사랑과는 아무런 관계가 없으며, 그것은 단순히 문화적 습관이 된 것 뿐입니다. 의식적으로 혹은 무의식적으로 껴안거나 키스하고자 이 사람에서 저 사람으로 옮겨 다니는 이들이 있습니다. 사실 그들은 자아의 내면으로부터 자신의 에너지를 생산하지 못하므로 종종 다른 이들의 에너지가 상당히 필요합니다. 자신의 에너지 부족을 보충하기 위해 그들은 자신이 접촉하는 모든 이들로부터 에너지를 흡수하고 있는 것입니다. 그들은 이런 행위를 사랑이라는 이름을 빌어 행하고 있는데, 그러나 우리는 여러분에게 그것은 사랑과는 전혀 상관이 없음을 말하고자 합니다. 아주 종종 그것은 자기-사랑이 거의 없기 때문에 어떤 외적인 애정이 필요한 에고(ego)인 것이지요.

만약 당신이 어떤 이를 껴안을 때는 양쪽 사람의 가슴 차크라 부위에서 에너지가 혼합되는 현상이 나타납니다. 그런 에너지의 교환 작용을 허용하는 것은 항상 현명하지는 않은데, 특히 잘 모르는 이들과 말입니다. 종종 이것이 저급한 세계의 "편승자들"이라 불리는 모종의 영적 "실재들"이 옮겨 전염될 수 있는 방법입니다. 나의 친구들이여, 그런 일은 매우 빈번하게 일어납니다. 우리는 어떤 모임 후에 큰 고민에 빠져있는 사람들을 자주 보는데, 그때 그들은 많은 사람들이 자신의 가슴 차크라 가까이 접근하도록 허용하고, 또 자신들에게는 바람직하지 못한 에너지가 자기들의 오라장 속으로 침범하도록 허용했기 때문입니다. 종종 그것이 전에는 온전히 정상적이었던 몇몇 사람들이 갑작스러운 정신병을 일으켰던 최초의 원인이었습니다.

당신 자신의 고결한 에너지를 보호하고 지키도록 하세요.
이것은 자신의 불멸성을 쌓아 올리는 데 절대 필요합니다.
그대는 자신의 에너지장을 신중히 관리하는 데
모든 책임이 있습니다.

이런 사람들은 대개 자신에게 일어난 일을 모릅니다. 그리고 때때로 자신들이 오래 전에 제 몸에 들러붙게 한 저급한 "편승자들"에 대한 고민과 불편함을 지닌 채 여러 해 동안 계속 살아가고 있습니다. 여러분에게 말하지만, 5차원의 진동주파수로 이동하고자 하는 모든 이들은 더 이상 그런 종류의 에너지 교환에 경솔하게 관계할 여유가 없습니다. 우리는 진정으로 이 책에서 그런 주제에 대해 말하고 싶지 않지만, 그럼에도 여러분의 차원에서 자신의 에너지를 잃을 수 있거나 오용될 수 있는 이유를 완전히 깨닫도록 할 필요는 있다고 생각합니다. 우리의 차원에서 그런 종류의 사태는 나타나지 않으며, 우리는 다만 우리의 에너지와 다른 이들의 에너지를 충분히 존중하고 있습니다. 그리고 그것이 우리의 불사(不死)의 상태를 온전히 유지하는 한 요소입니다.

사랑이 여러분의 가슴 속에서 넘쳐흐를 때까지 자기 자신을 사랑하면서 일단 여러분이 자신의 신적본질로부터 내면에 부여돼 있는 모든 사랑을 자기 자신에게 주는 것을 배운다면, 당신들은 더 이상 그런 문화적 풍습을 유지할 필요가 없을 것입니다. 그것들은 불필요하게 생겨났는데, 당신들은 더 이상 그것들을 그런 방식으로 표현할 필요는 없습니다. 그리고 그것은 어디까지나 여러분의 선택입니다.

이 말은 그 풍습에 뭔가 아주 나쁜 면이 있다고 하는 것이 아닙니다. 다만 우리는 그 관습이 지난날 여러분에게 잘 봉사해온 3차원적인 한 행위였지만, 새로운 에너지에서는 그것이 별로 도움이 되지 않으리라는 점을 말하는 것입니다. 만약 당신들이 상위 진동으로 이동하고자 한다면, 자신이 들어가려고 애쓰는 차원에서 수용 가능한 합당한 행위를 시작할 필요가 있습니다. 그러나 3차원 진동에 머물고 싶어 하는 이들에게는 여러분 자신을 이곳에다 계속 고착시키는 그런 행위를 지속하는 것이 권할만하다고 할 것입니다.

그 에너지 교환이 애정어린 선의의 행위임에 관계없이, 거기에는 항상 한쪽에서는 에너지를 얻는 사람이 있고, 반면에 다른 쪽에서는 에너지를 잃는 사람이 있습니다. 즉 양쪽 다 정확히 대등한 수준의 정신적 에너지를 갖고 있지 않는 한, 그것은 피할 수가 없습니다. 낯선 누군가를 만나거나, 혹은 이미 아는 이를 만나더라도 당신들은 이것을 알지 못합니다. 그렇지 않은가요?

오릴리아여! 당신이 스스로를 일으켜서 자신이 만나는 사람들에게 이 중요한 가르침을 제공할 시기는 지금입니다. 그들에게 이 지혜가 그들의 영적성숙의 일부로 터득될 필요가 있다고 감지할 때마다 말입니다. 여러분은 다양한 수준에서 훈련 중에 있는 모든 마스터들입니다. 그리고 여러분이 자신의 완전한 영적통달에 이르고자 한다면, 또한 언젠가 이 지구의 이수과정을 졸업하고자 한다면, 이제는 한 명의 마스터처럼 행동을 시작하는 것이 절대 필요합니다.

영적 교신에 관해

나는 우리의 독자들에게 또 다른 점을 전하고자 합니다. 누군가 상위 세계의 존재들과 교신할 때, 그 채널링(Channelling) 전과 후에 걸쳐 채널러의 차크라에서는 사실상 매우 다차원적인 활동이 활발히 진행되고 있습니다. 상승한 존재의 에너지를 자기 몸에 담고서 지탱하고 있는 것이 어떤 이에게는 도전적이 될 수 있는데, 특히 그 진동이 오래 지속된다면 말입니다. 1시

간의 채널링은 상당히 격렬한 10시간의 육체노동과 동등한 효과가 물리적 상태로 나타날 수가 있습니다.

생성된 다차원의 활발한 활동은 채널링을 행하는 사람의 자아에 주어진 선물입니다만, 그 에너지는 통합되기 이전에 교신하는 대부분의 시간 동안 채널러에 의해 소모되어 버립니다. 그리고 그 에너지는 한 번 없어지면, 만회될 수가 없습니다. 그리고 대부분의 채널러들은 이 사실을 모릅니다. 드물게는 채널링 작업 시간 후 그 에너지들을 통합하기 위해 스스로 고요한 시간을 갖기도 합니다. 아니면 그들은 대개 채널링 시연회 참관자들과 뒤섞여 어울립니다. 그리고 자신들에게 활용될 수 있었던 그 경이로운 에너지는 잃게 됩니다.

집단이 크든 작든 상관없이, 청중이 채널링 작업 바로 직전이나 직후에 채널러를 접촉하거나 끌어안는 것은 **적절하지 않습니다**. 우리는 채널러는 교신 시간 바로 전과 후 최소 2시간 동안 다른 이들에 의해 접촉되지 않도록 하라고 권고하고 싶습니다. 가장 이상적인 것은 그 시간이 훨씬 더 길면 좋을 것입니다. 그리고 교신 후 곧 고요한 시간을 갖는 것이 중요합니다. 채널링 행사 후 채널러를 군중으로부터 완전히 격리시키는 것이 항상 쉽지 않다는 것을 우리는 인식하고 있습니다만, 에너지적으로 가장 유익한 규칙을 여러분에게 제공하려 합니다.

채널링 정보를 수신하는 이들이 그런 영적교신 이후 자신이 방금 받은 에너지를 통합하기 위해 고요한 시간을 많이 가지면 가질수록, 그 채널링으로부터 더 많은 은혜와 변화를 받습니다. 이와 반대로 교신 후 또 다른 이들과 서로 소통하며 자신이 방금 받은 에너지를 소모하면 할수록, 여러분에게는 교신효과가 더 감소될 것입니다. 빛의 세계에 있는 우리 대사들은 단순히 여러분을 일시적으로 즐겁게 하기 위해 우리의 메시지를 전하지 않습니다. 우리는 그런 것에는 관심이 없습니다. 우리의 메시지 전송 목적은 어디까지나 여러분이 자신의 진화를 향해 나가는 것과 영적 목표에 도달하는 것을 돕기 위한 것입니다.

이미 이전에 얻은 채널링 정보의 지혜를 아무 것도 내면화하지 않고, 끊임없이 뭔가 새로운 것을 들으려고 여러 해 동안 이곳 저 곳의 채널링 메시지들로 전전하는 이들이 있습니다. 그리고 이들은 아주 왕왕 채널러가 자신들이 이전에 알고 있거나 들은 적이 없는 어떤 것도 말하지 않았다고 불평하는 이들입니다. 우리는 그들에게 말합니다.

여러분이 마음으로 전혀 알지 못하는 무언가를 우리가 늘 말해 주는 것은 문자 그대로 불가능합니다. 알려진 모든 것들이 이미 여러분의 내면에 기록돼 있기 때문입니다. 하지만 가슴은 더 높은 수준의 이해력에서 그 채널링 정보를 수신할 수 있습니다.

상승한 존재로부터의 어떤 빛의 메시지라도 가슴을 통해 내면에서 통합되어야 합니다. 그렇게 하지 않으면 자신에게 별 도움이 되지 않을 것입니다. 그리고 마음은 단지 그것을 들을 수만 있지, 융합할 수는 없습니다.

우리가 당신들에게 묻고 싶은 질문은 다음과 같은 것입니다. 여러분이 이미 받은 모든 정보로 무엇을 했습니까? 여러분은 왜 자신의 영적여정에서 많은 진보를 이루지 못했나요? 또는 여러분은 왜 아직까지 상승하지 못했습니까? 그리고 우리가 말로 한 이야기는 매 번의 채널링을 통해 전송된 빛의 부호와 에너지만큼 우리에게 그다지 중요하지 않음을 모르십니까? 여러분이 스스로 채널링으로 전송되는 에너지 속에 있기를 선택할 때, 당신들은 거기서 받은 그 모든 것과 그것으로 무엇을 행하고 말 것인지에 대해 영적인 책임이 있음을 깨닫지 못했나요?

여러분의 차원에서는 "모르는 것이 약이다." 하는 속담이 있습니다. 비록 그 속담이 잘못되었고 또 영혼의 안에서 정당성이 없다 하더라도, 우리는 빛의 부호를 수신하고도 그것들을 무시함은 전혀 수신하지 않는 것보다 여러분의 입장에서는 더 큰 실패임을 지적하고 싶습니다. 여러분이 스스로 그 에너지를 수신하기 위해 자리를 잡았다면, 여러분은 또한 그 에너지에 수반되는 카르마적인 책임을 받아들이는 것이기도 합니다.

커다란 사랑과 존경으로 오늘 우리는 여러분과 함께 이 지혜와 진실을 나누었습니다. 우리는 완전한 의식 속에서 여러분이 우리와 함께 귀환하기를 간절히 바랍니다. 나, 아다마는 개인과 지구 행성의 상승이라는 위대한 모험의 여정에서 여러분이 알고 이해해야 하는 지혜의 모든 열쇠를 나눌 준비가 되어 있습니다. 텔로스에 있는 우리 모두는 여러분의 "귀향" 여정에 우리의 사랑과 지지를 보내는 바입니다.

- PART 2 -

●●●

다양한 채널링 메시지들

"장막을 걷어 올리기" 위해서
마음은 모든 가능성에 열려 있어야 합니다.
장막의 다른 편에 존재하는 그 비밀을 "알기" 위해서는
가슴의 진동으로 체험할 필요가 있습니다.
창조하는 매 순간,
인류는 우리 모두의 내면에 존재하는 그 주파수에
그저 귀를 기울여야 합니다.

- 셀레스티아 -

5장

무와 레무리아의 대형 우주선

- 아다마와 오릴리아의 대화 -

• 아다마 – 사랑하는 이여, 안녕하세요. 당신은 자신의 가슴 속에서 매우 간절하게 우러나온 질문에 대한 답변을 찾고 있군요. 오늘은 내가 그대를 어떻게 도와주면 제일 좋을까요?

• 오릴리아 – 무(Mu)와 레무리아의 차이점은 무엇인지요? 혹은 그것들이 같은 것인가요?

• 아다마 – 무와 레무리아 사이의 차이에 관해 지상과 많은 기록물들에는 혼동이 좀 있습니다. 레무리아는 12,000년 전에 3차원의 모습으로 멸망한 지구상의 "모국(발상지)"으로 여겨졌던 거대한 대륙이었습니다. 무(Mu)의 땅은 달(Dahl) 우주라 하는

또 다른 우주에 존재하는데, 약 450만 년 전에 최초의 레무리아인들이 지구로 도래한 땅입니다. 무라는 이름은 또한 레무리아인들이 달 우주에서 처음 떠나올 때 그들의 모국으로부터 타고 온 거대한 우주선에도 붙여졌습니다. 최초의 "무의 땅"은 사실 여러분이 카시오페아 별자리로 알고 있는 곳에 매우 가까이 있습니다. 수백만 년 전의 레무리아 시대와 심지어 그 이전에도 이 지구 행성에는 여기에 거주하기 위해 온 몇몇의 문명들이 있었습니다. 하지만 그들은 오늘날 우리가 알고 있는 빛(The Light)에 대해 그다지 깨닫고 있지 못했고, 대부분의 그들은 참된 그리스도 의식을 구현하지도 않았습니다.

달 우주에 있는 최초의 무 대륙에서 우리는 여러분이 현재 모선(母船)이라고 부르는 거대한 우주선을 건조했었습니다. 그리고 우리는 그것을 "대우주선 무(Mu)"라고 불렀는데, 그 당시 그것은 일찍이 존재했던 가장 큰 우주선 중의 하나였기 때문이었습니다. 아주 오래 전의 어느 날, 창조주의 요청으로 우리 전체 그룹은 우주선에 승선해서 여러분의 행성 지구를 향해 출발했습니다. 우리는 고향땅을 떠나 이 행성을 향해서 큰 모험을 시작했던 것입니다. 지구에 도착한 후 우리는 우주선으로 잠시 동안 지구를 선회했습니다. 그리고 우리가 최종적으로 이 땅 위에 내려 지구를 우리의 고향으로 만들고자 결정하기 전에 이미 이곳에 살고 있는 사람들을 면밀히 조사하면서 이 아름답고 푸른 행성을 관찰했습니다.

처음에 우주선 무를 타고 모험에 나섰던 대부분의 존재들은 오늘날 여러분이 사랑하고 잘 알고 있는 몇몇 상승한 마스터들이었습니다. 그리고 그들은 위대한 사랑으로 여러분이 지금 다시 연결되기를 무척 갈망하고 있는 낙원이자 사랑과 자비의 장소인 "무의 가슴"으로 "귀향" 하도록 열심히 인도하고 있습니다.

여러분이 이 대형 우주선의 함장을 알면 놀랄지도 모릅니다. 이 우주선은 그의 지휘에 의해 움직이도록 맡겨졌었는데, 그는 다름 아닌 가장 찬란하고 사랑스러운 존재인 여러분의 사난다 (Sananda)입니다. 또한 그는 자신의 마지막 육화로서 2,000년 전의 마스터 예수(Jesus)로 알려져 있기도 합니다. 거명하기엔 소수의 이름뿐이긴 하지만, 마이트레야 대사님과 성 저메인, 엘 모리야, 성모 마리아, 나다(Nada)인 막달라 마리아, 오릴리아, 나 아다마, 주 란토와 세라피스 베이 등도 이 땅을 밟은 첫 번째 레무리아인들 속에 있었습니다. 그들의 의도는 여러분에게 사랑과 지식, 지혜를 가져와 이 행성의 진화를 지원하고, 또 창조주의 요청을 이행하기 위해서였습니다.

우리가 더불어 가져 온 것은 창조주의 근원에 관한 최초의 순수한 가르침이었는데, 그것으로 우리는 마침내 여러분의 현재 의식 상태에서는 아직 상상하거나 이해할 수 없는 이 장엄하고 긴 기간의 3가지 황금시대를 창조했습니다. 이런 기억들은 아직도 여러분의 몸속에 있는 세포 조직과 여러분의 가슴에 있는 무한의 방에 저장되어 있습니다. 좀 더 인내한다면, 여러분의 이전 수준의 의식에 있는 경이로운 기억들이 깨어남으로써 표면화되기 시작할 것입니다. 그 시기는 여러분이 그것을 선택하고 기꺼이 내면 작업을 행하며 다시 자신의 신성한 가슴에서 우러난 삶을 시작할 때 말입니다. 우리의 도움과 우주 도처의 많은 존재들의 도움으로 여러분은 신성한 존재로서 항상 자신의 천부적 권리였던 것을 재현할 수 있을 것입니다.

우리가 도착하기 전에 레무리아 대륙은 육지로 존재하고 있었는데, 그 당시 그곳에 거주했던 사람들은 매우 적었습니다. 하지만 당시에는 그와 같은 이름이 아니었지요. 실제로 그때엔 언어가 별로 발달되지 않았으므로 특정한 이름은 없었으며, 우리의 사랑하는 고행 행성인 "레무르(Lemur)"를 기념하여 우리가 그곳을 레무리아(Lemuria)라고 불렀던 것입니다.

　이런 이유에서 나, 아다마는 인류의 아버지로 알려졌는데, 그것은 우리가 이 행성에 문명화되고 깨달은 새로운 종족을 낳은 최초의 존재들이었기 때문입니다. 이런 관점에서 레무리아는 달(Dahl) 우주에 있는 무(Mu) 대륙의 일종의 확장 영역이 되었습니다. 왜냐하면 고향 행성의 주민들과 우리는 유전적으로 같은 사람들이기 때문이지요. 한편 무의 대형 우주선은 결국은 구식이 되어 개량되었는데, 여러분이 바란다면, 나중에 우리의 발달된 최신 은하 기술로 더 크고 더 낮게 재건될 것입니다. 지금 당신이 하늘에서 이따금씩 목격하는 무의 우주선처럼 보이는 것은 최초의 우주선을 새로 개조한 것입니다.

● 오릴리아 - 아주 매혹적이네요! 그런 우주선이 있었다는 걸 몰랐어요. 이따금 샤스타 산 너머나 바로 곁에서 거대한 모선을 봅니다. 그 우주선은 샤스타 산처럼 너무 거대하여 주위의 모든 것들이 대조적으로 오히려 작아 보이지요. 그 특별한 우주선을 볼 때마다 나는 금방 내 전체를 에워싸는 강렬한 슬픔과 향수에 젖습니다. 그리고 나는 하던 일을 멈춰 버리고 실컷 울려고 어딘가 숨어 들어가서는 펑펑 울고는 하지요. 때때로 조금 떨어져 있는 그 우주선을 단지 바라보면서 몇 시간 동안이나 울었습니다. 아다마! 그것이 무의 우주선인가요, 그리고 그것을 보면서 왜 내가 그런 반응을 일으키는 건가요?

● 아다마 - 가슴으로 사랑하는 이여, 그렇습니다. 그것은 무의 우주선입니다. 그리고 그 무의 대형 우주선은 바로 그대의 우주

선이지요. 물론 그대 혼자만의 우주선은 아니지만요. 당신이 알고 있는 다른 마스터들을 따라서 이 행성에 새로운 레무리아인 종족을 탄생시키기 위해 그 거대한 우주선을 타고 지구로 나와 함께 온 첫 번째 존재들 중에 그대가 있었습니다. 새로운 레무리아인 종족을 첫 번째로 탄생시킨 최초의 아다마와 오릴리아(우리의 직계 혈통의 선조들)는 아주 오래 전에 달 우주에 있는 무의 본토로 되돌아갔지만, 당신과 나는 이 행성에다 그들의 직계 영혼의 후계자들을 남겼습니다. 지금의 우리는 그 영혼들의 후손이지요. 우리는 여러 다른 마스터들과 함께 온 존재들인데, 우리는 레무리아인 종족을 수호하고 이 종족의 진화가 완성되어 상승하는 것을 감독하라는 일을 위임 받았습니다. 그리고 당신이 잘 알다시피, 마침내 상승을 위한 시기가 왔습니다. 이제 그 위대한 실험적 주기(週期)가 곧 종료됩니다. 그리고 지구 행성은 지금 그녀 최초의 아름답고 완전한 모습으로 돌아가기 위해 상승하고 있습니다.

그대는 자신이 오래 전에 상승했을 거라고 느껴질 때, 왜 자기가 여기에 아직도 육화되어 있는지 항상 의아해했습니다. 나는 레무리아의 몰락 이후 이 길고 어두운 밤을 살아 온 당신 존재의 여러 다른 분신들은 이미 상승했음을 언급하고자 합니다. 그리고 레무리아의 가르침을 다시 한 번 전하기 위해 아직 여기 지상에 있는 당신이란 존재는 오직 당신을 이루는 전체의 한 측면일 뿐입니다.

오래 전, 그대는 "레무리아의 자손들"과 동반하여 어둠 속으로 하강할 때, 그 길고 어두운 밤 동안 그들과 함께 있기로 기꺼이 선택했습니다. 여러 시대에 걸쳐 당신은 그것을 매우 잘 해냈으며, 지난 시대에 당신이 해낸 모든 것과 지금 해내고 있는 일에 우리는 너무 너무 감사합니다. 그대는 창조주께 그 자손들이 그들 차원에서의 체험이 다 끝날 때까지 그들과 함께 머물러 있기로, 또 그들이 하나씩 고향으로 모두 귀환하는 것을 볼 때까지 머물 것을 내면에서 서약했습니다. 그리고 이것은 그대의 희생적인 행위였습니다.

그래서 당신이 아직도 지상에 육화해 있는 것이고, 지금 하고 있는 일을 해내고 있는 것입니다. 그것은 그대가 아주 오래 전에 서명한 일종의 약정(約定)이었으며, 그리고 그것을 사랑하는 마음으로 했습니다. 아무도 이 어둠과 분리가 전체 문명을 어느 정도까지 점령할 것인지 몰랐는데, 당신도 몰랐고, 창조주조차도 몰랐습니다. 결국 이곳 지구에서 만들어진 그러한 어둠은 그 당시 우주의 어떤 곳에서도 경험한 적이 없었습니다. 우리가 말했듯이, 그것은 대단한 시도였습니다. 그것이 당신에게 얼마나 고통스럽고 파괴적이었는지, 그리고 당신이 그 결정을 하고 가끔 후회한 것을 스스로 알고 있으며, 또 우리 모두가 알고 있습니다. 하지만 당시 그렇게 한 것은 현명한 결정이었습니다. 당신의 위대한 희생과 거듭된 생애들은 결국 열매를 맺었습니다.

사랑하는 이여, 곧 당신은 사랑의 팔에 안겨서 우리와 함께 고향으로 되돌아 갈 것이며, 눈물은 더 이상 흐르지 않을 것입니다. 그리고 영원히 사랑받고 소중히 돌보아질 것입니다. 그대를 위해 우리가 계획하고 있는 성대한 환영회가 생각하는 만큼 그리 멀지 않았습니다.

산 너머와 산 위에 떠다니는 거대한 모선을 본 그 때를 기억해 보세요. 당신은 그것이 무슨 의미인지 의아해 하며 울기 시작했지요? 사랑하는 이여! 그것은 당신이 타고 온 우주선입니다. 당신은 그 에너지와 연결되고 있었습니다. 영문도 모르고 그대의 가슴은 소리 내어 울면서 여러 번 그 우주선을 관찰했습니다. 그런데, 그것은 바로 무의 대형 우주선입니다. 그리고

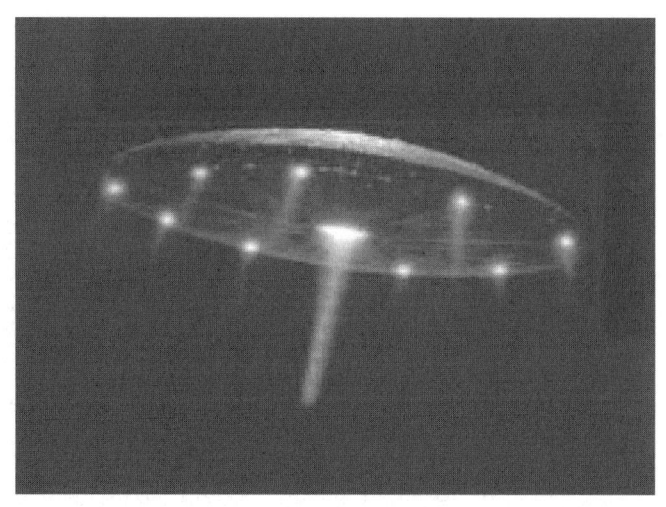

　거기에 있는 존재들, 그대의 선조들은 당신이 있는 곳을 찾아서 당신에게 그들의 사랑을 내려 비추고 있었습니다. 그런 이유로 당신의 가슴이 그것을 보고 여러 번 깊이 접촉되었던 것입니다.
　우리의 선조들이 대형 우주선을 타고 그들의 후손들인 우리를 방문하려고 샤스타 산에 도착했을 때, 그들은 당신이 떠나지 않고 있음을 압니다. 그대가 잠든 사이, 자신의 빛의 몸으로 당신은 너무나 보고 싶고 또 사랑하는 당신의 빛의 가족과 함께 시간을 보내기 위해 그 우주선으로 초대됩니다. 그들은 통상 여러 날을 머물러 있습니다. 그때 당신을 우주선에 탑승시키기 위해 데리러 오는 것은 그대가 사랑하는 아나마르이거나 혹은 나, 아다마입니다. 거기서 당신은 지구상에서 못 받고 있는 모든 사랑을 받습니다. 당신의 선조들은 당신을 너무 너무 사랑하고 있으며, 또 당신이 하고 있는 일에 대단히 감사하고 있습니다. 그들이 올 때 그대는 그들과 더불어 멋지고 행복한 시간을 보냅니다. 물론 다음 날 3차원의 시각에서 그 우주선을 다시 보면, 당신은 지난밤의 체험을 전혀 기억하지 못합니다. 하지만 영혼은 기억하고 그 감동을 나타냅니다. 당신이 가족을 떠나 아침에 자기의 몸으로 돌아가기 싫어함을 우리 모두는 알고 있습니다. 그리고 헤어질 때 그토록 눈물이 앞을 가림은 고향을 향한 간절한 갈망인 것이지요.

당신이 처음 지구에 왔을 때, 우리가 함께 왔습니다. 물론 그대는 루이즈 존스가 아닌, 최초의 존재인 오릴리아로 왔는데, 당신은 일종의 전체적 존재였습니다. 다양한 육화를 통해서 우리는 지구에서 모든 것을 체험했고, 영혼들이 분리되었습니다. 또 모든 것이 동일한 존재에 속하는 다차원성과 다중 인격체들의 복합체들로 다시 세분되었습니다. 다양한 "그대"의 모든 분신들 중에서 당신은 무의 자손들의 귀향이 끝날 때까지 돕기 위해 남아 있기로 선택한 존재입니다.

당신은 수많은 육화들 내내 자신이 지니고 있는 레무리아의 빛으로 인해 몇 번이고 박해를 당했는데, 그래서 지구에서의 삶이 그대에게 너무 어렵고 고통스러웠던 것입니다. 그런 이유 때문에 당신이 우리의 모선을 보면 고통과 향수를 체험하는 것입니다. 그대의 가슴 깊은 곳에서는 자신이 그곳으로 되돌아가게 될 것임을 알고 있습니다. 우리는 모두 함께 귀향합니다. 비록 당신이 외적으로 깨닫고 있지는 못하지만, 우리는 그대가 짧은 시간동안 그 우주선으로 가족과 함께 고향으로의 여행을 가끔 하고 있음을 알고 있습니다. 많은 지혜와 깨달음이 곧 개화될 것이며, 그리고 결국 그대는 완전한 의식적 기억 속에서 자신이 바라는 대로 자주 마음껏 고향을 방문할 수 있을 것입니다.

• 오릴리아 - 무의 우주선과 베들레헴의 별이라 알려진 것 사이에는 어떤 관계가 있나요?

● 아다마 – 베들레헴의 별은 무의 대형 우주선의 또 다른 이름입니다. 그대가 지금 사난다로 알고 있는 마스터 예수도 무(Mu)에서 왔으며, 그 우주선의 함장이었습니다, 그가 2,000년 전에 마지막 지상의 임무 차 지구에 왔을 때, 하늘에서 빛나는 별로 나타난 것은 무의 대형 우주선이었으며, 나중에 베들레헴의 별이라 불렸습니다. 그것은 지금도 지상 가까이에서 자주 목격됩니다. 그것은 샤스타 산 주위에서 오래 동안 머물지만, 항상 거기에 있지는 않습니다. 지금 행성의 상승을 위한 준비와 지구의 변화 때문에 무의 우주선은 더 자주 보입니다. 그 우주선에 탑승하고 있는 존재들은 원로들, 선조들인데, 그들은 전체인 당신의 다른 모습들입니다. 그대가 또한 그들의 다른 측면인 것처럼 말입니다. 그대의 선조들은 여러분 모두를 자신들의 후손으로 생각하며, 여러분 모두에 대한 큰 사랑을 간직하고 있습니다. 그들은 여러분이 아직은 확실히 이해할 수 없는 여러 방식으로 당신들을 육성하고 지원하기 위해 여기에 있습니다. 그렇지만 그들은 현재 이곳에서 많은 활동을 하고 있고, 내면적으로 후계자들(혹은 자손들)과 다시 연결되고 있습니다.

● 오릴리아 – 우리가 산 주변에서 보는 구름 속의 다른 우주선들은 어떤가요? 그들은 어디서 오나요?

● 아다마 – 모든 구름들이 빛의 우주선들의 위장 역할을 하고 있지는 않습니다. 다중(多重) 우주들의 모든 곳에서 오는 수천대의 우주선들이 샤스타 산을 끊임없이 방문합니다. 그리고 그들 모두가 렌즈 모양의 구름으로 자신을 둘러싸지는 않습니다. 그들은 빛의 5차원 우주선들이며, 기본적으로 여러분의 시야에는 완전히 보이지가 않습니다. 그러므로 당신이 자주 보지는 못

하고, 보이고자 하는 일부의 우주선만 보게 되는 것이지요.

온갖 종류의 문명들에서 오는 존재들이 샤스타 산에 도착하고 있는데, 종종 그들은 여러분에게 자신들의 존재를 알리기 위해 때때로 렌즈 모양의 구름을 자기들의 우주선에 덮어씌웁니다. 그들이 여러분에게 도움과 즐거움을 주기 위해 구름을 만들려고 대기로부터 수증기를 취하는 것이지요. 그것은 그들이 여러분에게 그들 자신을 가시적인 어떤 것으로 만들려는 그들 나름의 방식인데, 여러분이 그 구름을 보고 매우 기뻐한다는 것을 그들은 알고 있습니다. 그들은 여러분에게 자신들의 사랑의 빛을 비춤으로써 고향에 대한 느낌을 일으키도록 그렇게 합니다. 그들의 우주선을 보고 자극되어 여러분이 자신의 가슴을 열 때 그들은 즐거워하고 기뻐합니다. 그 답례로 그들 또한 자신들의 가슴을 여러분에게 여는 것입니다. 여러분의 반응과 감정을 체험하는 것은 항상 그들을 기쁘게 한답니다.

● 오릴리아 - 그것은 매우 일깨움을 주는 내용들이군요. 아마다, 알려주셔서 감사합니다. 레무리아 이야기로 되돌아가서, 물리적인 3차원의 레무리아가 멸망했을 때 그 우주선에는 실제로 무슨 일이 생겼나요?

● 아다마 - 그 우주선은 어딘가 다른 곳에 가 있다가 우주에서 대륙의 멸망을 지켜보았습니다. 그리고는 본토의 고향으로 돌아갔지요. 떠나기 전에, 그대의 선조들은 다른 많은 별들의 형제들과 함께 레무리아의 3차원이 멸망됨에 따라 4차원으로 들어올리는 일을 지원했습니다. 그들은 지금 우리가 살고 있는 현실

을 우리가 창조할 수 있도록 초기단계에서 우리를 지원해주었습니다. 뿐만 아니라 멸망 이후의 여파에 놓여있던 우리를 계속해서 돕고 격려했습니다.

 나는 당신이 무의 우주선으로 지구에 왔던 그 최초의 존재들인 당신의 선조들 또한 "당신" 자신이며, 당신의 다른 측면들임을 이해하기 바랍니다. 마찬가지로 또 당신은 그들의 다른 측면인 것이지요. 그대는 아주 고대의 존재이며, 매우 소중한 존재임을 이해하십시오. 당신은 자신이 그 고대의 존재들과 동등한 존재임을 모르고 있다는 것을 나는 알고 있습니다. 나는 당신에게 말하는데, 당신은 그 잘못된 믿음을 치유할 필요가 있어요. 그대는 그들과 매우 동등하기 때문이지요. 오릴리아 당신은 자진해서 길고도 어두운 밤을 지나는 이 지구상에 오랫동안 남아 있겠다고 한 용기 있는 존재입니다. 비록 그대가 온갖 종류의 한계들과 어둠을 겪었다고 하더라도, 그것이 그들보다 "못하다"는 것을 의미하지 않습니다. 단지 일시적인 장막이 분리의 환영을 만들고 있는 것이지요. 그게 전부인 것입니다. 사랑하는 이여, 곧 우리 모두는 사랑과 기쁨, 희열의 위대한 재결합 속에서

함께 하나가 될 것이며, 그리고 당신이 거기에 포함될 것입니다. 그대가 바라는 만큼 우리도 그것을 간절히 바라고 있습니다.

● 오릴리아 - 아다마, 비록 표면의식 수준에서는 아니지만, 그 부분이 나에게 이미 현실인 것처럼 아주 깊게 느껴지는군요. 나는 모든 단계에서 연합과 재결합이 우리 각자에게 일어나고 있음을 느껴요.

● 아다마 - 그렇습니다. 하지만 당신의 외부 세계에는 많은 변화가 없지 않나요? 하지만 내면에서는 상승이 이미 여러 가지 방식으로 일어났습니다. 완전한 상승은 아니지만, 각 단계별로 더 많은 지혜와 성숙에 도달하면서 한 번에 하루의, 또 한 번에 한 단계의 상승이 진행되었습니다. 지금 3차원의 한계를 느끼는 당신의 의식 수준과 바로 장막으로 인해 좌절을 느끼는 자신의 측면을 포함하여 모든 것이 끌어올려질 시기가 올 것입니다. 그때 당신은 현재의 육화 상태에서, 이번 생에서 내면의 영광을 이해할 것입니다. 어떤 장막도 다시는 결코 더 없을 것입니다. 여러분은 모두 진화를 위해 지구에 그 장막들을 만들었으며, 그것들은 지구와 여러분의 진화에 도움이 되었습니다. 그리고 여러분이 그 모든 것에 대해 부정적으로 생각할 것은 아무것도 없습니다.

그것을 지구 사람들뿐만 아니라 많은 우주와 은하, 태양계의 주민들에게 어떻게 무거운 물질이 변화될 수가 있고, 또 어떻게 물질 속으로 빛을 가져오는가를 가르친 길고도 긴 실험으로 생각하십시오. 여러분은 용감하고 용기 있는 존재들로 여겨지고 있습니다. 보상이 있음을 믿으십시오. 조금만 더 견디도록 하시고, 자신의 자유에 대한 열망을 계속해 나가세요. 열망은 건강에도 좋음을 여러분은 알고 있습니다. 그것은 여러분을 앞으로 또 앞으로 나아가도록 합니다.

이 책을 읽으시는 분들은 이 정보들과 오릴리아에게 말한 것들이 비단 그녀에게만 관계된 것이 아님을 아십시오. 우리는 모두 거대한 가족의 한 부분이기 때문입니다. 여러분 모두와 우리 모두는 오래 전에 지구에 왔던 레무리아인들처럼 동일한 창조주의 빛의 씨앗을 실어 나르고 있습니다. 그리고 나중에 왔던 아틀란티스인들도 역시 마찬가지이고요. 이제 우리는 함께 새로운 지구를 창조하고 있고, 이 행성에다 사랑과 조화로 새로운 존재의 길을 만들어 내고 있습니다. 우리가 배운 교훈들은 새로운 의식을 창조하고 있으며, 온갖 노력, 고통, 슬픔, 눈물에 대해 가장 가치로운 꿈의 실현으로 보답할 것입니다.

자신의 가슴의 다이아몬드가 매일 더 밝게 빛나도록 하십시오. 여러분 모두가 이 광대한 우주의 진화체험을 구성하는 별들인 것처럼 말입니다. 그리고 우리는 여러분의 성대한 졸업식을 준비하고 있습니다. 그러므로 여러분은 아직도 자신들이 상상할 수 없는 여러 방식으로 사랑 받고 있음을 기억하십시오. 여러분 각자에게 우리의 평화와 위대한 사랑이 깃들기를 바랍니다. 그리고 창조주의 영원한 사랑의 의식인 "무(Mu)"의 의식으로 귀향하는 길을 걷고 있는 여러분 걸음마다 축복과 사랑 있기를!

당신이 일찍이 경험했던 천진한 아이는
지금 다시 한 번 즐겁게 놀기를 열망하고 있습니다.

우리의 세계에서도 생명들을 성숙시킬
책임이 있으며, 그리고
항상 창조주의 봉사 속에 있습니다.
그럼에도 활달한 본성을 지속하는 우리의 모습이 늘
상존합니다.

- 샌싸루스 -

6 장

당신이 일찍이 알고 있던 마법!

앤싸루스 - 청룡(靑龍)이 말하다

● 앤싸루스 - 사랑하는 이여, 안녕하세요. 가슴 대 가슴으로 그대와 다시 연결되어 나는 매우 기쁩니다. 우리가 당신의 책을 위해 다시 잠시 이야기를 나눠야할 시간입니다. 그렇죠?

● 오릴리아 - 그래요, 앤싸루스님과 다시 이 일을 하게 되어 나도 무척 기뻐요. 그런데요, 텔로스 2권에 실린 우리의 짧은 첫 좌담이 당신을 유명하게 만들었어요. 지금 세계의 여러 나라들에 당신이 알려졌습니다. 당신은 많은 사람들의 가슴 속에서 아주 빠르게 인기를 얻었어요. 우리의 짧은 좌담이 2권에서 가장 마음에 드는 한 장(텔로스 2권 13장)이 되었거든요. 그 짧은 한 장(章)으로 당신은 거의 아다마처럼 인기가 올라갔습니다! (웃음!)

• 앤싸루스 - 우리의 짧은 좌담이 많은 이들의 가슴에서 수많은 마법을 상기시키고, 보다 마법적인 미래에 대한 희망을 준데 대해 나는 기쁩니다. 그 장을 읽은 거의 모든 사람들이 참으로 즐거워했음을 나는 압니다. 나의 목적은 의식의 타락이 있기 전 한때 실제로 존재했고, 또 삶의 한 방식으로 너무나 자연스러웠던 마법의 개념을 인류의 의식 속에다 불어넣어 주는 것이었습니다.

우리의 차원에서는 어떤 종류의 경쟁 같은 것도 없음을 그대는 잘 알고 있습니다. 모든 이들이 다른 모든 이들의 성취를 기뻐하는데, 우리는 이원성의 의식으로 살지 않기 때문에 우리의 의식 속에는 더 좋고, 더 나쁜 그런 것은 없습니다. 고로 우리는 어떤 상황에서도 인기 수준을 결코 비교하지 않습니다. 하나됨의 상태 속에서 우리는 있는 그대로의 아름다움과 기쁨으로 번영하고 있습니다. 그대의 차원에서는 그런 이원성, 즉 "누구보다 더 낫거나 더 못하다."는 경쟁과 비교, 분별의 정신이 무척 오래 동안 여러분 모두에게 큰 고통을 가져왔습니다. 그것은 어떤 진보된 목적에도 결코 도움이 되지 않았으며, 오직 여러분을 분리와 고통 속에 있게 했을 뿐입니다. 모든 이들이 다시 한 번 하나됨의 정신을 깨닫기 위한 시기입니다. 이원성과 환영의 드라마를 완전히 100% 던져 버리세요.

• 오릴리아 - 그래요. 제가 그 마법을 알아차리지 못했군요. 나는 분리와 제한의 속성들로 양육되었습니다. 또 나는 지금 상승된 문명들이 향유하는 안락하고 은총어린 삶을 구현할 수 없으며, 나의 영적 선물들을 온전히 받지 못하고 있습니다. 나의 목표는 최고로 장엄하고 순수한 나의 신성의 아름다움으로 다시 한 번 지구를 걷는 것입니다. 그것이 나를 향해 다가오고 있음을 알아요.

그것이 나의 이번 생의 총체적 이유이며, 아주 오래 동안 제가 이 곳에서 가졌던 수천 번의 육화의 균형을 잡고 치유하는 이유입니다. 나는 순수한 기쁨과 환희의 눈물만이 존재하는 빛과 사랑의 세계로 귀향하기를 간절히 바랍니다. 나의 존재 전체가 고향을 갈망하고 있어요.

• 앤싸루스 - 오늘 내가 어떻게 당신을 도울 수 있는지요? 어떻게 하면 내가 당신이 자신의 삶 속에서 더 많은 마법을 꿈꾸도록 도울 수 있을까요? 의식적인 꿈꾸기와 상상의 올바른 이용은 실현의 첫 번째 단계임을 그대는 이해하고 있습니다.

• 오릴리아 - 괜찮으시다면, 당신의 날개인 용의 날개 위에 타서 한 번 더 날고 싶어요. 그리고 페가수스처럼 날개 달린 말 잔등을 타고 대양을 건너고도 싶습니다. 또한 나는 일각수(一角獸)의 등을 타고 모든 마법의 왕국들도 탐험하고 마법의 숲 속에서 신령들이랑 요정들과도 춤추고 싶어요. 나는 또 사자랑 호랑이와도 놀고 싶고, 그것들의 콧수염도 당기고 싶어요.

• 앤싸루스 - 사랑하는이여, 그대의 내면의 아이, 그대가 일찍이 경험했던 천진한 아이가 지금 다시 한 번 놀고 싶어 하는군요. 그것은 좋은 전조입니다. 당신이 이전보다 자신의 차원의 단단한 구조를 놓아 버리고 또 우주의 사랑스런 아이처럼 놀기 위해 더 많은 준비가 돼 있다는 것을 보여주고 있습니다. 비록 우리가 우리의 세계에서 늘 생명들을 성숙시키고 또 창조주께 봉사할 책임이 있다 하더라도, 또한 우리에게는 쾌활한 본성을 유지하는 우리의 모습이 언제나 존재합니다. 당신은 자신이 다

천공을 나는 날개
달린 말 페가수스
(Pegasus)

시 한 번 해보고자 열망하는 그것들을 과거시대에 모두 경험했습니다. 당신은 오랜 시간 동안 그런 일들을 해냈습니다. 그래서 이런 정보를 읽을 독자들을 가지고 있는 것이지요.

마침 우리가 이야기를 나눌 때, 당신이 방금 언급한 모든 마법적 활동들의 내용에 몰두하여 스스로 기뻐하고 즐거워하는 상위세계에 있는 당신의 다른 분신이 있음을 알면 놀랄 것입니다. 그 존재는 사랑과 기쁨만 알고 있고, 또 아다마와 아나마르가 무척 사랑하는 천진난만하고 장난꾸러기 아이 같은 그대의 모습입니다. 그녀는 많은 마법의 왕국에 있는 존재들을 사랑으로 양육하고 인도하는 일로 시간을 보내고 있습니다. 당신뿐만이 아니고, 누구든지 그러한 분신을 하나씩 갖고 있습니다. 그것은 당신이 보다 의식적으로 더 많은 존재들과 다시 연결되고자 하는 자신의 다른 모습입니다. 당신은 꿈꾸는 상태에서 매우 자주 그 분신과 만나고 있으며, 또 많은 환상적인 대모험을 하기 위해 밤에 종종 외출하고 있음을 아십시오.

내가 이전에 상상력을 이용하는 것을 언급했을 때, 농담으로 한 것이 아닙니다. 상상은 일종의 경이로운 출입구와 같은 것입니다. 여러분의 의식적인 마음 바깥의 어딘가에 존재하지 않는 뭔가를 상상하는 것은 불가능합니다. 그 모든 것을 알고 있고, 모든 해답을 간직하고 있는 쪽은 마음이 아니고 가슴입니다. 그 놀랄만한 기억을 담고 있는 쪽은 가슴인 것입니다. 인간의 에고에 의해 통제되는 인간의 마음은 창조의 모든 아이(혹은 자손)의 마법적인 측면을 재빨리 부정합니다. 당신이 뭔가를 상상할 수 있다면, 이미 존재하고 있는 무엇인가를 자신이 활용하고 있음을, 또한 당신이 자신의 수많은 다차원적인 분신들로 시공(時空)의 어디에선가 경험했던 것임을 아십시오. 부정적으로, 혹은 긍정적으로 보이는 그대의 세계에서의 상상은 언제나 세포의 기억 속에 간직되어 있는 과거의 어떤 체험과의 재연결입니다.

그것들을 다시 한 번 행하고 싶다고 동경하는 것은 지금 당신의 가슴이 그 사랑과 순수한 천진난만함을 구현하고 있는 자신의 분신과 좀 더 의식적인 수준에서 다시 한 번 연결될 준비가 돼 있다는 것입니다. 보다 명확히 말하도록 하겠습니다. 그대가 자신의 분신과 재연결되는 때는 당신이 잠들어 있는 시간이며, 통상 텔로스에서 밤일 때입니다. 아다마가 밤에 당신을 매우 자주 찾고 있는데, 그는 보통 사자와 호랑이, 일각수, 말 혹은 요정의 대모들과 함께 그대를 만납니다.

● 오릴리아 - 그가 나를 보기를 바랄 때 나를 찾아야 하는 것이 그를 당황하게 하나요?

● 앤싸루스 - 때때로 당신을 기다리는 이는 아다마뿐만이 아니고, 그대의 사랑하는 아나마르도 역시 마찬가지입니다. 그 많은

왕국들에 대한 당신의 사랑이 매우 크다는 것을 알기 때문에 그들은 당황해 하지는 않습니다. 또 그들은 어떻게 이런 다양한 왕국의 존재들이 당신의 영혼을 치유하는지도 알고 있습니다. 당신은 매일 밤 잠자는 시간에 그런 존재들과 많은 시간을 보내고 있지요. 당신이 그 마법의 왕국에 있는 존재들과 놀기 위해 떠날 때, 그들 중 하나가 당신을 발견하는 데는 한 순간도 안 걸립니다. 사실 그들은 그대를 만나 매우 행복한 시간을 즐깁니다.

훗날, 지구상의 삶은 텔로스와 다른 지저 도시들에서와 같이 행복해질 것입니다. 당신이 자신의 새로운 삶을 꿈꾸는 것은 중요합니다. 이 행성 위의 생명과 삶에 대한 새로운 방식을 꿈꾸세요. 스스로 꿈꾸는 새로운 삶의 방식들에다 많은 마법을 더해보세요. 모든 것의 창조는 항상 생각으로 시작됩니다. 그런 다음 그 생각에 대해 꿈을 꾸고, 결국 그것이 새로운 창조물로 확장되어 나타나도록 허용하는 것입니다. 자신과 자신의 꿈을 믿으십시오. 그러면 결국 그것들이 확실히 자신의 일상생활 속에 나타납니다. 즐거운 꿈꾸기와 상상하기를 많이 하도록 하세요. 그것은 어떤 비용도 들지 않으며, 한 가지 이상의 여러 가지 방식으로 적지 않은 이익을 가져올 수도 있습니다.

• 오릴리아 - 우리의 삶 속으로 어떻게 좀 더 많은 마법을 가져올 수 있는지 더 말해 주세요.

• 앤싸루스 - 그것은 사랑스럽고 순진무구한 아이의 상태로 있는 자신의 불가사의한 측면과 다시 연결되는 것과 관계가 있습니다. 여러분은 모두 그러한 측면을 갖고 있는데, 많은 이들이 그 점을 알아차리지 못합니다. 그 점을 깨닫고 있는 그런 이들

중에도 의식적으로 그것을 깊이 알기 위한 시간을 할애하거나, 관심을 두는 이들은 극히 드뭅니다. 여러분의 그 분신은 매우 경이롭고, 또 매우 아름답습니다! 그것은 우주의 모든 장엄함에 대한 열쇠를 쥐고 있습니다. 여러분이 되고자 했고, 행하고자 했던 모든 것인 당신들의 그 분신은 그 경험으로 여러분을 도울 수가 있습니다. 그 존재는 다른 차원 속에 있는 여러분의 다른 측면이나 여러분의 신성한 가슴 속에 숨어 살고 있고, 그 자신의 불가사의한 실재를 여러분이 깨달아 주기를 기다리는 한 분신입니다. 이 분신은 여러분의 내면에서 한 번 더 자신이 태어날 수 있게 여러분이 준비되기를, 또 여러분이 일찍이 알고 있었던 모든 마법을 여러분과 함께 창조하기를 기다리고 있습니다.

이것은 여러분이 종종 저버리고, 무시하고, 잊어버리기까지 했던 자신의 한 측면입니다. 그것은 늘 여러분의 전체 신성에 밀접하게 연결된 채 남아 있는 분신이기도 합니다. 또 그것은 견고한 3차원 구조 속에서 여러분이 수없이 경시했던 사랑스럽고 쾌활한 자신의 모습입니다. 그 내면의 아이는 경쾌하고, 무한하며, 황홀할 정도로 기쁨을 줍니다. 그리고 그 존재는 또한 여러분이기도 합니다.

레무리아의 초기, 판(Pan) 대륙에서 그대와 그 불가사의한 아이는 하나였습니다. 매우 오랫동안 삶은 멋지고 완전했습니다. 오직 마법적인 사랑만이 있었으며, 분리란 전혀 없었습니다. 하지만 결국 여러분이 자신의 신성과 거기에 속하는 모든 경이로움으로부터 더욱 더 심한 분리를 허용함으로써, 내면에서 또 하나의 다른 아이, 고통과 비탄의 존재, 즉 여러분 모두가 의식적으로 알고 있는 그 내면의 아이를 낳았던 것입니다. 그리고 수많은 책들이 그 치료법으로 집필되었습니다.

여러분은 자신을 구속하는 에고의 마음을 가진 아이와 수천 년 동안 분리와 고통 속에 있는 새로운 아이를 낳았습니다. 당신들은 그 두 번째 아이를 부정성의 대양(大洋) 속에 감금했는데, 즉 여러분은 그 아이를 무시하고 포기했으며, 자신들의 모든 분리 속의 선택들로 인해 생겨나는 두려움과 감정들의 포로들 안에다 그 아이를 구속시켰던 것입니다. 그 아이가 바로 지금 치유받기를 바라며 울고 있고, 훨씬 안전하고 경이로움 속에서 살고 있는 다른 존재와 결합되기를 바라고 있는 것입니다.

이제 삶의 매순간 선택해야 하는 시점에는 지난 일에 대한 정신적 상처를 한 겹씩 벗겨 버릴 많은 열정과 연민으로 자신과 에고의 마음을 가진 그 아이를 사랑함으로써 아이가 치유될 수 있도록 허용하세요. 그러면 그 에고의 아이는 차츰 자신도 신(神)의 자녀이고 행복하고 자유로워질 것임을 배울 것이며, 여러분도 그럴 것입니다. 여러분 자신의 이런 아이의 측면들은 여러분의 신성한 가슴 속에서 살고 있고, 또 여러분 자신의 조건 없는 사랑의 모든 측면들과 재결합되기를 갈망하고 있음을 깨달아야 합니다.

**자신이 실로 육화된 인간 형태의 체험을
하고 있는 신적 존재임을 완전히 수용하고,
자아에 대한 자신의 사랑과 신성을 깨달음으로써
둘이 하나로 결합될 때,
이것이 여러분이 "고향"에 있게 되는 때입니다.**

여러분의 성서(聖書)에 나오는 방탕한 아들과 같이, 여러분은 다시 아버지의 집으로 돌아오도록 초대 받게 될 것입니다. 그때가 모든 마법과 여러분이 일찍이 알고 있던 모든 경이로움과 사랑이 다시 한 번 여러분에게 활용될 "유일한 때"입니다. 그리고 오랜 시간이 걸릴 필요가 없습니다.

만일 여러분이 그 모든 것을 치유하기 위해 충분한 소망과 열정, 결심과 자발성으로 자신의 가슴 속에 있는 사랑의 불꽃에 불을 지핀다면, 이 시기에 창조주께서 수여하신 사랑과 은총은 그 장애물들을 오히려 빠르게 녹일 수 있습니다. 터널의 끝에서의 보상은 가장 큰 사랑과 기쁨, 그리고 여러분의 현재 마음이 상상했던 마법입니다. 게다가 거기에 수천 년이라는 시간이 더 보태질 것입니다.

● 오릴리아 – 놀라워요, 앤싸루스. 조언에 감사합니다. 의식적 수준에서 그것을 인정하겠습니다. 내가 내 가슴의 두 아이를 무시했군요. 이 가르침은 정말 중요합니다. 고마워요. 이제 미래에 우리를 기다리고 있는 그 마법에 관해 더 말해주시겠어요?

● 앤싸루스 – 여러분 모두가 다시 되찾고자 동경하는 마법적인 삶으로의 복귀는 오직 신성한 결합의 결과, 즉 여러분이 어느 정도 모든 생명과 하나됨의 상태에 도달했느냐에 따라 이루어질 수 있음을 명심하십시오. 빛의 세계에서 여러분은 자신이 창조하고자 하는 것이 무엇이든지 그것과 더불어 완전히 하나가 되지 않는 한, 어떤 형태의 마법적인 삶도 그냥 창조할 수가 없습니다. 그것은 여러분이 사랑과 우아일체(宇我一體)의 상태를 구현했을 때를 뜻합니다. 그리고 여러분이 오직 사랑을 발산하며, 모든 생명과 하나로 연결되었을 때를 의미하는 것입니다. 이런 상태에서는 여러분이 그 무엇이든 언제나 창조할 수가 있습니다. 그것이 무엇이든 간에 모든 것을 가질 수도 있고, 그 모든 것을 할 수도 있습니다. 이때는 모든 생명 왕국들이 그대

와 하나로 결합되고 모든 원소와 자연령들이 그대가 소망하는 것이 성취되도록 돕기 위해 매 순간 그대의 명령에 따릅니다. 그리고 그것이 바로 그들 삶의 큰 기쁨이자, 생명에 대한 봉사인 것입니다.

**나의 친구들이여, 이것이 모든 것에 대한
사랑의 협력이자 형제애입니다.**

동물들은 현재 여러분이 상상할 수 있는 것보다 더 훌륭한 놀이 친구가 됩니다. 또 꽃과 초목은 여러분이 즐겁도록 늘 생생하며, 풀은 항상 살아 있어 결코 베어줄 필요가 없습니다. 그리고 여러분은 자기 자신을 즉시 언제라도 어디든지 이동시킬 수가 있습니다. 국세청 세금 신고양식을 쓰거나, 자동차 값 혹은 주택보험료를 지불하는 일도 다시는 결코 없습니다. 또 이달의 청구서를 지불하기 위해 거의 파산 지경의 은행 계좌를 들여다 볼 필요도 없습니다. 삶은 어디를 봐도 풍요가 흘러넘칩니다. 여러분은 수정궁전에서 살 것이며, 임대료를 내거나 모기지 대출 같은 것도 결코 없을 것입니다.

일각수(一角獸)들은 지금 여러분에게 알려져 있거나 아직 알려져 있지 않은 많은 왕국들의 감춰진 모든 비밀을 간직하고 있는데, 그들은 여러분을 수많은 경이롭고 마법적인 발견물로 인도하기를 즐거워할 것입니다. 여러분은 결국 사랑과 마법의 나라로의 귀향이 왜 그렇게 오래 걸렸는가를 의아해 할 것입니다. 나의 친구들이여, 이것이 여러분을 기다리고 있는 5차원의 삶입니다. 그렇다하더라도 여러분이 더 안락하고 마법적인 자신들의 삶을 창조하는 사건을 마냥 기다릴 필요는 없습니다.

지금 시작하세요. 그러면 여러분은 그것이 매우 단순할 수 있음을 이해할 것입니다. 자신을 제한하고 있는 것은 3차원이 아니라 지금 이 순간 경이로 가득 찬 매우 유쾌한 삶을 자신이 가질 수 있다고 하는 자발적인 의지의 부족입니다. 만약 단지 삶이 여러분에게 선사하려고 기다리는 그 모든 선물을 받고자 스스로 믿고 마음을 열었다면, 그 선물을 거절하지 마십시오. 이와 같은 거절은 그렇게 많은 이들이 지금 자신에게 주어지기 위해 기다리고 있는 선물 없이 살고 있는 주요 이유입니다. 즉 길을 막고 있는 것은 바로 여러분의 거절인 것입니다.

● 오릴리아 – 용(龍)들과 더불어 이 모든 것을 이루려면 무엇을 해야 하나요?

● 앤싸루스 – 5차원 이상의 존재들인 우리 용들은 4가지 원소들에 대한 열쇠를 간직하고 있으며, 그것들에 대한 완전하고 뛰어난 지식을 보유하고 있습니다. 이것은 지난 메시지에서 설명했던 것이지요. 당신은 마법의 용들에 관해 들은 바가 있는데, 그들은 매우 쉽게 마법을 부릴 수 있게 뒷받침하는 원소들에 통달한 존재들입니다. 그것이 우리 용들과 관계가 있는 것은 이 책을 읽고 있는 여러분 모두가 그 원소들에 숙달하는 데 우리가 도움을 주고 싶다는 것이며, 그럼으로써 여러분의 마법 구현이 더 쉽고도 더 큰 은총으로 이루어질 것입니다.

　이것은 여러분에게 하는 우리의 서약입니다. 우리가 여러분의 자유의지의 선택과 학습과정을 방해할 수는 없습니다. 하지만 여러분이 언제나 사랑과 조화의 더 위대한 수준을 유지하는 것을 배울 때, 여러분의 귀에 그 원소들을 숙달하기 위한 해답을 들려주는 것이 우리의 기쁨이 될 것입니다. 비록 우리가 그렇게 하는 유일한 존재들은 아니지만, 우리는 우리에게 지원을 요청하는 이들의 그 발전을 관찰하는 것 또한 우리의 즐거움이 될 것입니다. 상승 과정을 통해 이루어지는 영적 자유를 향한 여러분의 여정에서 각자가 도달하는 진전 수준에 맞추어 우리는 여러분이 그 원소에 대해 숙달하게 돕고자 그 다음 단계의 해답들을 제시할 것을 약속하는 바입니다. 다른 질문 있으세요?

• 오릴리아 - 예. 독자들을 위해서 분명히 해야 할 것이 좀 있습니다. 조금 전에 주 사난다께서 당신은 용(dragon)이자 빛과 사랑의 존재이기 때문에 믿을 수 있다고 나에게 말했습니다. 하지만 또한 그는 여전히 분리 속에 있는 존재들이 많아 단지 용이라고 믿는 것은 모험일 수 있으므로 모든 용과 렙틸리안들(Reptilians)1)을 다 믿을 수는 없다고도 했습니다. 그분은 용이나 다른 렙틸리안들과 조우할 때는 그것을 식별할 수 있는 통찰력을 이용하기를 권했습니다. 이 점에 대해서 의견을 말해주시겠어요?

• 앤싸루스 - 불행하게도 그것은 사실입니다. 비록 많은 우리 용들과 다수의 렙틸리안 종족의 존재들이 5차원의 진화 단계에 도달했다 하더라도, 모두가 그렇지는 않습니다. 여러분의 행성에는 인간으로 육화한 렙틸리안 존재들이 아직도 대단히 많으며, 그들의 상당수는 신뢰할 수가 없습니다. 또한 거기에는 아스트랄계 수준에서 활동하는 많은 다른 존재들도 있어 여러분을 속이고 있으므로 항상 주의해야 합니다. 자신의 느낌에 주의를 기울이고 자신의 통찰력을 이용하십시오.

인간 종족들도 또한 그렇습니다. 어떤 이들은 오직 빛과 사랑을 방사하며 상승했으나, 지구상의 많은 이들이 아직도 분리 속

---

1) 파충류과에 속하는 외계인들을 의미한다. (감수자 주)

에서 살며 타인들을 착취하곤 합니다. 모든 은하 종족들은 그 주민들 대부분이 빛과 사랑의 진동 속에서 살고 있습니다. 그렇지만 그들 중 얼마간은 아직 하위 아스트랄 수준의 분리 속에서 활동하고 있는 변절자들이 있습니다. 그러므로 여러분의 세계에서는 항상 방심하지 말아야 합니다.

많은 용들이 당신들에게 장난을 치지는 않습니다. 그들은 다른 할 일이 있습니다. 하지만 여러분에게 접근하는 우주의 어떤 존재와도 마찬가지로, 어떤 존재는 빛의 마스터일 것이고, 반면 다른 존재들은 빛의 마스터인 척하는 낮은 수준의 사기꾼일 수도 있습니다. 자신의 통찰력을 이용하고 자신의 영적 인도자와 점검하는 것이 항상 현명하지요. 에고의 마음 혹은 지성적 수준의 느낌이 아닌 자신의 가슴에서 오는 느낌을 점검하십시오. 여러분은 자신에게 접근해올 수 있는 베일의 저편의 어떤 존재에게도 반드시 그런 점검을 할 필요가 있습니다. 그것이 중요한 보호책입니다.

빛의 그룹과 각 마스터들을 사칭하는 사기꾼들이 있습니다. 여러분이 알고 있는 상승한 각 존재가 또한 진실하고 바른 영적인 길로부터 여러분을 어떤 식으로든 현혹시켜 방향을 돌리게 하거나 그릇된 길로 이끌려고 시도하는 아스트랄계의 다수의 사기꾼들을 다루어야 합니다. 그러므로 여러분은 아직 자신이 듣고 있는 소리에 대해 충분히 조심할 수가 없습니다. 가장 선의적인 사람들조차도 교활한 아스트랄 존재에 의해 쉽게 기만당할 수 있습니다. 원숙한 전일의식(全一意識)에 도달할 때까지 항상 주의할 필요가 있습니다. 채널링을 통해 영적으로 수신된 모든 내용이 빛과 지혜의 마스터들로부터 오는 것은 아닙니다. 사기꾼들은 대개 특이한 현상을 기다리는 사람들이나, 혹은 에고의 마음에 끌리어 무슨 수를 써서라도 채널러가 되기를 바라는 자들을 찾아내는 데 빈틈이 없습니다. 이런 사람들은 빛의 대사들에 의해 초대받는 데 요구되는 영적입문 수준에도 아직 이르지 못한 이들입니다.

  이 행성이 완전히 빛 속에 정착하고 5차원의 안락함 속에서 불편 없이 자리를 잡을 때까지는 경계심을 늦추지 마십시오. 또 상승 과정에 놓여 있는 많은 함정을 피하기 위해서는 방심하지 말고 늘 혜안(慧眼)을 유지해야 합니다. 여러분의 여정과 상승을 저지하려는 이들은 빛과 지혜의 마스터로 위장한 사기꾼으로 다가옵니다. 그런데 이 존재들의 목적은 매우 교묘하게 왜곡된 내용을 포함하고 있으면서도 외관상 그리 왜곡돼 보이지 않는 미묘한 가르침들을 주입하고자 할 것입니다. 나의 사랑하는 이들이여, 평화로워지세요. 그리고 내가 늘 여러분을 지키고 있음을 아십시오. 또한 언제나 기꺼이 여러분을 격려하고, 여러분에게 도움과 마법을 가져다 줄 준비가 돼 있음을 기억하세요.

7 장

포시드(Posid)에서 온 메시지

갈라트릴

안녕하세요. 오늘 여기에 모인 여러분 모두에게 축복 있기를 기원합니다! 여러분의 관심 및 사랑과 우리와 다시 연결되고자 하는 여러분의 자발적인 마음에 감사드립니다. 우리는 여러분과 더불어 우리의 사랑을 나누기 위해, 또 인도와 지원을 제공하기 위해 왔습니다. 여러분에게 요청하지만, 우리와의 직접적인 접촉을 위해 이제 우리가 여러분 모두에게 우리의 가슴을 열듯이, 여러분의 가슴을 우리에게 최대한 열어 주시기 바랍니다.

오늘 우리는 아틀란티스인의 출현에 대해서 이야기하고자 합니다. 그것은 하나됨과 조화 속에서 다가오고 있는 레무리아인들의 출현과 더불어 점차 구체화되고 있습니다. 우리 두 과거의 문명이 이 행성에서 새로운 사랑과 조화의 색채를 창조해내기 위해 융합하는 것은 대단한 기쁨이며, 흥분되는 일입니다. 하지만 여러분의 차원에서 우리의 문명들의 출현을 둘로 분열시키려 하는 자들을 조심하십시오. 전에 우리가 여러분에게 말한 점을 기억하십시오. 상승한 아틀란티스의 문명인 우리는 레무리아의 출현을 위해 완전히 봉사하고 있고, 더욱이 우리는 하나의 가슴이 되어 빛의 한 가족으로 함께 출현할 것입니다.

아틀란티스 시기의 우리의 탐험 여정은 다시 한 번 이해될 것이며, 그리고 우리는 최상위의 사제(司祭)들과 치유자들, 마법사들, 현인(賢人)들로 구성된 지구영단 내에서 다시 인정받게 될 것입니다. 나의 가장 사랑하는 형제자매들이여, 우리의 진화 과정에 있어서의 긴 암흑의 밤이 지난 후 이제 우리는 여러분과 함께 나눌 너무나 많은 사랑과 새로운 지혜를 지니고 있음을 기억하십시오. 그리고 우리는 여러분의 편에 서서 긴 영적여정 중에 있는 여러분을 위로할 수 있기를 갈망하고 있습니다.

우리가 과거의 행위에 대해 참회하는 것은 더 이상 불필요하다고 생각합니다. 사실 아틀란티스의 멸망 이후 전체의 선(善)을 위해 우리가 지구 행성과 인류에게 봉사하며 보낸 시간은 그 당시 우리가 일으켰던 고통과 손상을 훨씬 초과하고 있습니다. 우리에게 가장 필요했을 때 조건 없이 우리를 지원해 준 레무리아 빛의 형제단에게 우리는 온 마음으로 감사를 드립니다. 우리의 긴 치유 기간 내내 지속적인 사랑을 보내주고 우리와 함께 열심히 일해 준 그들에게 우리의 모든 아틀란티스인들은 가슴으로 감사드리는 바입니다.

이제는 우리가 아틀란티스의 시기에 대한 우리의 진실을 말할 때입니다. 그것은 우리가 맞이한 새로운 빛 속에서 여러분 각자가 우리를 인식하는 것이며, 또 여러분의 세계에 하나의 현실로 나타나는 새로운 레무리아의 계시를 허용하고자 우리 모두 함께 손을 잡고 가슴을 결합하는 것입니다.

우리의 아틀란티스 시대는 지구 행성과 인류 종족이 이제껏 경험했던 에너지의 오용에 대한 가장 거대한 시범이었습니다. 그리고 우리는 우리가 선택한 타락에 대한 큰 대가를 치렀습니다. 아틀란티스의 번성기 동안의 우리 행동에 관련해 현재 염려되는 점에 대해서는 전에 여러분에게 언급한 바가 있습니다. 여러분에게 보낸 우리의 첫 번째 메시지에서 우리는 모든 여러분에게 큰 용서를 구했고, 또 용서를 받았습니다. 그리고 우리는 아틀란티스의 멸망 시기 이래 남아 있던 보다 짙은 밀도의 에너지와 고통, 마음의 상처들을 방출했습니다. 그리하여 우리는 여러분 모두의 연민의 가슴에 깊이 감사드립니다. 여러분의 용서는 우리의 가슴에 치유의 향유(香油)로 받아들여졌습니다.

멸망 전에 아틀란티스에서 살았던 여러분과 멸망을 겪은 여러분들은 그 시기 이래 남아 있던 남은 모든 번민과 불신을 방출할 수 있는 자신의 가장 깊은 부분에 도달해 있습니다. 우리에게 큰 기쁨과 마음의 위안이 되는 것은 정화와 치유를 지속하고 있는 여러분을 보는 것입니다. 여러분 각자가 아틀란티스에서의 자신의 체험에 관련해 갖고 있는 묵은 문제와 저항을 정화함으로써, 우리 모두 "레무리아의 가슴"의 새롭고 더 위대한 구현을 위해 전진할 수 있습니다.

참으로 더 높은 사랑의 차원을 인식하고 수용함에 있어서 이제 우리는 모두 하나입니다. 그리고 사랑의 새로운 차원을 여러분의 물리적 차원 속으로 가져 올 시기는 바로 지금입니다. 일단 이것이 이루어진다면, 레무리아와 아틀란티스 형제단의 지구상의 동반출현은 우리 모두에게 현실이 될 것입니다. 사실상, 우리는 여러분의 차원에서 여러분과 늘 함께 여기에 있었습니

다만, 여러분의 주파수가 우리를 인식하지 못했습니다. 실제로 여러분의 신성한 본질인 높은 진동으로 출현하게 될 존재는, 그리고 우리의 진동에 한 번 더 연결될 존재는 여러분 모두입니다.

그 순간이 오면, 우리가 진정한 한 가족임을 우리 모두 서로 인식할 것이며, 레무리아니 아틀란티스니 하는 명칭은 사라질 것입니다. 우리는 이제 "하나"이기 때문입니다. 또한 국가와 종교에 대해 여러분이 간직하고 있는 명칭들도 사라질 것입니다. 그리고 우리 모두는 하나됨과 사랑 속에서 한 번 더 함께 살 것입니다.

여러분의 차원에서 우리의 완전한 출현이 일어나기 전에, 지표면에서는 많은 사건들과 변형 작용이 전개될 것입니다. 오늘날 여러분의 세계에서 희생자는 없습니다. 여러분이 일상적 삶 속에서 조우하는 모든 상황들과 세상적이고 개인적인 모든 사건들은 일종의 불러들인 것이라고 할 수 있는데, 여러분이 그것들을 만들어냈기 때문입니다. 여러분이 지금 직면하고 있는 가장 큰 과제는 여러분 자신의 욕구들을 균형잡아 보다 커다란 전체의 선(善)에다 조화시키는 것입니다.

이 행성에서의 변형의 축복은 날마다 현실을 변화시키며 증대되고 있는 상위의 진동 에너지를 통해 충분히 나타나고 있습니다. 그저 방관하는 시기는 끝났습니다. 그리고 여러분 각자는 큰 모험에 합류하도록 요청 받고 있습니다. 또한 여러분 각자는 과거시대에 자신이 누구였는가와 은총과 고통, 기쁨과 슬픔 등의 모든 것을 기억해내도록 요구 받고 있습니다. 모든 과거의 경험들은 여러분의 우주적 미래에 그것들이 쓰일 자리와 지혜를 갖고 있을 것이며, 그 활용 가치가 있을 것입니다.

과거 아틀란티스의 시대에 우리는 자기중심적 목적을 위해 에너지를 우리 자신에게 유용하게 다루고자 했습니다. 그리고 우리 모두가 배운 교훈들이 이제는 결실을 맺어야 합니다. 여러분은 이 행성의 진화 여정에 있어서 일정한 시점에 도달했으며, 우리의 가슴은 지속적으로 열려 있어야 합니다. 또 오래된 과거의 체험과 새로운 체험을 껴안아야 할 필요가 있습니다. 그렇지만 우주의 마음과 연결된 우리의 마음은 그 진실을 인식해야 합니다. 아틀란티스는 과거 통제 불능의 문명국이었습니다. 그리고 당시 우리는 가슴과 영혼의 자비롭고 모성적인 에너지와 단절되어 버렸습니다. 수많은 아틀란티스의 문명들은 진실을 희생시키고 지식과 힘의 추구에만 집중했습니다. 또한 우리는 천부의 은총이나 우리의 신성한 본질을 존중하지 않았습니다.

그런데 오늘날 여러분의 세계는 그런 똑같은 문제들에 훨씬 더 많이 직면하고 있습니다. 오늘날의 여러분의 지도자들은 자신들의 행위와 그 동기에 대해 그 때 우리가 우리의 지도자들에게 제기했던 것과 같은 의문을 받고 있습니다. 그리고 여러분이 응답받고 있는 답변은 여러분 영혼의 음악과 조화되어 울리지 않고 있는 것입니다. 여러분의 지도자들이 하는 말들은 어떤 경우에는 옳은 소리같이 들리기도 하고, 진심에서 우러나온 것 같이 보일 수도 있습니다. 하지만 여러분이 가진 유일한 척도인 자신의 가슴으로 그들을 점검해본다면, 그들이 아직도 환영(幻影)과 사기와 배반을 예사로 자행하고 있음을 알 수 있습니다. 그리고 여러분의 창조주께서 이 행성을 위해 "새로운 빛의 시대"를 포고하심에 따라 그 환영은 그리 오래 가지 못할 것임을 여러분의 가슴은 알고 있습니다.

여러분은 자신들이 받아들이게 된 모든 이원성을 창조했고, 또 지금 제거하기 위해 그렇게 열심히 애쓰고 있는 베일을 만들었습니다. 그것들은 커다란 교훈에 대한 배움을 촉진하고 놀라운 경험들을 축적하기 위해 만들어졌습니다. 아틀란티스의 시대에 우리가 결과에 책임지지 않고 창조의 에너지를 갖고 장난칠 수 있다고 쉽게 생각하며 우리만의 환영의 장막을 만든 것과 똑같이, 여러분은 지금 자신들의 에너지 오용에 대한 결과에 무지한 장님인 것입니다.

에너지에 관련해서 우리는 여러분의 생활양식을 향상시키려고 현재의 인류문명이 채택한 기술들에 대해서만 언급하지는 않습니다. 또한 우리는 어머니 지구인 여러분 행성의 환경과 여러분 각자의 DNA 물리적 조직에 자행되고 있는 손상에 대해서만 말하지도 않습니다. 더 나아가 마인드 컨트롤(Mind Control)의 한 방법으로 여러분의 모든 매스컴에서 벌어지고 있는 정보조작에 대해서만 말하고자 하지 않겠습니다.

우리가 가장 중요하게 말하는 것은 이 행성에서의 감정적 에너지에 대한 오용입니다. 감정체(emotional body)는 여러분의 진정한 천부적 권리이자 위대한 선물입니다. 그런데 여러분은 그것을 일상적으로 거부함으로써 닫아 버렸습니다. 진화하는 인류 종족으로서 여러분은 지구상의 다른 동물과 식물의 생명체들과 다르게 감정체를 선물로 받았습니다. 아직도 여러분은 감정체가 자신의 결점이며, 자신의 "약점"이라고 생각합니다. 말하자면 여러분의 대다수는 그 감정체라는 것이 없애야 할 어떤 것이라고 느낍니다. 또한 여러분은 그 작용을 억누르고 그것이 여러분에게 주는 메시지를 희석시키거나 무시해야 한다고 생각합니다.

감정체의 진정한 선물은 여러분 각자가 자신의 많은 생애에 걸쳐 가장 폭넓게 배열되어 있는 시나리오들을 체험하는 능력입니다. 또 그 풍부한 체험들을 신(God)의 몸 안에 있는 전체인 우리 모두에게 되돌리는 능력입니다. 감정체의 불순물과 불

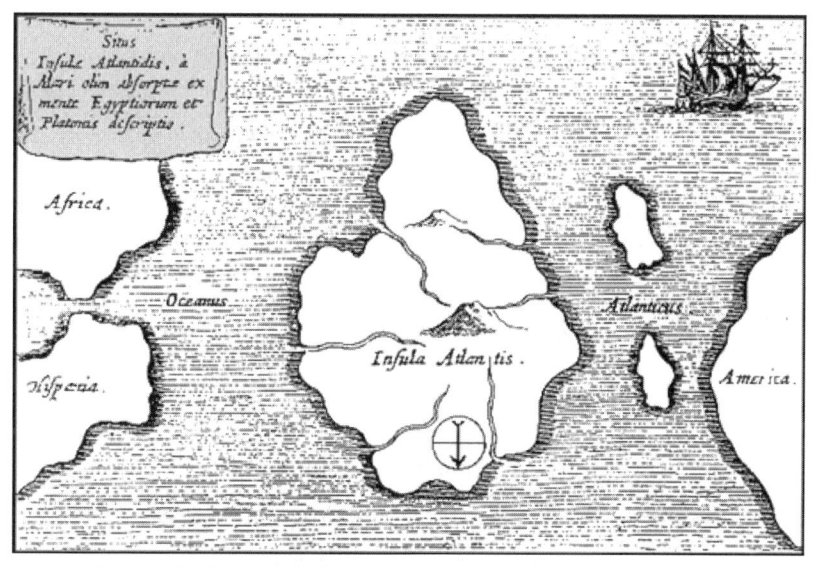

전설의 대륙 아틀란티스 - 대서양상에 존재했었다.

합리는 여러분이 고통과 두려움 속에서 체험한 모든 것을 완전히 표현하도록 허용했는데, 그렇게 함으로써 그것은 이제 영(Spirit)으로서 가능한 모든 것에 대한 충분한 표현을 허용합니다. 하지만 그 개념은 무시되었고 나중에는 망각되었습니다. 우리는 마음으로 우리의 감정들을 유린했으며, 그 감정이 우리의 가슴과 영혼으로 통하는 길임을 잊고 있습니다.

여러분은 감정체를 통해서 완전한 신의 힘을 가져오는 실질적인 기회를 부여받았습니다. 여러분은 각자가 소유하고 있는 유일무이한 그 에너지들을 독특하게 불어넣을 수 있습니다. 그 독특성은 전자기적(電磁氣的)이며 수정질(水晶質)의 행성 격자 속에서 생애를 거듭하며 여러분이 발달시킨 감정의 색깔 입히기에 대한 직접적인 결과입니다.

여러분의 감정은 무시되거나 억압될 수 있는 에너지가 아닙니다. 또한 그것들은 포기하여 내던져 버리거나, 불신할 수 있는 에너지가 아닙니다. 그것들은 강하고 순수하게 타오르도록 강화되어야 하는 여러분 각자의 불꽃에 대한 올바르고 완전한 표현입니다. 아틀란티스 시대에 저질러진 잘못은 우리 자신들을 인간 이상으로 만드는 지성적인 우월 상태를 창조함으로써 우리가 인간으로 만든 모든 것과 우리의 가슴으로부터 도망칠 수 있다는 왜곡된 신념에 사로잡혀 있었던 것이었습니다. 이것이 우리의 가장 큰 어리석음이었으며, 오늘날 여러분의 세계에서 권력을 잡고 있는 많은 이들에게도 마찬가지인 것입니다.

**지금 시대에
이 행성의 한 육신에 거주하는 것에 대한
가장 큰 선물은
여러분이 인간이라는 것입니다.**

여러분은 영(Spirit)의 신성한 은총과 잠재력을 나타내는 물리적인 표현입니다. 여러분은 신의 의지를 표현하기 위한 기초점입니다. 이러한 진실을 인식하고 매일 그렇게 살 때보다 더 큰 기쁨은 없습니다.

여러분은 또한 감정체를 통해서 물질계과 에테르계 사이, 육체와 영혼 사이에 있는 연결고리(접속점)를 나타내고 있습니다. 여러분이 다른 존재를 접촉하기 위해 물질계로 손을 뻗을 때마다 그것들의 감정적 모체 속에서 생긴 진동을 통해 연결되고, 또 여러분은 새롭고 경이로운 방식으로 그 세계와 다시 통합되고 있는 것입니다. 여러분은 전에 결코 존재한 적이 없는 색깔과 에너지를 창조하고 있고, 사랑의 새로운 표현들이자 미각들인 것입니다.

우리의 실수는 이런 방식으로 하기 위해서는 에너지 시스템과 거대한 기계들이 필요하다고 생각했던 것이었습니다. 우리는 우리가 서로 연결되어 있음을 잊었으며, 그 막대한 에너지를 누가 통제할 수 있는가를 깨닫는 대신에 서로 경쟁했습니다. 마치 그 힘이 우리의 신적자아를 좀 더 깨닫게 해줄 것처럼 말입니다. 그런데 물론 그렇게 될 수 없었고, 또 그렇게 되지도 않았습니다. 즉 오직 우리의 서로의 연결만이 그것을 할 수 있었던 것입니다.

오직 서로를 위한 우리의 사랑을 통해서만이 우리는 진정으로 내면의 신과 접촉하고, 연결될 수 있습니다. 개체와 전체에 대한 관계에 있어서 우리의 모든 감정적인 자아들 전체를 전적으로 수용함으로써만이 우리는 우리의 영혼 속을 다시 들여다볼 수 있었습니다. 레무리아의 형제 자매들이 그 진실을 우리에게 보여주고 깨닫도록 도와주는 데는 많은 생애가 걸렸습니다. 그들은 우리가 우리의 묵은 심상과 신념체계를 떨어내도록 사랑과 보살핌으로 끊임없이 우리들을 지원했습니다. 그들은 신성한 존재로서의 우리의 진정한 정체성에 관한 영광스러운 본보기를 우리에게 보여주었습니다. 그리고 그것은 우리가 아틀란티스와 레무리아의 시대에 완전히 거절했고, 또 비웃었던 것이었습니다.

늘 우리는 방금 말한 그 본보기, 즉 그 사랑과 지원을 여러분에게 선사하고자 합니다. 우리에게 손을 내밀어 자신의 감정체를 통해서 우리와 접촉하십시오. 우리는 여기에 있습니다. 여러분이 자신의 모든 것과 다시 연결될 때 나타나는, 또한 자신을 에워싼 에너지들의 통로와 도랑을 복구함으로써 나타나는 삶에 대한 힘과 열정을 느끼십시오. 여러분 자신의 감정을 통해 손을 내밀고, 자신을 둘러싸고 있는 세계와 접촉하십시오. 들판에 있는 나무와 꽃, 동물들, 새가 지저귀는 노래 소리, 정원에 핀 꽃, 집의 안락함을 느낄수 있도록 스스로를 허용하세요. 손을 내밀어 가장 뜻깊은 방식으로 서로의 가슴들을 어루만져 보십시오.

우리는 함께 모여 새로운 레무리아를 창조하고 있습니다. 그리고 여러분은 모두 힘을 모아 5차원으로의 통하는 새로운 통로를 창조해 내고 있습니다. 우리는 여러분을 극진히 사랑하며, 우리의 가슴 속에 늘 여러분을 간직한 채 기다리고 있습니다.

당신들의 아틀란티스 가족은 여러분 모두에게 사랑과 우정을 보내고 있습니다.

우리가 거주하고 있는 차원보다
더 밀도가 짙다고 해서,
또 여러분의 차원에 만들어진 딱딱한 물리적 삶이라고
해서 빛이 없는 것이 아닙니다.
단지 그것에 대한 사랑을 잃었기 때문에 더 어두운
것일 뿐입니다.

- 아나마르 -

8 장

마추픽추의 지구 내부 도시

아다마와 함께 하는 쿠스코

이 빛의 메시지를 읽거나 들을 여러분 모두에게 우리는 빛의 지구 내부 도시 마추픽추의 중심부에 있는 우리의 화려한 왕궁에서 큰 사랑과 가장 따뜻한 감사를 전합니다. 실로 여러분 중 많은 이들이 오랜 옛날부터 우리의 친구들이며 가족입니다. 이곳 우리의 상승한 문명을 대표하여 우리는 여러분 모두에게 우리의 축복을 전하는 바입니다. 여러분은 자신의 신성의 빛을 매우 열심히 찾고 있으며, 우리는 우리 에너지 속에서 여러분을 환영합니다.

나의 이름은 쿠스코(Cusco)이며, 지금 나는 여러분에게 우리의 빛의 도시에 관해 소개하기 위해 사랑하는 형제인 텔로스의 아다마와 함께 있습니다. 페루인들의 도시 쿠스코[2] 역시도 내가 기억하기로는 오래 전에 그렇게 이름 붙여져 똑같이 불려 왔는데, 이것은 내가 과거 역사에서 우리 지역 내의 거주민들에게 도움을 주었기 때문이었습니다. 여기 있는 나는 우리 도시의 장로위원회의 의장을 맡고 있는 고대문명인들 중의 한 사람입니다.

남미 페루에 있는 쿠스코 시의 전경

지금 아다마와 함께 있는 나의 가슴은 매우 기쁩니다. 우리는 여러분이 출판된 우리의 전송 메시지를 읽음으로써 우리가 체험할 기쁨을 이미 경험하고 있습니다. 그리고 우리는 사랑과 우정의 노래를 여러분의 귀에 작은 소리로 들려 드릴 것입니다.

페루에 있는 외부 사회 마추픽추(Machu Picchu)[3]의 3마일

---

2) 페루 남동쪽, 안데스 산맥의 해발 3,399m 지점에 자리 잡고 있는 고산 도시로서 과거 잉카 제국의 수도였다. 도시와 주변지역으로 우아타나이 강이 흐르며, 사크사우아만 요새, 태양신전, 주거지 등을 비롯해서 광대한 잉카 이전시대와 잉카 문명의 유적들이 보존돼 있다. 지금은 상업, 교통 중심지로서 주로 그림 · 조각 · 보석류 · 장식목공품 등의 훌륭한 예술품과 양털, 구리, 석탄 다량 생산하고 있다. 쿠스코는 1534년 3월 24일, 스페인 사람의 도시로 건설이 선포되어 잉카 시대의 유적 위에다 많은 스페인 풍의 성당과 저택이 세워졌다.

3) 안데스 산맥 우르밤바 계곡 지대, 해발 2280m 정상에 자리 잡고 있으며, 일명 "공중도시" "잃어버린 도시" "신비의 수수께끼 도시"라고 불린다. 오랫동안 수풀 속에 숨겨져 있다가 1911년 미국의 상원의원이자 고고학 교수인 히람 빙햄(H. Bingham)에 의해 처음 발견되었다. 이 도시는 20톤 이상 되는 돌들을 잘라 수십

안데스 산맥 고산지역에 위치한 고대 마추픽추(Machu Picchu)의 유적

아래에는 빛의 아름다운 도시에 거주하는 또 하나의 다른 진보된 문명이 번창하고 있습니다. 마추픽추는 케추아 말로 "옛 산"을 뜻하며, 지저도시 역시 마추 픽추라고 불립니다. 또한 마추픽추에 거주하는 우리 주민들도 5차원의 의식을 구현한다는 점에서, 텔로스는 여러 가지로 우리의 도시와 유사합니다. 2,000~3,000년 정도 이후이긴 했지만, 우리는 거의 샤스타 산 아래에 텔로스가 존재해 온 만큼이나 오랜 기간 동안 이곳에 머물러 왔습니다.

그렇지만 우리 도시의 역사는 텔로스와는 다릅니다. 우리는

---

km 떨어진 산위로 이동시켜 건설되었다. 돌들이 정교하게 짜 맞추어져 신전과 주택들을 축조되었는데, 고대인들의 기술로 어떻게 이 모든 것이 가능했는지 불가사의로 남아 있다. (이상 감수자 주)

한 때, 그리고 레무리아 시대와 나란히 오래 동안 빛과 참된 형제애로 이루어진 작은 공동체를 형성하여 지상에서 살았습니다. 그리고 바로 우리가 살았던 그곳에 마추픽추의 지상 사회가 지금 존재하고 있지요. 우리가 늘 지저(地底)에 살지는 않았습니다. 하지만 결국 대홍수와 양 대륙의 몰락 이후, 우리가 그처럼 누렸던 평화와 아름다움은 마침내 손상될 것임이 명백해졌습니다.

 지구상에 부정성이 다시 증가함에 따라 전보다 더 사악해지고 폭력적이었으므로 우리가 우리들 앞의 텔로스인들이 그랬듯이, 지구 내부에다 우리의 도시를 재현하는 것은 절박했습니다. 그리고 우리는 또한 언젠가는 상위 차원으로 상승할 우리의 잉카 문명 사람들을 위한 빛의 도시도 만들기를 원했습니다.

 그리하여 우리는 언젠가 인류의 부정성에서 오는 심각한 위험에 처할 수 있음을 알고, 지하에다 우리의 문화와 그 모든 비장품을 보존하기로 했습니다. 수천 년 전 우리 이전에 레무리아인들이 그들의 문화와 레무리아의 가장 중요한 비장품들을 보존하기 위해 자신들의 지하 도시를 건설한 것처럼, 우리도 그와 똑같이 추진했던 것입니다. 여러분 중에 많은 이들이 아직도 어느 순간에 잉카 사회 전체가 지구상에서 거의 "하룻밤 사이에" 사라져 버렸을 때 잉카 사람들이 어디로 갔는지를 의아해 하고 있습니다. 그리고 나는 지금 여러분에게 그들은 마추픽추라고 하는 빛의 지저도시로 갔음을 말씀드립니다.

 많은 이들이 멀리 갈 필요는 없었습니다. 그들은 자신들이 살고 있었던 곳으로부터 그리 멀지 않은 신성불가침의 계곡에 있는 비밀통로를 통해서 우리의 산 안으로 들어왔습니다.

 비록 지구의 문명들이 넓고 다양한 은하계와 별, 행성계들로부터 유래되었지만, 이 행성에서의 긴 육화의 역사 속에 있는 대부분의 여러분은 광범위한 가능성을 체험하기로 선택했습니다. 그리고 여러분은 긴 진화의 기간을 거치며 지구를 장식했던 모든 주요 문명들 속에 한 번 이상 육화했습니다.

이것은 환생의 사이클 속에서 여러분이 당초 어디서 왔는지, 즉 어느 행성, 혹은 어느 별, 혹은 어떤 우주에서 왔는지 와는 아무런 상관이 없음을 뜻합니다. 또한 여러분은 이곳 지구에서 레무리아인으로, 아틀란티스인으로, 잉카인으로, 이집트인 등으로 모든 삶을 체험했음을 의미하는 것입니다. 여러분은 지금 그것을 어떻게 생각하십니까? 우리의 세계에서는 우리 자신의 신원을 밝히는 그런 명칭들이 더 이상 필요하지 않다는 것을 이해하십시오. 우리는 모두가 하나되는 창조주의 일체성(一體性) 속에서 잘 살고 있습니다. 그리고 모든 이들이 궁극적으로 창조주의 가슴으로부터 생겨 나온 자녀들임을 이해했으며, 또한 모든 우주와 은하계, 행성들 어디에나 자신들의 모습과 흔적을 남겼음을 알았습니다.

• 오릴리아 - 당신의 도시에 지금 누가 살고 있나요?

• 쿠스코 - 우리의 지저 도시에는 초기에 상승한 잉카 문명이었던 우리 주민들이 처음에는 살았습니다. 그러다 마침내 소수의 레무리아인들과 아틀란티스 과학자들이 우리와 합류하였고, 그리고 조금씩 더 많은 레무리아인들과 아틀란티스인들이 늘어났지요. 그 세 문명인들이 지금 우리의 도시에 주로 거주하는데, 절대 배타적이지는 않습니다. 더 많은 존재들이 우리와 합류함에 따라 우리 인구수는 초기 이후 많이 확대되었습니다. 오릴리아, 그대의 여러 친구들과 이전 가족들이 이곳에서 살고 있답니다. 그대의 가족이 텔로스에만 사는 게 아니며, 여러 다른

지구 내부 도시들에도 살고 있습니다.

　우리 모두는 하나됨 안에서, 완전한 조화와 진정한 형제애 속에서 함께 살고 있습니다. 알다시피, 그대가 일단 상승하면, 오직 한 곳에서만 살도록 제한되지 않습니다. 여기저기 이동하며 다양한 곳에서 삶을 체험할 많은 자유가 있습니다. 그러므로 어떤 사람들은 잠시 동안 여기에 살기 위해 왔다가 옮겨가고, 또 다른 사람들은 아주 오래 동안 머물기도 하는 것이지요.

　우리가 사는 방식은 텔로스의 방식과 아주 잘 비교될 수가 있습니다. 우리의 창조 과정은 텔로스와 똑같이 사념으로 행합니다. 도시들마다 고유한 특색이 있다 하더라도 모든 상승한 문화는 동일한 우주 원리로 살고 있으며, 그리고 생활 방식이 도시마다 그다지 다르지 않습니다.

　우리의 도시 크기는 지금 인구가 백만 명을 조금 넘습니다.

남미 페루의 쿠스코 지역에 산재한 고대 잉카문명의 유적

텔로스와 다른 점은 텔로스에서는 레무리아 문화가 주요 문명인 반면에, 지저 마추픽추 공동체 사회는 세 문화가 혼합되어 있다는 것입니다. 텔로스에 사는 많은 주민들은 레무리아 문화 속에서 매우 오래 동안 동일한 육체 내지는 육화상태로 살아왔는데, 그들이 레무리아 종족의 거의 원조라고 생각할 수 있습니다. 많은 다른 존재들 중에서 아다마가 그런 존재이며, 아나마르도 그렇습니다.

여러분이 잘 알다시피, 수백 년 전, 스페인 정복자들이 남미(南美)에 도착하여 당시 그곳에 살아 있는 아름답고 우아한 문화 대부분을 무자비하게 파괴했습니다. 그들은 찾을 수 있는 금(金)은 모두 가져가려는 탐욕에 사로잡혀 아무 것도, 아무도 배려하지 않았습니다. 그때 거기에는 마추픽추의 표면에(지상에) 살고 있던 우리 사람들의 매우 평화스럽고 번창한 잉카 사회가 있었습니다. 스페인의 학살과 파괴가 시작되었을 때, 우리는 그들을 우리의 지저 도시와 합류하도록 초대하였고, 그 이후 그들은 사라져 보이지가 않았습니다. 그들은 자기들의 비장품들을 갖고 지상에서 퇴거하여 지구 내부로 이동했던 것입니다. 그리하여 그들은 오늘날까지 자신들의 사랑과 창조성에 공헌하면서 여기에 아직 살아 있고, 잘 있습니다.

우리의 도시에서 우리는 상위의 4차원, 5차원의 존재들입니다. 텔로스에서와 마찬가지로, 그들의 진화 수준에는 여러 많은 수준과 차원들이 있다고 말할 수 있습니다. 여러분이 이해하는 바와 같이, 도시의 얼마간의 존재들은 물리적인 육체를 갖고 있으며, 그리고 다른 수준의 존재들은 순수한 에테르 상태입니다. 텔로스에는 4차원 이상의 의식 수준에서부터 10차원과 12차원까지의 광범위한 등급이 존재한다고 할 수 있습니다.

- 오릴리아 – 당신들은 무슨 일을 하고 있으며, 주요 목적은 무엇인가요?

- 쿠스코 – 사실상 우리는 지구 행성의 생명과 번영에 매우 중요한 "열대 우림"의 보존에 꽤 열중하고 있습니다. 지상 주민들의 지구에 대한 존경과 존중의 결핍 그리고 탐욕으로 인해 우리가 개입하지 않았다면, 현재 아무 것도 남아 있지 않을 것입니다. 우리는 우리가 할 수 있는 한은 그 파괴를 저지하려고 합니다. 비록 상위 차원으로부터 우리 중 누구도 아직은 여러분의 차원에 직접적으로 개입하도록 허용돼 있지 않다 하더라도, 우리는 우리가 할 수 있는 최선을 다하고 있습니다.

　우리는 평화와 조화를 촉진하는 존재들입니다. 우리는 또한 자연에 관계된 우리의 활동으로 이 행성에 봉사하고 있습니다. 우리는 자연의 창조물에 대해 깊이 이해하고 정통하게 되었으며, 적절한 시기가 오면 지구 행성을 최초의 아름다움과 온전한 상태로 복구하는 일을 도울 것입니다. 우리가 그런 일을 행하는 유일한 자들은 아닐 것이나, 우리는 더 큰 집단과 합류할 것입니다. 멀지 않은 장래에 우리가 여러분 한 가운데에 출현하게 된다면, 우리가 배운 점을 여러분에게 가르치는 것은 우리의 큰 기쁨일 것입니다.

　동시에 우리는 소위 "5차원의 식물 재배법"을 배우고자 하는 여러분 모두를 우리의 야간 학과수업에 참여하도록 정식 초대합니다. 우리는 지상의 지식에는 상실돼 버린, 하지만 여러분의 가슴에 많은 기쁨을 가져다 줄 놀라운 자연의 비밀에 관한 많은 것들을 가르쳐 드릴 수 있습니다. 머지않아 여러분은 우리가 여기다 창조해놓은 자연의 완전함과 아름다움을 자신의 주변에 창조하기 위해 여러분의 일상생활에다 이 새로운 지식을 적용하게 되어 기쁠 것입니다. 텔로스에서 그들 역시도 이런 지식을 터득하고 있으며, 따라서 자신들의 외부 환경을 그렇게 아름답게 창조해 놓은 것입니다.

우리는 우리의 도시에서 색채를 가지고 또 다른 봉사를 행합니다. 여러분의 세계는 너무 심하게 오염되어 있는 까닭에 대기 중 산소가 매우 부족합니다. 그러므로 매일 수많은 천사들과 상승한 존재들에 의한 공기 정화와 산소보충이 없으면, 여러분 차원의 삶이 대부분의 지역에서 더 이상 가능하지 않았을 것입니다.

여러분이 밤에 잠들었을 때 집단으로 우리는 지상의 대기 속으로 특수한 녹색 빛의 주파수로 이루어진 거대한 광선을 보내는데, 이는 지구의 대기를 개선하고 보충하며, 공기를 정화하는 것입니다. 이렇게 하지 않으면, 지구 행성에서의 희생자 수는 매일 1,000배 이상 상승할 것이며, 삶도 더 어려워질 것입니다. 또한 다른 빛의 도시들로부터 오는 많은 존재들로 구성된 팀이 유사한 작업을 하고 있는데, 이것은 우리가 하는 일과는 조금 다른 일입니다.

우리의 수많은 존재들이 지구의 원활한 순환작용을 도움으로써 여러분의 안녕과 "대규모 정화"의 그날까지 인류가 살아남도록 기여하고 있습니다. 그것은 곧 다가올 것이며, 이번 10년의 끝 전후에 그것이 시작될 것임을 기대하십시오.

• 오릴리아 - 지하통로가 있나요?

• 쿠스코 - 그렇고 말고요. 전체 남아메리카와 그 너머 모든 방향으로 가는 지하 터널이 있습니다. 우리에게는 또한 텔로스로 직행하는 지하 터널도 있습니다. 실제로, 아다마와 같은 존

재들은 텔로스와 마추픽추 사이를 당신들의 시간으로 2~3분보다 더 짧은 시간 내로 여행할 수 있습니다. 사실상 지구 전 지역으로 통하는 전체 지하 터널망이 존재합니다.

또한 우리는 에콰도르에 있는 퀘찰코아틀(Quetzalcoatl)의 지저도시와 매우 가깝게 연결되어 있습니다. 그 도시에는 고대 잉카와 아즈텍 문화의 사람들이 거주하고 있습니다. 그들은 우리가 하는 방식만큼이나 멋지게 살고 있고, 우리는 그들과 매우 즐거운 교류를 합니다. 근본적으로 우리는 같은 기원과 문화로 이루어져 있으며, 지난날에 우리는 서로 크게 도움이 되었습니다. 그리고 두 도시 사이에는 직통하는 지하도로가 있습니다.

• 오릴리아 - 당신들에는 지도자가 있습니까?

• 쿠스코 - 예, 지도자가 있습니다. 하지만 그대가 이해하고 있는 것 같은 실질적인 지도자는 아닙니다. 우리는 우리 자신들을 다스리도록 배웠습니다. 또한 우리는 오래 전에 영적 완성의 수준에 도달했습니다. 물론 모든 도시들이 운영하는 것과 같은 고위평의회가 있는데, 그것이 우리의 도시를 관장하는 일종의 통치위원회이지요. 사람들이 충분히 진화의 높은 수준에 이르면, 자신의 영혼과 생명의 지배자는 바로 여러분 내면에 있는 신성한 실재입니다.

• 오릴리아 - 당신들의 집은 어떻게 생겼나요?

• 쿠스코 - 대부분의 우리들은 우리의 사념으로 창조한 수정질의 피라미드형 집에 살고 있습니다. 우리의 공공건물과 교육 장소는 모양이 원형이며, 또한 다양한 무늬와 색채로 건조된 수정

(水晶)입니다. 우리의 창조력은 높이 확장되어 있고, 또 우리의 도시는 매우 아름답습니다.

텔로스에서는 그 반대입니다. 그들은 원형의 집에 살며, 대부분의 공공건물과 회당은 피라미드형이고, 항상 멋진 상상을 통해 착상하고 있습니다.

오릴리아여, 당신이 출판하는 이 책을 통해 진실을 찾는 많은 이들에게 다시 한 번 우리 의견을 피력할 기회를 주신 데 대해 감사드립니다. 우리는 우리의 사랑의 불꽃과 감사와 화합으로 여러분을 축복하는 바입니다.

- 오릴리아 – 천만에요. 저 또한 아틀란티스가 행한 것을 용서했으며, 당신들의 세계로부터 이 메시지들을 수신하는 것은 내가 그들을 완전히 용서했음을 보여주는 내 나름의 방식인 것이지요.

여러분은 자신의 물리적 육화 상태로부터 벗어나
육신의 고통이 스스로를 괴롭히지 않는
다른 세계로 상승하려고 합니다.
그럼에도 우리는 여러분에게 다음과 같이 확실히
말하고자 합니다.
여러분 모두가 초월해야 할 필요가 있는 것은
여러분이 사랑하기를 멈춰버린 그 육체 속에 자기가
거주하고 있다고 생각하는 바로 그 분리의식인 것입니다.

- 아나마르 -

9 장

증대된 행성 수정 격자망의
작용과 이용법

아다마

수정 격자, 혹은 수정 생명체는 알려진 바와 같이 본질적으로 두 부분으로 이루어져 있는데, 하나는 물리적 부분이고 하나는 에테르적인 부분입니다. 1차적인 격자 이용법은 물리적 부분에서는 에너지 확대와 관계가 있으며, 그리고 에테르 부분에서는 정보의 저장과 이동에 관계가 있습니다. 격자는 인간의 의식이 하위의 지구 차원들 속에 접근하여 완전한 이해를 경험할 수 있는 직결 통로입니다. 인간의 의식, 혹은 마음의 흐름은 행성 지구의 차원상승기 동안에 조정되어질 세 번째 격자의 진실 속에 있습니다.

수정 격자는 행성 지구의 내부와 주위의 적절한 위치에 항상 존재해 왔습니다. 최근 여러분이 체험한 것은 지구 행성과 여러분 자신 모두의 DNA 속에 있는 격자 작용이 확대된 것입니다. 그것은 수정 격자망의 에너지들이 더 높고 더 순수한 진동 속으로 들어가는 상승 현상으로 인한 직접적인 결과입니다. 오늘날 여러분이 상승 과정에 있는 수정 격자와 상호작용하며 체험하고 있는 것은 곧 지구 행성 자신이 겪고 있는 현상입니다. 즉 행성의 상승과정과의 상호작용을 통해서 여러분의 물리적 몸도 또한 재구성되고 있는 셈입니다. 여러분 자신의 수정 구조는 여러분 DNA의 자체적인 조정을 통해서 상승하고 있습니다. 나의 사랑하는 이들이여, 이것은 여러분이 가슴의 에너지를 통해 매일 매일 사랑과 빛의 지수 수준을 증가시키고 유지함에 따라 일어납니다. 거기에는 실로 그 외에는 다른 방법이 없습니다.

이것이 왜 일어나고 있을까요? 그것은 지금이 인류와 지구가 훨씬 더 높은 수준으로 이동할 시기이기 때문입니다. 그것은 또한 여러분이 자신의 고등한 자아의 수준에서 선택했기 때문입니다. 여러분은 자신들이 충분히 분리의 체험을 했다는 결론에 이르게 되었고, 그래서 자신의 내면과 여러분의 행성에서 변화를 낳기 위한 지원이 필요하다고 요청했던 것입니다. 지구 시간으로 지난 20년 동안 인류가 오래 동안 거주해 온 짙은 밀도의 에너지 바깥으로 나아가려고 하는 여러분 모두의 자발성과 소망에 대한 측정이 이루어짐에 따라 격자는 여러분의 편익을 위해 재조정되었습니다. 먼저 지구 행성의 지자기적(地磁氣的) 생명흐름인 자기 격자가 조정되었습니다. 이것은 에테르 세계와 더 강하게 연결되도록 했고, 이원성과 환영으로 이루어진 많은 베일들이 해체되는 것이 가능케 했습니다.

그 다음 수정 격자는 더 높은 진동으로 끌어올려졌고, 여러분 중 많은 이들이 그 에너지와 더불어 더 활동적으로 일해 달라는 요청을 들었습니다. 여러분 모두는 그 격자의 진동 변화를 체험하고 있습니다. 그것을 의식하고 있든, 않든 말입니다. 여러분이 소유한 고유한 진동율은 격자의 진동에 자체적으로 편승하여 동조하고 있으므로, 행성 전체가 지금 상승 과정에 깊이 몰두되어 있는 것입니다.

여러분이 좀 더 의식적으로 자각하고 있는 상태에서 그 격자와 상호작용하기 위해서는 그것의 이용법에 대해 더 충분히 이해해야만 합니다. 그리고 그 격자에 접근하기 위해서는 여러분이 오직 적절하게, 또 전체의 선(善)을 위해서만 이용하겠다고 가슴으로 서약해야 합니다. 과거 아틀란티스 시대에 목격한 바와 같이, 그 격자는 가끔 타락한 목적으로 접근된 적이 있었습니다. 당시 교훈들을 배우고 경험을 얻은 것은 의심할 여지가 없기는 하나, 여러분이 아직 그것을 완전히 이해하기에는 부족합니다. 이와 같이 격자의 오용은 더 이상 허용되지 않을 것입니다. 격자를 오용하려고 시도하는 자들은 곧 그들의 검은 계획으로 인해 자신에게 신속히 되돌아올 부정적 에너지와 카르마적인 인과응보의 결과에 직면할 것입니다.

아틀란티스와 레무리아의 몰락 이후, 오랜 세월 동안 에테르 수정 격자는 지구의 대기로부터 멀리 이동되었습니다. 그런 조치는 더 이상의 오용을 막고 격자의 기반이 붕괴되지 않도록 격자를 보호하기 위해 취해졌습니다. 그리하여 오래 동안 지구 행성과 인류는 에테르의 직접적 영향 없이 살도록 허용되었으며, 그것은 여러분이 영혼의 선물이라고 하는 인간의 선천적인 영능력(靈能力)들을 크게 감소시켰습니다. 그 결과 여러분이 한 때 그 100% 누렸고, 지금도 회복을 갈망하는 완전한 잠재능력의 5~10%만을 가지고 쭉 살아올 수밖에 없었습니다. 이 조치는 아틀란티스의 잘못이 다시 쉽게 반복될 수 있다고 신(God)의 마음에 인식되었고, 또 지구영단(Spiritual Hierarchy)

이 그렇게 판단했기 때문에 취해졌습니다. 만약 이런 조치가 없었다면, 지금 시대에도 역시 상당히 유사한 시나리오(Scenario)를 재현할 자들이 지상에 태어나 있음을 알아야만 합니다. 다행히도 그들의 수는 전보다 더 적으며, 그리고 곧 그들은 어디서든 자신의 진화를 계속하기 위해 떠나거나, 자신의 신성을 받아들여 변화해야 할 것입니다.

그 당시 우리는 그 몰락을 이해하지 못했습니다. 우리는 일어난 일에 대한 총체적 원인들과 그것으로부터 얻은 지혜를 이해하고 깨달을 필요가 있었습니다. 또한 우리는 아틀란티스에서의 그 사건들에 관해 누구도 비난하거나 처벌하기를 바라지 않았습니다. 사실 거기에 거주했던 모든 이들은 대규모 실험의 한 역할로서 자발적으로 그렇게 했던 것입니다. 우리는 영혼의 모든 측면들에 대한 이해를 증진시키기 위해 그들이 떠맡았던 그 역할을 존중합니다. 하지만 지구 행성의 생명을 위협한 극심한 에너지 오용은 창조주로 하여금 서둘러 그 문명의 진화를 마감시키도록 압박했지요. 그 과업은 완결이 허용되지 않았던 것입니다.

아틀란티스의 멸망에 이어 우리는 에테르의 수정 격자를 이동시켰습니다. 이러한 단절 조치는 새로운 인류의 배움과 그 후 곧 전개된 여러분의 역사적 사건들을 위한 적당한 환경을 조성했습니다. 많은 체험들이 선택되었고, 만들어졌으며, 또 그런 일들이 격자로 이루어진 더 맑은 대기에서는 결코 일어나서는 안 된다는 것을 배우게 했습니다. 우리는 마침내 아틀란티스의 몰락과 그 인류의 경험 전체, 그리고 자유의지를 통한 표현을 이해하게 되었습니다. 오늘날 비록 아틀란티스 말기의 그러한 격렬함과 파멸은 아니라하더라도, 우리는 다시 한 번 자멸의 위험성에 처해 있는 세상을 발견합니다. 지금 그 각본은 진행이 보다 느리고 고통스러운 자기면역 질환을 닮았는데, 그것은 안으로부터 생명체를 파먹어 들어가고 있는 것입니다.

나의 친구들이여, 그래서 우리는 이제 여러분의 세계와 우리의 세계에 있는 모든 것을 그 격자에다 다시 한 번 연결시켰습니다. 그리하여 우리는 모두 마침내 레무리아의 가슴을 다시 열게 될 과정에 열중하고 있습니다. 신과의 단절에 관한 교훈들을 모든 관점에서 배우고, 또 배웠으며, 탐구하고, 시험하였습니다. 또한 우리가 그것으로부터 취할 수 있는 모든 지식을 모았으며, 지금은 옮겨갈 때입니다.

여러분의 기록된 역사와 예술을 통해서 창조라는 것은 형상으로 점화되는 신성한 불꽃으로 나타났습니다. 이것은 신의 은총과 완전한 권위를 수반하는 아름답고 강력한 이미지입니다. 그것은 보는 사람들에게 순수한 감동을 불어 넣습니다만, 그 발현의 완전한 특성들은 영감(inspiration)보다 더 많은 영향을 끼칩니다. 누구든 물리적인 구체화 과정 없이 물리적 세계에서 창조할 수는 없습니다.

수정들 및 하나의 물리적 수정이 형성되는 과정은 신의 상위의 측면과 하위의 측면들, 양자(兩者)의 결합입니다. 그것이 개시되는 순간은 신과 지구에 존재하는 원소들 간의 결합을 나타냅니다. 그것은 또한 각 수정이 특정한 에너지와 경험의 저장고를 의미하는 것처럼, 정보의 이송을 상징합니다.

여러분 중 많은 이들이 순수한 수정 형태로 한 번 혹은 여러 번의 생애를 살았습니다. 또한 자신의 뒤에 오는 다른 이들의 교육과 개선을 위해 여러분의 더 큰 자아의 여러 분신들을 다른 수정들에다 불어넣었습니다. 여러분 중 많은 이들이 또한 자신의 여러 분신들을 수정체에다 스며들게 함으로써 나중에 그 수정체의 통로를 거쳐 그들과 재결합할 수 있었습니다.

한 수정체(crystal) 내부에 거주하는 영혼이 여러분 자신만큼 활동적이지는 않을지 모르지만, 인간 형체 안의 자발적인 한 영혼에 의해 직접 활성화될 때, 만일 다수가 아니라면, 그것은 사실 인간과 동등한 팽창력이 있습니다. 어떤 수정체 내부에서 외관상 진동율이 더 느린 것은 이런 영혼들이 수백만 년 동안 한 물리적인 장소에 매우 자주 육화하여 수행했던 끈기 있고 오랜 봉사에 의한 작용입니다. 더 거대한 수정의 모체 속으로의 해방의 시기가 도래할 때까지 자신들의 에너지를 묶어 두면서 그곳에 남아있기로 한 그들의 자발적인 마음에 우리는 큰 빚을 지고 있습니다.

에테르의 수정격자가 다시 한 번 지구 행성으로 더 가까이 이동함에 따라, 그것은 물리적인 수정 형태 속에 거주하고 있는 모든 우리 에너지 수호자들을 일깨워 재결합시켰습니다. 이 행성의 물리적 수정격자는 신의 의지로 다시 활성화되었습니다. 그 물리적 격자를 통한 지구 자체의 완전한 상승 과정이 시작되었는데, 행성의 진동이 차원 이동에 이를 때까지, 그리고 그녀 자체의 신적 본질로 이루어진 더 높은 측면과 결합할 때까지 그 상승 과정은 계속될 것입니다. 그때 인류의 의식은 새롭고 더 위대한 자각의 수준에 도달할 것입니다.

지금, 지구와 더불어 이 여정을 택한 여러분은 자신의 상위 측면들을 다시 구현할 것이며, 우리와 다시 합류할 것입니다. 실로 우리는 여러분의 그 상위 측면들입니다. 오늘날 많은 수정격자들이 더 높은 형태의 봉사 속으로 상승하고 있습니다.

이 새로운 인류의 의식이 보다 높은 정보와 이해를 통해서 성장할 것이며, 요청한다면 수정들은 기꺼이 여러분에게 그것을 나누어 줄 것입니다. 하지만 가장 위대한 자각이 가슴의 열림을 통해서 올 것인데, 왜냐하면 이곳이 영혼이 거주하는 곳이고,

모은 경험들을 비판하지 않기 때문입니다. 가슴은 기쁨에 반하는 마음의 상처나 이득에 거스르는 봉사도 비교 평가하여 저울질하지 않습니다. 그것은 그저 자아의 모든 측면들을 전체에 필요하고 가치 있는 것으로서 수용합니다.

이 행성에서 영혼은 인간의 형상으로 살고자 함에 대한 가장 숭고한 표현을 물리적이거나 에테르적인 수정 격자의 거울 속에서 발견합니다. 이것 역시 격자의 중요한 측면입니다; 그것은 모든 에너지를 하나의 흐름으로 통합하며, 그것이 포함하고 있는 모든 것에 대한 생명력을 확장합니다. 또한 그것은 모든 사념과 가슴 에너지를 연결합니다. 여러분의 "크리스탈 아이들(Crystal Child)"이 하듯이, 여러분이 그것에 접근한다면, 당신들은 즉시 더 큰 전체의 일부분이 됩니다.

그 격자를 통해서 여러분은 거기에 연결된 모든 이들의 가슴과 마음에 도달합니다. 여러분은 요청한 모든 질문에 대한 응답, 그리고 자신이 시작하고자 하는 어떤 시도 혹은 봉사에 필요한 치유와 실현 에너지에 대한 응답을 받을 수 있습니다. 게다가 여러분은 자아의 상위 측면과 다른 모든 것에 접근합니다. 그리고 여러분은 자신의 세계에서, 또 다른 모든 세계에서 자신의 신성한 본질을 확장합니다.

격자의 올바른 이용은 필수이며, 또 그 이용을 위해 올바른 의도를 가지는 것은 의무입니다. 우리는 적절한 방식으로 그 양쪽 격자에 접근하기 위해서 여러분 각자와 개별적으로 함께 일하려고 여기에 옵니다. 하지만 우리가 그것에 대한 포괄적인 기법을 제공할 수는 없습니다. 여러분 모두는 격자 내에 자신만의 고유한 장소를 갖고 있는데, 한 가지 방법이 모든 이들에게 작용하지 않을 것이며, 최상의 깨달음을 촉진하지도 않습니다.

여러분 중 많은 이들이 전에 격자에 관련한 일을 했으며, 또 그것이 자연스럽게 여러분에게 다가온다는 것을 알 것입니다. 당신들 중에 다른 이들은 개개의 물리적 수정들과 연결을 시작하는 것이 더 용이하다는 것을 발견할 것인데, 그 수정들은 지금 여러분의 가정이나 인접환경에서 여러분의 눈에 띠기를 기다리고 있습니다.

여러분 각자는 지금 자신의 DNA가 더 순수한 수정 형태로 재구성되는 경험을 하고 있습니다. 또한 여러분은 물리적, 감정적, 정신적 전환과 재배열을 체험하고 있습니다. 그것들은 여러분의 신체조직에 이상하고 또 고통스럽고 불편하게 나타날지도 모르는데, 그것은 단지 그러한 전환에 대한 자신의 저항에 기인합니다. 모든 바뀜 현상들이 자신의 최상의 선(善)을 위함이라고 생각하십시오. 그러면 여러분 몸의 그 많은 저항들이 사라질 것입니다. 자신의 지난 상처들을 치유하는 가운데 수정들과 적극적으로 교감하고, 유독한 에너지를 방출시키세요.

수정을 통하거나, 혹은 단순히 자신의 마음을 통해 우리와 연결되도록 하세요. 그리고 수정 격자에 대한 가르침을 요청하십시오. 그 다음 수정 격자 자체와 연결되어 가르침을 요청하고, 여러분이 발견한 점을 다른 이들과 공유하세요. 여러분 각자는 이런 새로운 깨달음의 조각들을 간직하고 있습니다.

우리는 여러분을 축복하고 사랑하며, 언제나 우리의 가슴 속에 여러분을 간직하고 있습니다. 자신의 자각 속에서 우리를 찾으세요. 왜냐하면 "우리가 또한 여러분"이기 때문입니다.

여러분이 일단 자신의 의식을
불멸의 상태로 진화시키면,
여러분은 그것이 힘들이지 않고 간단히 일어남을
알 것입니다. 당신들은 수년 내에 그러한 차원전환을
알게 될 것인데, 오직 자신을
더 현명하게, 더 성숙하게, 더 강하게 만드세요.

- 아다마 -

10 장

영원한 젊음과 불사(不死)의 원천

아다마

● 오릴리아 – 아다마님, 영원한 젊음과 불사의 원천에 대해 우리들에게 말씀해 주십시오. 그것이 우리의 상념과 의도에 의해 만들어진다는 말씀이신가요?

● 아다마 – 물론이지요. 하지만 이것은 단지 그것에 관한 한가지 측면일 뿐입니다. 여러분이 진실로 그 완전한 수준과 의식 상태에 이르고자 한다면, 먼저 자신의 가슴과 마음, 영혼 전체로 그것을 희구해야 합니다. 이것이 **첫 번째 비결**입니다.
여러분은 또한 자신의 목표에 도달할 때까지 주야로 날마다 모든 영적 재능을 다해 그 완전한 수준에 이를 수 있도록 자신의 마음을 새롭게 다잡아야 합니다. 이러한 한결같음이 그 **두 번째**

비결입니다. 오락가락하는 시도는 결코 좋은 결과를 가져올 수 없습니다. 즉 아무리 강조해도 지나침이 없는 그 상태에 도달하는 데 요구되는 것을 하겠다는 자신의 의지와 자발적인 마음을 절대 바꾸지 마십시오.

여러분이 찾고 있는 젊음과 회춘(回春)의 원천은 늘 여러분의 내면에 잠들어 있습니다.

그것은 여러분이 깨어나 그것에 대해 자각하기를 기다리며, 거기에 존재하고 있습니다. 그것을 발견하기 위한 비결은 결코 비밀이 아니었습니다. 사실 그것들은 처음부터 알려져 있었는데, 단지 여러분이 그것들을 무시했습니다. 오랫동안 여러분은 진정한 영적변형의 대용품이 될 빠른 해결책을 외부의 원천에서 발견하는 데 더 관심이 있었습니다. 이것이 **세 번째 비결**입니다. 나의 친구들이여, 나는 지금 당신들에게 묻습니다. 그 외부의 원천들이 여러분 모두에게 효과가 있었나요? 여러분의 사회가 노화와 질병, 죽음을 없애는 데에 성공했습니까? 아니면 노인요양원과 병원, 의료 진료소를 더 많이 세우고 있나요?

지금까지 지상에서 어떤 이가 완전한 DNA 변형과 불사 현상을 일으키는 변화의 비결을 기꺼이 응용하려고 한 적은 거의 없었습니다. 그럼에도 오랜 세월에 걸쳐 소수의 예외가 있었습니다. 여러분의 DNA는 젊음과 무한한 활력의 원천에 관한 또 다른 열쇠인데, 이것이 **네 번째의 비결**입니다. 그것은 여러분이 자신의 의식을 발전시키고 자신의 사랑의 지수를 증가시키는 속도로 진화합니다. 여러분의 몸은 의식(意識)에 대한 일종의 반영입니다. 그것이 진화하는 만큼 몸은 여러분이 얻은 새로운 의식을 반영하기 시작할 것입니다. 젊음의 원천은 항상 여러분의 내면에 존재해 왔으나, 그것을 활성화하기 위해서는 자신의 의식을 진화시켜야 합니다.

여러분의 생각, 말, 감정은 **다섯 번째 비결**입니다. 여러분이 순간 순간 자신의 내면에 품고 있는 내적 대화의 특성은 무엇인가요? 그것이 자신이 도달하고자 하는 것을 반영하고 있나요? 매일 어떤 것을 확언하는 짧은 순간 이후에 여러분은 그날의 나머지를 어떤 생각이 자신의 마음을 차지하게 하나요? 여러분은 매 순간 자신과 다른 이들에게 나타내는 생각과 감정, 말을 얼마나 잘 관리하고 있나요? 그리고 여러분은 자기 자신과 자신의 몸에 대해 어떻게 느끼십니까?

여러분이 일단 자신의 의식을 불멸의 상태로 진화시키면, 여러분은 모든 일들이 손쉽게 일어난다는 것을 알 것입니다. 또한 여러 해에 걸쳐 그런 상태로 옮겨가는 것은 단지 자신을 더 현명하고, 성숙하고, 또 더 강하게 만든다는 것을 알 것입니다. 그렇습니다. 우리는 나이를 더 먹게 되고, 모든 것을 마스터들처럼 원숙하고, 고결하게, 또 존엄하게 행합니다. 이것이 또한 이런 통달의 수준에 이르기 위한 여러분 자신의 운명이기도 합니다. 자신의 육체적 능력과 민첩함, 강인함을 자신이 알고 있는 모든 수단을 다해 유지하십시오. 여러분이 할 수 있는 것을 더 많이 실행할수록 언제나 더 많은 것을 얻을 수 있음을 알 것입니다.

스스로를 늙게 하지 마십시오. 또 사람들이 여러분을 한계에 가두는 말을 하게 하지 마십시오. 여러분은 무한한 존재이며, 자신이 그런 존재임을 여러분은 잊어 버렸습니다..

**여러분이 찾고 있는 젊음의 원천은
행위의 상태라기보다는**

일종의 존재의 상태입니다.

 이 놀라운 원천을 활성화하기 위해 먼저 여러분은 그것과 결합되어야 하며, 그 다음에 그것 자체가 되어야 합니다. 이것이 **여섯 번째 비결**이며, 또한 가장 중요한 점입니다. 젊음의 진정한 원천은 순수한 빛의 원천이자, 일종의 5차원의 도구입니다. *자아 속에서 그것을 활성화하기 위해서는 육체의 모든 세포들과 다른 모든 정묘한 몸들 안에 빛을 증가시켜야만 합니다.* 또한 여러분은 부정적인 인간의 감정으로 이루어진 자신의 감정체를 정화해야 할 필요가 있는데, 자신의 사념들을 관찰하고 동시에 마스터처럼 생각하고 행동해야 합니다. 어떤 주어진 환경 속에서 마스터가 어떻게 생각하는지 모른다면, 명상으로 들어가 질문하십시오. 마스터는 무엇을 할 것인지, 마스터가 어떻게 보는지, 마스터가 취할 행동은 어떤 것인가를 말입니다. 텔로스에 있는 우리의 형제자매들처럼 신성의 표현인 마스터가 되는 것은 어떤 느낌일까요? 여러분의 가슴은 모든 해답을 알고 있으며, 또 항상 갖고 있습니다. 여러분은 오직 그것에 대해 조언을 들을 필요가 있으며, 다시 한 번 그 지혜와 조율되도록 배워야 합니다.
 자신의 몸을 "마법적인 형상"으로 생각하십시오. 자신의 몸을 고통이나 제한 없이 자신이 바라는 모든 것을 실행할 수 있도록 만들어진 가장 다재다능한 기계로 이해하십시오. 여러분이 고등한 의식 레벨에 도달했을 때는 언제든지, 또 이 우주 안의 어느 곳이든지, 거의 빛의 속도로 원격이동을 할 수도 있습니다. 여러분이 지금까지 자신의 몸에 관해 가지고 있었던 인식을 변화시키고, 또한 그 매체들(몸)이 부여 받은 온전한 물리적 잠재력의 활용법을 익히는 것은 여러분에게 달려 있습니다.

여러분의 새로운 진리로 살기 시작하십시오. 그러면 당신들이 찾고 있는 결과가 따라올 것입니다. 다른 방도는 없습니다. 이것이 **일곱 번째 비결**입니다. 이 점에 있어서 젊음의 원천은 실제입니다. 그것은 바로 여러분 자신의 마음과 가슴 안에 있습니다. 자신의 젊은 외모를 유지하는 것이 매우 쉽다는 것을 깨닫고 나면, 여러분은 놀랍고도 기쁠 것입니다.

"어둠의 힘"을 표현하는 존재들은
그 어둠을 구성하는 요소의 원리를 아주 잘 이해하고
있습니다. 그리고 그들은
"빛의 사람들"이 자신들의 빛의 힘을 조성해 온 것보다
자신들의 어둠의 힘을 구축함에 있어서
훨씬 더 빈틈이 없습니다.

- 마스터 성 저메인 -

11 장

과세 제도에 대한 평가

아다마

- 오릴리아 – 아다마, 이 행성에 거주하고 있는 신의 자녀로서 이러한 강제적 과세 제도에 우리가 종속되어 있는 것이 영적으로 타당하며 도덕적인가요? 이 부도덕한 제도를 어떻게 이해하세요?

- 아다마 – 우리에게는 어떠한 과세 제도도 확실히 없으며, 또 우리는 그런 것을 허용하지도 않을 것입니다. 영적으로 문명화된 정부는 그 국민에게 세금을 거둘 필요가 없습니다. 여러분의 과세 방식은 영적으로 부도덕하고, 지도력과 지배에 대한 원시적인 해석을 드러내는 순전히 속임수적인 3차원의 창조물입니다.

그 점에 있어서 자주적이기를 바라는 여러분의 소망과 세금에서 자유로울 여러분의 신성한 권리를 우리는 인정합니다. 여러분은 에너지의 근원이신 가장 사랑스럽고 풍족한 하느님 아버지의 소중한 자녀들입니다. 여러분의 창조주께서는 여러분에게 세금을 부과하지 않으며, 다른 누구에게도 과세하지 않을 것입니다. 여러분 사회 내의 싫어하거나 동의하지 않는 다른 많은 것들처럼, 그것은 단지 여러분이 허용하기 때문에 그냥 그렇게 존재하는 것입니다. 당신들은 주권자로서의 자신의 힘과 권리를 거저 주어버렸습니다. 그러므로 하나의 집단으로서 여러분이 자신의 힘을 되찾을 때까지, 그 제도는 계속될 것입니다.

지금부터 5~10년 내, 잘되면 머지않아 여러분은 영원히 거의 세금에서 자유로워질 것임을 믿으십시오. 매일마다 빛이 이 행성을 더 밝게 비춤으로써 여러분의 과세 방식도 점점 발전하여 마침내 완전히 폐지될 것입니다. 5차원에서는 과세제도가 없습니다. 그리고 만약 이곳이 많은 여러분이 옮겨가고자 선택하는 곳이라면, 장막 너머의 우리 세계 어디든 단 한명의 국세청 징수관도 찾을 수 없을 것입니다. 그런 이들은 여전히 3차원에 모여 있을 것이며, 일어난 일을 의아하게 여길 것입니다.

우리는 자유롭고 또 책임을 지는 사회입니다. 우리들 각자와 모든 이들은 우리 사회의 슬기롭고 성공적인 경제에 대해 동등한 책임을 집니다. 우리가 필요로 하고 사용하는 모든 것은 "공정한 교환"을 보장하고 있는 잘 고안된 "물물교환제도"를 통해서 얻게 됩니다. 이 방식은 우리가 원하는 것은 무엇이든 자유롭게 얻을 수 있고, 교역할 수 있으며, 거기에는 어떤 손실도 없습니다. 교환제도 내에서의 이런 활동은 우리에게 자유와 물건을 맞바꾸는 재미를 줍니다. 모든 이들이 넘치는 풍요로움으로 필요한 모든 것을 즐기고 있고, 다른 대가나 비용이 들지 않습니다.

　우리는 그 무엇보다도 특히 자유를 소중히 여깁니다. 또한 과세 제도의 존속은 결코 허용하지 않을 것입니다. 그것은 풍요와 자유, 그리고 행복 추구를 향한 우리의 부인할 수 없는 권리를 박탈할 것입니다. 지상에서 여러분의 정부들은 세금을 반드시 납부해야 한다고 믿도록 여러분을 길들였으며, 그것은 가장 잘못된 개념입니다. 여러분은 소득세뿐만 아니라, 판매세, 재산세, 교육세, 사업세, 식품세를 납부해야 하는 부담을 지고 있는데, 마치 먹고 자신의 몸을 살찌게 하는 것이 사치인 것처럼 말입니다. 그리고 가격 속에 포함되었거나 숨겨진 미묘한 형태의 수많은 세금이 있습니다. 그 모든 세금들이 여러분에게 압박과 정신적인 부담을 주고 있습니다.

　지구에서의 당신들 삶에서 이런 형태의 통제가 결코 여러분의 현실과 부담의 일부가 되어서는 안 됩니다. 왜 여러분은 그렇게 많은 두려움과 타성으로 그것을 허용하고 있나요? 또한 왜 여러분은 자기들이 선출하는 지도자들이 그런 방식으로 압

박하도록 내버려 두고 있습니까? 그리고 왜 당신들은 아직도 삶의 모든 측면에서의 과중한 세금 납부가 대부분의 빈약한 소득계층에게 부(富)를 분배하는 정상적인 방법이라고 생각하고 있나요?.

재정적인 목적을 위해 자기들의 국민에게 과중한 세금을 강제하는 정부 혹은 지도자는 무엇이든지 무능한 행정능력의 표시임이 확실합니다. 좀 더 지혜를 계발하고 더욱 더 성실히 국정을 운영함으로써 여러분의 정부들이 아주 잘 운영될 수 있었으며, 또 국민에게 과세하지 않고도 커다란 번영을 통해 통치할 수 있었습니다. 다른 행성들의 국민들은 그들의 정부에게 세금을 납부할 필요가 없습니다. 그리고 아무도 자신들의 살림살이를 포함하여 어떤 것도 부족하지 않습니다.

● 오릴리아 - 하지만 아다마, 우리가 어떻게 해야 하지요? 세금을 납부하지 않는 이들은 잡혀 들어가 끝없이 괴로움을 당하며, 자신의 차를 빼앗기고, 아주 가끔은 땅과 집까지 빼앗깁니다.

● 아다마 - 압니다. 사랑하는 이여, 우리는 그것을 너무 잘 알고 있습니다. 그대의 나라에서는 이제 막 모든 것이 변하고 있으며, 점차 세계의 다른 곳도 변할 것입니다. 그러므로 우리는 지금 여러분이 소동을 일으켜 납세 거부를 하도록 권하지는 않습니다. 만일 여러분이 지금 그렇게 했다면, 너무 많은 이들이 고통을 당했을 것입니다. 여러분은 현재의 삶에서 충분히 어려운 과제들을 갖고 있으며, 우리는 당신들이 더 많은 고통을 겪지 않기를 바랍니다. 무과세화의 개념이 문명화된 방식으로 순조롭게 변화되기 위해서는 먼저 여러분의 의식(意識)이 발전해야 하며, 그 다음 많은 대중들의 의식이 진화해야 합니다.

한 나라에서 국민의 대부분이, 말하자면 약 70%에서 80%가 자주적 존재로서의 자신들을 위한 새로운 진실을 받아들일 때, 또 납세가 더 이상 자신들의 진실이 아님을 가슴에서 성실하고 유권적인 선택을 할 때, 또 그 새로운 진실이 이루어지도록 창조주의 지원을 소리쳐 구할 때, 그것이 이루어질 것임을 확신하십시오. 그러면 그것이 매우 오래 걸리지 않을 것입니다. 하지만 먼저 집단이 가슴으로부터 그것을 선택해야 하며, 피해자 의식을 버려야 합니다. 이것은 필수조건입니다.

먼저 여러분의 주권이 자아의 내면에서 생성돼야 함을 자기 가슴의 모든 것과 더불어 이해하십시오. 당신들은 신성한 존재들로서, 또 가장 사랑스러운 아버지/어머니 신의 자녀로서 순수한 앎과 이 행성과 우주의 하사품에 대한 완전한 권리들을 갖고 있음을 아십시오.

여러분의 사회 속에는 가까운 미래에 보다 영적으로 깨달은 형태의 정부를 만들기 위한 목적으로 태어난 존재들이 있습니다. 숫자상으로 그들은 성공하기에 충분하며, 곧 세상에서 자리를 잡을 만큼 충분히 성숙해 있습니다. 그들은 오직 그일을 행하기 위해 육화하기 이전에 훈련을 받았습니다. 그리고 그들은 이미 어떻게 그런 긍정적 변화를 부드럽게 이행해야 하는지를 알고 있습니다. 또한 그들은 모든 이들에게 이롭게 작용할 새로운 정부 형태를 이끌 수 있는 지도력에 정통해 있습니다. 통치 주체가 개인적인 사안이 아닌 집단의 공익(公益)을 위해 행동할 때, 누구나 풍요롭게 되고, 동시에 삶을 즐기는 데 필요한 모든 것을 얻습니다. 그렇지 않으면 누구도 그렇게 되지 못합니다. 나의 사랑하는 후손들이여, 머지않아 더 이상 "가진 자"와 "가지지 못한 자"가 없을 것입니다. 모든 수준의 정부를 포함하여 누구나 풍요롭게 살게 될 것이고, 적절히 운영될 것입니다.

조금 더 인내하세요. 그리고 여러분의 의식을 계속 발전시켜 자신에게 각인된 많은 그릇된 신념 체계들을 버리도록 하세요. 새로운 형태의 정부를 실현하기 위해 육화된 이들에게는 대부분의 여러분이 자신의 가슴과 자신의 의식을 충분히 변화시킬 때까지 그들이 적당한 지위에 취임하는 것은 허용되지 않을 것입니다.

여러분의 창조주의 가슴으로부터, 또 여러분 자신의 가슴의 사랑과 연민으로부터 그 변화들을 주장하고 요구하는 것은 중요합니다. 또한 그렇게 될 때까지 여러분 모두가 계속 행동하는 것도 중요합니다.

결정을 하는 힘을 가진 것은 항상 집단의식(集團意識)임을 기억하십시오. 여러분의 정부는 다만 그들이 통치하는 그 집단의식 전체를 반영할 수 있을 뿐입니다. 나의 친구들이여, 그들은 거울입니다, 단지 거울일 뿐입니다! 그러므로 먼저 여러분 모두가 변화해야만 합니다. 그런 다음 정부가 어떻게 순조롭게 진화하고 변하는지 이해할 것입니다. 여러분의 가슴의 불로 그 길을 인도하는 것은 여러분이 하기 나름입니다.

• 오릴리아 - 하지만 아다마, 인구의 80%는 큰 숫자인데, 모든 사람이 당신께서 언급한 정도까지 자신의 의식을 진화시키는 데

는 길고 긴 시간이 걸릴 것입니다.

• 아다마 - 그대가 생각하는 만큼 길게 걸리지는 않습니다. 나는 전에 그것을 언급했었고, 또 다른 많은 대사들도 마찬가지로 그것을 언급했습니다. 여러분의 행성에서는 곧 인류를 깨우고 의식의 상승을 가속시키도록 뒷받침할 사건들이 있을 것입니다. 그 사건들이 지금 여러분에게 다가오고 있습니다. 사람들은 자발적으로 변화하거나, 아니면 자신의 육체를 떠나야 할 것입니다.

여러분의 정부들에 의한 지구 행성과 국민에 대한 학대는 더 이상 묵인되지 않을 것입니다. 그래서 지구 어머니가 지금 자신의 몸을 진화시키기로 선택한 것이며, 그것은 그대로 이루어질 것입니다. 이 행성에 육화한 인간집단은 아무도 그것을 중지시킬 힘을 갖지 못할 것입니다. 얼마 전 내려진 선발 혹은 해고 경고는 이제 전보다 더 유효합니다.

사랑하는 이들이여, 여러분은 혼자가 아닙니다. 인류는 이전보다 더 우주 전역으로부터 지구에 대한 더 많은 지원을 받고 있습니다. 지금 이곳 지구에 승인된 것처럼 이렇게 막대한 지원을 받은 적이 있는 행성은 없습니다. 기운을 내십시오, 여러분의 해방은 바로 가깝습니다. 여러분이 얼마나 끔찍이 사랑 받고 있는지를 느낄 수 있다면, 여러분의 고통과 걱정은 곧 영원한 기쁨의 분수 속으로 용해될 것입니다. 우리는 여러분 모두를 너무 너무 사랑합니다. 조금만 더 참으십시오! 나는 항상 여러분과 함께 있습니다.

- PART 3 -

신성한 불꽃과 그 신전들

용서의 주파수는
가슴의 주파수로 이루어져 있습니다.
여러분이 가슴으로 들어감은 그 선물을
단지 이번 생애의 마음과 몸뿐만이 아니라
더 나아가 모든 생(生)들에게까지 알려지도록 해줍니다.

- 아다마 -

12 장

한 주(週)의 7일에 관계된 신의 일곱 불꽃들

아다마

지금, 나는 여러분에게 일곱 개의 주요 광선, 또는 불꽃들에 대한 개요를 간단히 설명하고자 합니다. 그것은 매일 여러분 각자가 특정일에 창조주라는 근원으로부터 지구 행성으로 흘러드는 일곱 개의 주요 광선 중 하나의 에너지에 집중하는 데 매우 도움이 될 것입니다. 일곱 광선의 모든 에너지가 매일 지구로 밀려드는데, 한 주에 하루만 그 광선 중 하나가 지배적이 됩니다.

그러한 방식으로 일곱 광선의 작용이 가장 심오한 방법으로 여러분을 지원할 것입니다. 그 작용은 또한 여러분의 삶 내내 주요 일곱 차크라 각각에 대한 에너지의 균형을 잡는 것입니다. 그리고 여러분의 현재의 삶에다 훨씬 더 큰 조화와 안락함을 가져다 줄 것입니다. 상승과 깨어남의 과정에서 일곱 개의 주요 광선 모두, 그리고 그 후의 다섯 개의 비밀의 광선들은 여러분의 우주적 미래에서의 더 위대한 지혜와 성숙의 수준으로 옮겨 가기 위해서 균형이 잡혀져야 하고, 숙달돼야 할 필요가 있습니다.

텔로스에서 우리는 매번 우리의 가슴과 마음, 일상적 활동에서 한 주(週)의 각 날마다 특정한 에너지를 증폭시킴으로써 훨씬 더 효과적으로 움직이고 있습니다. 여러분에게 그것을 시험해 볼 것을 진지하게 요청합니다. 여러분이 체험해 보면, 이런 에너지들이 얼마나 효과적으로 증폭되고, 또 얼마나 이것들이 여러분에게 커다란 도움이 되는지 사뭇 놀랄 것입니다.

일요일에는 지혜의 노란 광선과
신의 마음이 확장됩니다.

날마다 모든 일을 하는 데 있어서 신의 마음에 집중하되, 특히 일요일에 집중하십시오. 이 신성한 마음은 여러분의 마음을 더욱 더 위대한 지혜로 열리게 할 것입니다. 진정한 지혜는 항상 더 높은 시각과 더 높은 의식으로부터 옵니다. 여러분이 그 신성한 마음을 여러분 자신의 마음과 융합함으로써, 더 큰 만족과 편안함을 가져다 줄 여러 방식으로 자신의 삶을 결정하고 처신하기 시작할 것입니다.

월요일에는 신의 의지에 속한
고귀한 푸른 광선이 확장됩니다.

자신의 현재의 환경이 어떻든지 상관없이, 그러한 신성한 의지에다 완전히 내맡김으로써 자신의 삶에 관계된 신의 의지에 집중하십시오. 이것이 여러분의 영적 통달과 자유를 얻기 위한 가장 빠른 방법입니다. 여러분이 신의 의지에다 초점을 맞출 때 자신의 삶이 더 위대한 조화에 맞추어짐을 인식할 것입니다. 매일 그 에너지 속에서 자신의 마음과 몸과 영혼을 씻으십시오. 그러면 곧 많은 은혜를 받게 될 것입니다.

화요일에는 신의 신성한 사랑으로 이루어진 장밋빛의 광선이 확장됩니다.

신성한 사랑으로 이루어진 에너지들의 변형과 치유작용에 집중하십시오. 사랑은 모든 사물을 만들고, 변형시키고, 치유하고, 조화시키는 접착제(glue)입니다. 살면서 신성한 사랑의 불꽃과 융합하고 호흡하는 시간을 가지십시오. 사랑은 여러분이 소망하는 모든 선한 일들을 증식시키는 힘의 열쇠입니다. 더 크게 더 많이 그 불꽃과 융합됨으로써 한계는 점점 사라지기 시작하고, 여러분은 자신의 운명의 마스터가 됩니다.

수요일에는 치유, 촉진, 풍요의 신성한 불꽃인 에메랄드 녹색 광선이 확장됩니다.

삶의 모든 면에서 신성한 치유의 에너지에 집중하십시오. 이것은 균형을 유지시키고 마음을 안정시키는 에너지로서 자신의 여러 삶에서 생성된 많은 왜곡들을 조정하도록 여러분을 돕게 될 것입니다. 변형이 필요한 삶의 모든 분야들에다 이 찬란한 녹색의 맑은 치유의 빛을 기원하고 시각화하십시오. 녹색 광선은 또한 신성한 풍요와 번영의 법칙들을 지배하기도 합니다. 또한 여러분의 모든 물리적 영적 소망에 대한 실현과 촉진을 가능케 하는 이 고귀한 에메랄드 녹색 불꽃을 기원하십시오.

목요일에는 부활하는 불꽃인 황금색 광선이 확장됩니다.

여러분이 상속 받은 신성(神性)의 부활과 회복을 위해 이 불꽃의 에너지에 집중하십시오. 여러분은 인간의 삶을 체험하고, 그것으로부터 배우고 있는 신성한 존재들입니다. 의식 속에서 길을 잃다 보니 여러분의 신성이 가려져 있습니다. 부활의 불꽃으로 이루어진 자줏빛과 황금빛의 에너지를 기원하고 융합함으로써, 여러분은 자신의 모든 선물과 신성의 특성을 부흥시키기 시작할 것입니다. 그리고 그것은 최종적인 상승의 의식을 위해 여러분을 준비시킬 것입니다. 상승은 존재해 왔으며, 또 상승이 여전히 이 행성에서 이루어졌던 여러분의 수많은 육화들의 주된 목적입니다.

금요일에는 청결한 상승 불꽃인 순수하고 눈부신 백색 광선이 확장됩니다.

상승은 여러분의 많은 육화들에 걸쳐 오용된 모든 결핍된 신의 에너지에 대한 정화 과정을 통한 연금술적인 결합이거나, 혹은 여러분의 인간적 자아가 자신의 신성한 본질과 융합하는 것입니다. 자신의 영적성숙을 강화시키지 않는 모든 부정성, 그릇된 신념, 나약한 마음가짐과 습관을 순화시키고 정화하는 데에 집중하십시오. 여러분의 오라장, 육체의 모든 세포와 정신적, 감정적, 에테르의 체를 그 순백하고 찬란한 상승 불꽃으로 가득 채우십시오. 매일 매일의 명상 속에서 그 모든 광선과 함께 이것을 실행하십시오. 그것은 자신의 영적 발전에 절대 필요한 것입니다.

토요일에는 변형과 자유의
예민한 보라색 광선이 확장됩니다.

토요일에는 보라빛 광선의 여러 가지 색조와 주파수들에 집중하십시오. 이 광선은 가장 마법적입니다. 보라색 불꽃은 한계와 왕권, 외교술, 그리고 훨씬 더 많은 것으로부터의 변화와 연금술, 자유의 기능을 가진 주파수입니다. 자신의 오라장과 가슴을 그 놀라운 보라 빛의 광선으로 채움으로써, 그 주파수는 여러분의 통달과 신성의 실현을 방해하는 장애물과 카르마(Karma)를 제거하기 시작할 것입니다. 매일 가능한 한 많이 보라색 불꽃을 이용하십시오. 하지만 특히 오직 토요일에는 특별히 이 광선이 더 거대하게 확장됩니다. 그것은 여러분에게 큰 도움이 될 것입니다.

사랑하는 나의 친구들이여! 알다시피, 모든 광선이 중요합니다. 그 어느 것도 소홀히 하거나 무시될 수 없습니다. 그것들은 여러분의 영혼과 여러분의 잃어버린 낙원의 회복을 돕기 위해 고도의 조화 속에서 서로 작용합니다. 여러분은 자신의 삶에 대해 "책임을 다해야 하는" 건축가인 만큼, 자아실현과 신적성숙은 이런 일곱 개의 화염들을 매일 부지런히 적용함으로써 이루어집니다. 신의 이 변함없는 불멸의 불꽃들은 그것들과 더불어 움직일 때 여러분을 위해 작용할 것입니다. 아무도 여러분의 자유 의지를 방해하려 하거나 방해할 수 없으며, 누구도 여러분을 대신하여 그것을 행할 수 없습니다. **영적인 진보는 그 일곱 개의 주요 광선을 통해 신의 에너지와 신의 법칙을 매일 적용함으로써 이룰 수 있으며, 동시에 누구든지 자신의 카르마와 감정체를 정화시킬 수 있습니다.**

매일 영적이고 내면적인 작업을 실행하기 위한 얼마간의 시

창조주의 다양한 특성들을 나타내는 신성한 화염들

간을 설정해 두는 것이 가장 중요합니다. 신의 사랑과 특성으로 이루어진 이 불꽃을 기원함으로써 우주 법칙에 대한 고도의 응용을 이해하게 됩니다. 이 놀라운 불꽃들을 흡입하여 자신에게 채우십시오. 명상 속에서 자신의 신아(God Self)와 인도자들을 접촉하여 그 불꽃들에 대한 더 깊은 깨달음을 탐구하고, 또 자신에게 보이는 것을 부지런히 응용하십시오. 더 위대한 목적과 운명을 향한 자신의 여정을 위해서 이 세상의 환영의 장막을 걷어 올리고, 당초 신께서 의도한 힘과 마법에 다시 연결되도록 애쓰십시오. 요청이 있을시 우리의 지원 또한 쓸모가 있는데, 여러분의 가슴으로부터의 간단한 기도가 도움을 줄 수 있는 우리들을 즉시 여러분의 힘의 장(field)으로 데려갑니다.

※오릴리아의 주석: 신의 의지로 이루어진 첫 번째 광선과 변형에 관한 보라색 불꽃으로 이루어진 일곱 번째 광선에 대한 자료는 텔로스 시리즈 중 2권에 포함되어 있습니다. 치유에 대한 다섯 번째 광선은 1권에 있습니다.

구도자가 지녀야만 하는 특성들은 무엇인가? 석가모니 부처님과 4세기에 교시된 마이트레야 대사님의 전통적인 가르침에 따르면, 그것은 우선 에너지의 확장, 용기, 인내, 지속적인 노력, 두려움 없음 등이 기초가 된다. 에너지는 모든 것의 토대인데, 왜냐하면 그것만이 모든 가능성들을 내포하고 있기 때문이다.

- 헬레나 로에리치(아그니 요가의 창시자) -

13 장

계몽의 불꽃, 제2광선의 활동

**계몽의 사원으로 향하는 명상과 더불어
아다마, 주 란토와 함께 하다**

나의 사랑하는 이들이여, 안녕하세요. 아마다입니다. 나는 대부분의 여러분들이 알고 있거나, 혹은 적어도 들은 적이 있는 여러 존재들과 함께 오늘 여러분이 참석한 자리에 왔습니다. 참석한 존재들 중에는 우리의 형제인 아나마르와 두 번째 광선의 수호 대사인, 주 란토(Lanto)가 있습니다.

• 오릴리아 – 아다마, 오늘 우리는 좀 더 나은 이해를 얻기 위해서 당신과 계몽의 불꽃의 특성 및 이용법에 관해 토론하고 싶습니다. 당신은 우리의 마음을 읽었음이 틀림없습니다. 주 란토님을 동반했으니까요. 우리는 우리 사이에 있는, 또 우리의 가슴에 있는 당신들 모두를 환영합니다. 우리와 함께 참석해 주셔서 영광입

니다.

- 아다마 – 사랑하는 친구들이여, 감사합니다. 우리의 사랑과 지혜를 여러분 모두와 후에 출판될 우리의 책을 읽을 독자들과 함께 나누게 되어 우리 또한 기쁘고 영광입니다. 지구가 상위의 의식과 차원으로 전환되는 이 결정적인 시기에 여기에 육화한 모든 영혼들은 여러분의 행성에 에너지적으로, 물리적으로 진행되고 있는 것을 깨닫고, 동시에 새로운 에너지의 흐름에 맞춰 자신의 발전을 촉진시키는 것이 어느 때보다 더욱 더 중요합니다.

참으로 그 여느 때보다도 더 여러분 모두는 자신의 신성한 본질을 완전히 이해하고 기억하기 위해서 좀 더 깨어나야 할 필요가 있습니다. 또한 이는 자신이 이 행성에서 행하고 있는 것을 알고, 이곳 지구에서의 자신의 체험을 위해 스스로 설정해 놓은 목적과 목표를 발견하기 위해서인 것입니다. 지금은 여러분에게 현재 주어진 상승을 통해 영적인 자유를 위한 이 가장 놀라운 기회를 이용할 시기입니다. 그대들의 창조주께서 여러분 각자를 위해 간직하고 있는 깊은 사랑으로 인해, 그리고 창조주의 가슴으로부터 여러분에게 제공된 가장 경외롭고 신성한 은총을 통해서 당신들은 자신이 오래 전에 선택한 창조주와의 분리로부터 해방될 수 있습니다.

여러분은 이곳 지구에서 오래 동안 영적인 선잠의 상태로 진화하고 있는데, 그것은 많은 불안과 불행, 고통, 한계를 여러분에게 가져다주었습니다. 체험을 위해 선택한 신과의 분리와 스스로 강제한 무지를 통해 여러분은 실로 신성한 존재로서 자신의 삶을 구현하는 법을 잊어버렸습니다. 여러분 중 많은 이들이 존재로서의 매우 부자연스러운 길을 걷게 되었고, 그리하여 여러분의 창조주의 개입을 초래하였습니다. 생애를 거듭하며 신과 자신에 관한 그릇된 신념체계가 여러분의 영혼에 각인되었습니다. 그리고 여러분은 종교들의 한계 있는 가르침을 따랐고, 그 종교 지도자들은 자기들의 계획을 위해 여러분을 계속 영적인 무지와 통제, 복종 상태 속에다 묶어 두었습니다. 대개의 경우 당신들이 그토록 집착하려 했던 그런 종교들과 교리들은 수많은 육화과정에서 자신의 경험을 통해 신성을 통찰하는 것을 방해했던 그릇된 개념들에다 여러분을 가두기 일쑤였습니다.

우리는 본질적으로 순수한 영성(spirituality)의 관점에서 여러분에게 이야기하고자 합니다. 진정한 영성은 매우 단순한 개념이며, 하나의 자그마한 소책자로 요약될 수 있습니다. 우리는 그 점을 여러 번 언급했습니다. 그것은 너무 단순하여 사람들은 영적으로 사는 방법과 또 어떻게 영성을 구현하는지 완전히 잊어버렸습니다. 여러분은 항상 찾을 수 있는 가장 복잡한 개념을 찾습니다.

여러 해에 걸쳐 신에 대한 매우 정교하고 복잡한 관념 형태를 담고 있는 수많은 책들이 집필되었습니다. 만일 어떤 것이 있다 하더라도, 사실상 순수한 영성을 제시하면서 간단히 진리를 나타내는 책은 거의 없습니다. 여러분의 영성 서적들 중 많은 것들이 우리가 볼 때는 영적인 분별력이 없는 사람들에 의해 집필되었고, 또 장님이 장님을 인도하는 식으로 무지한 그들이 또한 영적으로 무지한 다른 사람들을 인도하기 위해 쓰여졌습니다. 진정한 영성이라는 것은 일종의 존재의 상태, 순수의식(純粹意識) 상태인데, 그것은 여러분을 사랑과 빛의 의식 및 진정한 삶과 신성으로 회복시켜 줍니다.

일반적으로, 영성은 여러분이 행하거나 행하지 않는 여러 가지 일들에 의해 얻어질 수 없으며, 여러분이 열심히 순응하는 사회와 종교조직, 정부가 강요하는 갖가지 규칙들에 의해서도 얻어질 수 없습니다. 그것은 그저 "존재합니다." 그런 까닭에 여러분이 수용하거나 거절하는 행위 및 비행위의 모든 의식(儀式), 수련, 개념들은 단지 선의(善意)의 국민에 대한 기본적인 지침을 의미합니다. 올바른 시각으로 이용했었다면 그 지침들이 여러분에게 도움이 될 수 있었습니다만, 그것들이 진정한 영성을 여러분의 영혼 속에다 불어 넣을 수는 없었습니다. 오직 당신들은 자신의 신성한 본질과의 교감을 통해서만이 그것을 행할 수 있습니다.

그러므로 우리의 이야기와 메시지의 목적은 사람들이 따르기에 단순한 가르침을 제시하는 것이고, 또한 자신의 삶의 흐름에 대한 위대한 건축가로서 당신들이 내면의 신의 의식을 회복하는 데 도움이 될 가르침을 제공하는 것입니다. 우리는 여러분이 우리처럼 여러분만의 독특한 진로에 따라 살아가는 삶의 기쁨과 행복을 재발견하기를 바라며, 여러분 각자의 가슴에서 고동치는 이러한 신성과 연결되기를 바랍니다. 아울러 우리는 여러분 각자의 내면에 살아 있고 활동 중인 이 신성한 본질이 여러분이 신성한 존재들로서 일상적 삶 속에서 될 수 있고, 알 수 있고, 구현하기를 요청할 수 있는 모든 것의 진정하고도 유일한 원천임을 늘 기억하기를 바랍니다. 여러분이 누리고 얻고 싶어 하는 생명과 사랑, 무한한 풍요, 모든 선(善)과 완벽한 선물의 흐름이 여러분 내면에 놓여 있으며, 여러분이 인식하여 헌신적으로 요청해주기를 기다리고 있습니다.

이 소개와 더불어 이제 나는 신의 불꽃 특성들 중 하나인 계몽의 불꽃에 관해 논하고자 하는데, 이것은 다시 깨어나는 과정 중에 있는 여러분에게 크게 도움을 줄 수 있습니다.,

• 오릴리아 - 아다마, 계몽에 관계된 제2의 광선의 특성은 무엇입니까?

• 아다마 – 계몽의 광선(the Ray of Illumination)은 주로 신의 지혜, 진정한 지식, 그리고 모든 다양한 국면의 정신적 계발과 관계가 있습니다. 그것은 그리스도 의식에 대한 깨달음과 이해, 전지하신 신의 가슴으로부터 나온 평화를 나타냅니다. 그것은 글자 그대로 무한하게 확장된 신의 마음입니다. 신성한 약속에 의해 계몽의 광선을 지니고 육화하는 많은 영혼들 가운데 많은 이들이 인류의 교사가 됩니다. 여러분이 들어서 알고 있고 과거에 인류에게 큰 스승으로 육화했던 많은 위대한 지혜의 대사들은 그들의 주된 영혼 여정이 계몽의 광선에 속한 존재들입니다. 몇몇 존재들의 이름을 말하자면, 2,000년 전의 대사 예수/사난다, 주 마이트레야(彌勒), 주 붓다(佛陀), 주 공자(孔子), 듀알 컬, 주 란토, 대사 쿠트후미, 그리고 다른 많은 존재들이 있습니다. 모든 광선의 대사들은 교사가 되기 위해 때때로 육화했었는데, 인류가 상승의 자격을 얻기 위해서는 완전한 균형 속에서 모든 광선들에 대한 입문과정을 배워 이해하고 숙달해야 하기 때문입니다. 모든 이들은 누구나 12개의 광선 중 하나로 창조되었으며, 각각의 광선에 수많은 존재들이 속해 있습니다. 여러분 중 몇몇이 믿고 싶어 하는 바와 같이, 한 광선이 다른 광선보다 더 낫거나 못하지 않음을 이해하십시오. 모든 광선이 동등하게 구현되고, 이해되고, 융합되어야 할 필요가 있습니다.

계몽의 광선은 1,000개의 연꽃잎 불꽃으로 알려진 정수리의 크라운 차크라(Crown Chakra)와 관련되어 있습니다. 여러분이 자신의 크라운 차크라에서 계몽의 광선을 기원하면, 진정한 신의 마음과 다시 연결되어 확장되면서 크라운 차크라의 1,000개의 연꽃잎이 다시 등불을 밝히게 되는 과정이 시작됩니다. 그 신의 마음은 수천 년 동안 여러분의 내면에 잠들어 있었습니다. 하지만 그것은 결코 여러분을 떠난 적이 없으며, 여러분이 지금 각성시키고자 하는 것이 그것입니다. 여러분이 무지를 통해 거기에 묻어놓은 모든 어둠의 주머니들은 근본적으로 당신들이 순수한 형태로 신의 마음을 경험하는 것을 방해하는 잠자고 있는 의식의 주머니들입니다. 여러분이 자신의 크라운 차크라와 의식 전체로 계몽의 광선을 기원할 때, 또 자신의 신성의 모든 특성을 다시 깨우려는 마음을 먹을 때, 여러분의 고등한 자아는 여러분이 기원하는 그 에너지들을 사용하여 오래 동안 잠자고 있는 그 어둠의 주머니들을 점차 밝히고 활성화할 것입니다.

- 오릴리아 – 계몽의 광선이 어떤 실제적인 모습이나 색채를 갖고 있나요?

- 아다마 – 계몽의 광선은 태양처럼 황금빛이며, 매우 찬란합니다. 그리고 "계몽의 신전"은 이 지구 행성에서 이 광선의 주요 초점이지요. 그것은 남아메리카의 티티카카 호수에 위치하고 있습니다. 이 광선의 수호자들은 그 가장 경외로운 신전에서 수천 년 동안 계몽의 에너지를 유지해 온 메루(Meru)신과 여신입니다. 텔로스에서 우리는 또한 우리가 다양한 다른 모든 광선들에게 했던 것과 마찬가지로 이 장엄한 제2광선의 신전을 작은 형태로 창조해 놓았습니다.

레무리아의 시대에 우리는 창조주의 수많은 특성들을 표현하는 수천 개의 신전들을 우리의 대륙에 갖고 있었습니다. 또한 우리는 다양한 광선들에 바쳐진 백여 개의 신전을 갖고 있었습니다. 여러분은 일곱 광선에 대해 알고 있고, 지금은 열 두 광선으로 알고 있으나, 사랑하는 이들이여, 더 많은 광선들이 있음을 이해하십시오. 지금 여러분이 모든 광선들에 관해 다 알아야 할 필요는 없습니다만, 이번 생(生)에 상승하기를 열망하는 이들에게는 우선 일곱(7) 광선에 대해서, 그리고 나중에는 다음 다섯(5) 광선을 숙달하는 것이 극히 중요합니다.

● 오릴리아 – 계몽의 광선과 더불어 작업할 때는 어떤 입문 과정들을 통과해야 하는지요?

● 아다마 – 그것은 여러분이 자신에게 품고 있던 모든 그릇된 신념을 알아차리게 되는 과정이 될 것입니다. 그런 관념들은 여러분의 의식을 점유했고, 또 여러분을 너무나 많은 고통과 한계 속에 가두어 놓았습니다. 이 입문과정은 무지상태에서 벗어나는 것이자, 신의 마음과 결합하는 것입니다. 여러분이 계몽의 광선과 융합되고 그것을 자신에게 불어 넣음으로써 여러분은 신의 마음에게 여러분 자신의 마음을 새롭게 바꾸고 진화시키는 완전한 작업이 이루어지도록 기원할 수 있습니다.

　인간의 두뇌가 있고, 신의 마음이 있는데, 그것들은 동일하지가 않습니다. 신의 마음은 모든 것을 알고 있고 한계가 없는 우주의식(宇宙意識)을 의미합니다. 반면에 인간의 두뇌는 인간의 에고(ego)에 의해 지배되며, 자아에 관한 두려움과 한계, 그릇된 신념들로 각인되어 있습니다. 그것은 인간의 에고와 그 자체의 두려움, 분리의식에 의해 변조되어 왔습니다. 그렇지만 그것은 여러분의 진화를 위한 도구였으며, 여러분에게 잘 봉사했습니다. 여러분의 인간적 마음은 그것이 진화함에 따라 결국에는 신의 마음과 결합되도록 운명 지어져 있습니다. 여러분 중 어떤 이들이 하고 싶어 하는 것처럼, 그것을 제거하려고 생각하지 마십시오. 그것은 여러분의 것이며, 그것을 여러분 자신의 긴요한 측면으로서 소유할 필요가 있습니다.

　여러분이 행할 필요가 있는 것은 올바른 지식과 진실한 지혜에 의해서, 그리고 더 이상 도움이 되지 않고 여러분을 한계와 무지 속에 가두고 있는 모든 낡은 신념들을 던져버림으로써 자신의 마음을 변형시키는 것입니다. 만약 여러분이 스스로의 변형을 만들어 내기 위한 내면적인 작업을 행한다면, 여러분의 에고는 마침내 계몽의 광선의 고취 작용을 통해 점차 신의 마음과 결합하여 용해되는 단계로 진화할 것입니다. 차원상승의 과정에서 여러분의 인간적이고 에고적인 마음을 포함한 모든 측면들은 신의 마음 및 여러분 신성의 모든 특성들과 완벽하게 통합될 것입니다. 그것을 영원불멸을 향해 가는 하나의 과정이라고 생각하십시오. 왜냐하면 거기에는 항상 계발하고 배워나가야 할 또 다른 수준과 일들이 있기 때문이지요. 여러분이 자신의 마음과 가슴, 그리고 신성에 관계된 모든 측면들을 열기 위해 버려야할 필요가 있는 과정은 하룻밤 사이에 이루어질 수 없습니다. 이것은 여러분이 태어나기 이전에 자신의 진화 경로로 설정한 목표들을 달성하기 위해서 여러분 스스로 만들고 계획한 여정입니다.

점차 여러분은 필요한 지혜와 깨달음, 지식을 자신의 의식 속으로 통합할 것입니다. 그것을 행함으로써 장막은 걷힐 것이며 여러분은 자신의 마음을 충만한 신의 마음과 결합할 것입니다. 만일 여러분이 자신의 과제를 하고 싶지 않고, 자신의 잘못된 개념과 신념 체계를 유지하며 현재의 상태에 머물기를 선택한다면, 그것은 여러분의 선택이므로 아무도 당신들에게 변화를 강요하지는 않을 것입니다. 하지만 자신이 잘 알고 있고 또 사랑하고 있는 다른 이들이 다음 단계의 영적수준으로 올라가는 동안, 여러분은 자신의 진화를 보류한 결과를 짊어지고 삶을 계속 살아야 함을 잊지 마십시오.

여러분 자신의 진화는 여러분이 이곳 지구에 태어난 1차적인 목표이며, 그리고 그것은 여러분의 자발성과 충분히 거기에 몰두하는 노력을 요구합니다. 당신들의 영적진화는 그저 자동으로 일어나지 않습니다. 실로 그것은 영혼의 소망이자, 여러분이 육화한 가장 깊은 바람이고 초점이 되어야 합니다. 그렇다고 이것이 여러분의 3차원의 삶을 즐길 수 없음을 의미하는 것은 아닙니다. 사실 그것은 여러분이 자신의 삶을 사랑하고 가장 최대한 즐기는 것이 필요합니다. 그 모든 것이 하나로 통합되어야 할 필요가 있습니다. 지구의 차원이 변형되는 지금 이 시기에 여러분의 변형은 최대의 헌신과 참여를 요구합니다. 이것이 여러분이 자신을 위해 성취할 수 있는 가장 중요한 과제이자 임무입니다. 지금은 여러분이 자신의 우선순위를 정하고, 자신이 되고자 바라는 마스터처럼 행동할 시기입니다.

● 오릴리아 -많은 비율의 인류가 2012년에 상승을 성취하게 될까요?

● 아다마 - 2012년에 행성 지구와 함께 어느 정도의 사람들이 상승을 할 것인지는 아직 알려져 있지 않습니다. 우리가 현재의 70억 인구 가운데 상승할거라고 예상하고 있는 대략적인 수치가 있습니다만, 이 숫자는 개인적이고 집단적인 선택에 따라 앞으로 언제든지 바뀔 수가 있습니다.

우리는 종종 자기들 스스로를 "빛의 일꾼"이라고 자칭하는 이들이 2012년에 모든 인류가 무조건 5차원으로 상승할 것이라고 말들을 하는 것을 듣곤 합니다. 하지만 그들에게 답변하건대, "그렇지 않다."라고 말하고자 합니다. 물론 궁극적으로는 아무도 뒤에 방치되지 않을 것이긴 하지만, 모든 사람들은 누구나 위대한 〈상승의 전당〉에 초대받기 이전에 반드시 그들 자신만의 고유한 내면적인 정화작업을 해내야 하고, 스스로의 의식(意識)을 진화시켜야만 합니다.

지구역사상 일찍이 없었던 대대적인 지원이 제공되고 상승과정이 과거 어느 때보다도 훨씬 용이해졌습니다. 하지만 비록 그렇다고 하더라도 시간의 주기들 속에서 얼마나 구도(求道)의 여정이 오래 걸리느냐와는 관계없이 상승에 요구되는 모든 필요조건들과 일정한 의식(意識)의 주파수에 도달하기까지는 아무도 상승과정 속으로 끌어올려지지 않을 것입니다. 영적상승을 위해서는 먼저 여러분의 잘못된 믿음들을 치유하여 변형시키고, 사랑과 순수성, 그리고 신성(또는 佛性)의 진리를 적극적으로 수용하는 것이 필요해질 것입니다.

2012년은 이 지구상에서의 상승주기의 끝이 아니라 단지 경이로운 시작이라는 것을 깨달으십시오. 지구라는 행성의 완전한 영광과 운명이 완료되는 전(全) 과정은 2,000년이 걸리는 계획입니다. 2012년에 상승에 요구되는 모든 조건들을 구비한 사람들과 더불어 빛 속에서 상승을 성취하는 것은 지구 그녀 자신입니다.

2012년 이후의 해들에도 지구상에 태어나 있는 모든 영혼들은 그들이 영혼의 일정 수준에 준비되었을 때만 진화와 상승을 계속할 것입니다. 어떤 이들에게는 그것이 6개월이 걸릴 수도 있고, 다른 사람은 5년에서 8년, 또는 대다수에게는 더 오래 걸릴 수도 있습니다. 여러분은 또한 상승으로 인도되는 비전입문(秘傳入門) 과정에 스스로 진지하게 몰두할 필요성이 있을 것입니다. 그 입문과정은 모두에게 비슷하긴 하지만, 각자의 여정은 독특하며 그들 자신의 특색 있는 진로에 따라 각 영혼에게는 다르게 전개됩니다.

오늘날의 이 시대에 예외 없이 누구에게나 상승의 기회가 주어져 있다는 것은 사실입니다. 그러나 모든 사람들이 그것을 선택하는 것은 아닙니다. 계속해서 분리의 경험을 하기로 선택하거나 이러한 5차원의 진화단계로 진입할 준비가 안 된 그런 영혼들에게는 어딘가 다른 장소에서 그들의 진화를 계속할 기회가 주어질 것입니다. 상승의 은총은 언젠가 먼 훗날 그들이 그것을 하고자 요청했을 때 다시 그들에게 제공될 것입니다. 그리하여 때가 되면 모든 존재들은 창조주의 가슴을 이루는 사랑의 파동 속으로 귀환할 것입니다. 이런 식으로 아무도 뒤에 남겨지지 않게 될 것입니다

• 그룹 – 우리가 인간적인 우리 마음을 신의 마음과 결합할 수 있도록 어떻게 의식적으로 진화시킬 수가 있나요?

• 아다마 – 날마다 계몽의 에너지들이 여러분의 인간적 두뇌와 결합되기를 기원하십시오. 여러분 자신에게 영감을 고취하는 자료읽기, 명상하기, 자연과 교감하기 등과 같이 스스로 할 수 있는 어떤 방법으로든 자신의 의식을 확장하기 위해 노력하십시오. 여러분은 단순히 마음에 정보공급을 원하는 것이 아니라, 깨달음을 주는 숭고하고 아름다운 것들을 원합니다. 여러분의 가슴 속으로 들어가서 자신의 에너지를 내면에 존재하는 신성과 결합하기를 시작하세요. 상승과정 중에 여러분의 변형된 마음은 신성한 가슴과 결합될 것입니다;
하지만 가슴이 먼저 상승할 것이며, 여러분은 성스러운 결합을 체험할 것입니다. 또한 자신의 모든 차크라가 통합될 것이고, 그밖의 모든 것과 우주로부터 분리되었음을 더 이상 느끼지 않을 것입니다. 그것들은 초점이 서로 다를 것이나, 동시에 하나가 될 것입니다. 그리고 더 많은 차크라들이 여러분에게 추가되어 작동될 것입니다. 그것이 매우 강력함을 알게 됩니다. 그래서 상승한 대사들은 깨닫고 진보한 존재들입니다. 이 과정을 시작하는 데에 어떤 이의 허가나 등 떠밀기를 기다릴 필요가 없습니다. 이러한 깨어남과 밝아짐이 자신의 내면에서 일어나기를 바란다면, 지금 바로 시작하십시오.

• 그룹 – 내가 잠들어 있는 동안에 계몽의 광선을 요청했다면, 그로 인해 어떤 입문 과정을 겪게 될까요? 나는 어떤 영향을 받게 되나요?

• 아다마 – 우리는 여러분이 깨어 있을 때에 계몽의 광선을 요청하기를 권고하는 바입니다. 당신들이 잠들어 있는 동안에는 그 모든 것을 알고 있습니다. 여러분이 잠든 시간에 배우는 지혜를 통합하는 것은 깨어 있는 시간의 의식 속에서입니다. 베일의 다른 편에 있는 여러분은 의식적인 자아로서 모든 것에 대해 정통해 있고, 아무 문제도 갖고 있지 않습니다.

• 오릴리아 – 잠들어 있는 동안 내가 있었던 곳이나 배운 것을 의식적으로 기억하는 것은 지금 필요하지 않다고 알고 있습니다. 내가 밤중에 얻은 지식을 나의 일상생활 속에다 통합시키는 것이 더 중요하다고 생각합니다.

• 아다마 – 그렇습니다. 여러분이 아직은 매일 밤 경험한 모든 것을 기억해야 하는 것은 아닙니다. 그것들이 너무나 경이롭기 때문인데, 만일 여러분이 지금 그것들을 모두 기억하고 있다면, 자신의 3차원 체험들을 완수하는데 더 이상의 흥미를 잃어버렸을 것입니다. 또한 그렇게 되면 그것은 여러분의 영적여정을 뒤로 후퇴시켰을 것입니다. 잠든 시간에 여러분이 자신의 여러 지도령들 및 마스터와 함께 어떤 작업을 행하고 배우겠다고 자신의 의도를 한 번 설정해두면, 그들은 여러분의 목표들을 이루도록 돕기 위해 불가사의한 모든 종류의 장소로 여러분을 데려갑니다. 하지만 여러분은 그것을 기억하지 못합니다. 예들 들

어, 만약 여러분이 계몽의 신전으로 가고자 한다면, 그들은 여러분을 그곳으로 데려 갑니다. 행성 지구에는 그 신전이 하나 이상 있는데, 여러분이 원한다면 그곳 모두를 방문할 수가 있습니다. 사실 여러분은 이미 그곳을 한 번 이상 방문했습니다. 하지만 좀 더 깨어있는 상태에서 의식적으로 거기에 갈 수도 있음을 알고 있는 것이 좋습니다. 우리는 또한 우리의 도시 내에 계몽의 신전을 하나 갖고 있습니다. 그리고 우리는 텔로스에 있는 그 신전과 남아메리카에 있는 신전 사이에 빛의 다리를 만들어 놓았습니다. 우리의 세계에서는 그것들이 에너지적으로 분리돼 있지 않으며, 우리는 모두 하나로서 함께 일합니다.

- 그룹 – 우리가 일생 동안 오직 한 개의 광선만을 지니고 일하게 되나요?

- 아다마 – 꼭 그렇지는 않습니다. 한 번의 육화에서 대부분의 여러분은 적어도 2개 이상의 광선의 영향을 받으며 사는데, 어떻든 더 많은 성취를 이루고자 가장 중요한 1차적인 광선과 제2의 부차적 광선인 두 개의 광선을 지니고 일합니다. 그러나 결국은 모든 광선을 통합하고 균형을 이루어야 합니다. 여러분이 한 생애에서 제2 혹은 제3의 광선에 의거해 살았을 수 있지만, 마찬가지로 여러분은 다른 모든 광선들에 의해서도 육화했었습니다. 그리고 여러분이 이번 생애에 의지하고 있는 광선이 반드시 자신의 원래의 모나드적인 광선을 나타내고 있지는 않습니다. 여러분이 만일 아카식 기록을 읽을 수 있었다면, 자신의 모나드적 광선은 그 광선으로 살았던 더 많은 생애들의 어떤 특별한 성향으로 나타나게 될 것입니다. 그리고 여러분이 상승하면, 여러분은 대개 자신의 원래의 모나드[1] 광선으로 돌아

와 봉사하게 됩니다.

• 오릴리아 – 계몽의 광선이 우리의 정신체와 감정체, 육체, 영체의 균형을 잡는 작용을 하나요?

• 아다마 – 계몽의 광선만이 홀로 모든 체(體)들의 균형을 잡지는 않습니다. 그것의 주목적은 진정한 지혜와 지식, 깨달음의 성취와 신성한 마음을 달성하도록 돕는 것입니다. 각 광선은 다른 영향력을 가지고 작용하지만, 그것들은 모두 똑같이 서로를 보완합니다. 여러분의 세상은 지금 그릇된 정보들로 넘쳐나고 있는데, 그래서 올바른 정보가 매우 필요하며, 동시에 식별력을 계발하는 것이 매우 중요하지요. 그런데 그것 또한 모두 제2광선의 한 특성에 해당됩니다.

• 그룹 – 아다마님! 간디, 마틴 루터 킹, 그리고 J. F. 케네디를 제2광선의 존재들로 볼 수 있을까요?

• 아다마 – 존 에프 케네디는 통솔과 신의 의지의 광선인 제1광선의 존재였습니다. 간디는 사랑과 연민으로 이루어진 제3광선의 존재였습니다. 마틴 루터 킹도 역시 제1광선의 존재였습니다. 지도력은 꼭 한 가지 광선에 의해 독점된 특성만은 아닙니다만, 대부분이 제1광선의 활동이지요. 그렇다고 여러분의 세상에서 제1광선의 존재만 지도자의 역할을 하는 것은 아닙니다. 때때로 다른 광선의 존재들도 모든 광선들의 특성을 발현시켜

---

1)모나드(Monad)라는 것은 우리 개개인의 상위적인 대령(大靈), 진아(眞我), 신적 자아를 뜻한다. 지상에 육화해 있는 우리의 개체영혼들은 이 거대한 의식체(意識體)로부터 분화돼 나온 한 부분들이다. (감수자 주)

야 하기 때문에 때로는 지도자의 역할을 함으로써 자신들의 재능을 나타냅니다. 상승하기 위해서 여러분은 모든 광선들에 대해 동등하게 터득해서 숙달상태에 도달할 필요가 있습니다.

• 그룹 - 제2광선의 오용(誤用)에 대해서 설명해 주시겠어요?

• 아다마 - 제2광선의 오용에 대한 일부 경우는 잘못된 방식으로 지식을 사용하거나, 있는 그대로 사물을 이해하지 않으려는 그런 의식적인 무지를 받아들이는 것입니다. 삶과 자아에 대한 환영(幻影)을 받아들임도 또한 제2광선의 오용입니다.

잠깐 가슴에 대해 이야기하겠습니다. 인간의 마음과 머리는 원래 항상 가슴에 봉사하도록 고안된 당신들이 3차원에서 가지고 있는 도구입니다. 여러분의 가슴은 신의 신성한 마음에 연결되어 있습니다. 그리고 여러분이 자신의 진아(眞我)와 결합 상태에 도달할 때까지, 여러분의 이지적 혹은 에고의 마음은 언제나 의식적으로 가슴에 대한 봉사 상태에 있는 것이 필요합니다. 그리고 결국에는 그것이 존재의 자연스러운 상태가 됩니다. 여러분이 자신의 가슴 대신 인간적 마음을 통해 일을 하거나 활동하고 있을 때, 그리고 생명의 더 높은 목적과 연결되지 않을 때, 의식의 상태는 영적인 무지와 에고의 마음에 대한 통제 및 조작을 통해서 제2광선의 오용을 낳습니다. 예컨대 어떤 사람들은 훌륭한 인간적 지성(知性)을 갖고 있으나, 영적인 지혜가 없습니다. 그들은 종종 존재하는 삼라만상과의 하나됨을 추구하는 대신에 변조된 에고에 대한 헌신에다 그 훌륭한 지성을 이용합니다. 다시 예를 들어, 여러분의 정부의 지도자들은 자신들이 취하는 행동과 통치를 위해 선택하는 방식보다 더 나은 것을 알고 있습니다. 그럼에도 여러분은 정부 내에서 일어나고 있는 위법행위와 비밀에 대한 정보를 많이 접합니다. 그런 행위들은 제2광선과 리더쉽에 대한 커다란 오용이지요. 이해하시겠습니까?

• 오릴리아 - 이해해요. 그것이 매우 파괴적일 수 있다고 생각됩니다.

• 아다마 - 그렇습니다. 사물에 대한 여러분 자신의 시각은 오직 여러분만이 바꿀 수 있으며, 또 사랑과 평화, 조화의 에너지를 여러분만이 먼저 자신을 위해 받아들일 수 있습니다. 그 다음 그 에너지들을 충분히 소유한다면, 여러분은 있는 그대로 간단히 자기 주변의 다른 모든 사람들에게 그 에너지들을 방사할 수 있습니다. 모든 사람들이 누구나 가슴을 통해 신의 마음에 다가가기 시작하면, 정부들도 또한 대중 집단의 새로운 의식(意識)을 반영하고 변하기 시작할 것입니다. 여러분이 변함으로써 집단이 자체의 의식을 진화시키고, 그리하여 여러분의 정부들도 변할 것입니다. 이런 식으로 여러분은 그것이 결코 "그들에 " 관한 것이 아니라, 여러분 모두가 함께 하는 것이라고 보기 시작합니다. 여러분의 정부들은 항상 그들이 통치하는 국민의 의식을 반영합니다. 여러분이 진화함으로써 당신들은 자신들의 지도자로서 좀 더 깨달은 존재들을 선출할 지혜를 가질 것입니다. 그들은 항상 여러분의 거울들입니다.

• 오릴리아 - 크라운 차크라의 오용에 따른 부작용은 무엇이며, 그것이 육체에 어떻게 나타나는지요?

• 아다마 - 크라운 차크라는 앎과 지혜, 깨달음을 반영하도록 설계된, 육체에서 신의 마음의 자리이자 도구입니다. 자신들만

의 이익을 위해 인간적 지식을 이용하고, 조작하고, 통제하며, 의도적으로 국민을 오도하는 자들은 그들이 만들어낸 결과물을 거두어들일 것입니다. 즉 결국 그들은 자신들의 창조물이 카르마(業)로 돌아옴을 체험할 것입니다. 그들에게 되돌아올지도 모를 방법들 중 어떤 것은, 알츠하이머증[2], 파킨슨병[3], 기억 상실이나 정신적 기능장애 혹은 질병과 같은 그러한 정신병일 수도 있습니다. 나이가 들어감에 따라 원래 여러분은 더 현명해지고 또 신의 마음을 더 많이 받아들이도록 되어 있습니다. 하지만 여러분의 사회에서는 사람들이 나이 들어가면서 그 반대인 경우가 매우 우세합니다. 양로원이나 정신병원에 있는 많은 사람들은 정신적 악화 상태에 처해있는데, 그들은 자신의 이름을 더 이상 말할 수 없거나, 자신들의 사랑하는 이들을 알아보지 못합니다. 인간적인 수준에서 당신들은 어떤 것을 결코 제대로 판단할 수 없는데, 여러분의 판단력은 매우 제한된 이해에 불과하기 때문입니다.

**이제 명상을 하고 함께
에테르 계에 있는 계몽의 신전으로 가도록 합시다.**

계몽의 신전에 대한 명상

● 아다마 - 우선, 우리는 텔로스에 계몽의 신전을 하나 보유하고 있는데, 그것은 남아메리카 티티카카 호수에 있는 지구 행성의 계몽의 대신전을 작게 본뜬 것입니다. 장엄하고 경외로운 그

---

2) 노인성 치매증
3) 전신 마비증

남아메리카의 신전은 이 행성에서
광선의 에너지에 대한 관리자이자
고도로 진화된 존재인 메루 신과
여신의 통제 하에 유지되고 있습
니다. 지금 우리는 여러분들을 그
곳과 동일한 주파수를 간직하고
있는 텔로스의 한 신전으로 데려
갈 것입니다.

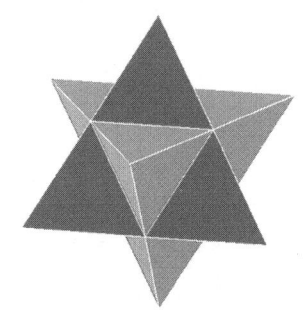
머카바의 모습

 여러분은 자기 가슴에다 집중하
고 우리의 지저도시에 있는 계몽의 신전으로 함께 여행을 떠날
수 있도록 자신의 의도를 설정하기 바랍니다. 여러분의 지도령
들과 고등한 자아에게 거기에서 여러분의 의식이 우리와 함께
할 수 있게 인도해 달라고 요청하십시오. 여러분 모두를 편안하
게 수송할 거대한 머카바(merkaba)4)가 우리에게 있는데, 여행
을 위해 탑승하시기 바랍니다.

 이제 여러분 자신이 텔로스에 있는 그 신전의 출입문에 도착
하고 있음을 감지하십시오. 멀리서 여러분은 태양처럼 빛나는
황금빛의 노란 팔각 건조물을 보고 있습니다. 그것은 자체의 계
몽의 에너지 광선을 수백 마일 떨어진 행성 지표면의 대기 속
으로 방사하고 있으며, 또한 이 에너지를 지구전역에다 매우 신
속하게 분배하는 수정 격자와도 연결되어 있습니다.
 그 빛의 출입문을 향해 나 있는 24개의 계단을 오르고 있는
자신을 보십시오. 마지막 계단에 자신의 발을 올려놓을 때, 입
구의 파수꾼들인 텔로스의 우리 주민 두 사람이 여러분에게 인

---

4) 2개의 피라미드가 상,하로 결합된 형태인 별 모양의 4면체들로 이루어져 있으
며, 신성한 "빛의 수레"라고 부른다. 상승한 마스터들이 고차원 세계와 파장이 동
조된 사람들과 연결하여 그들을 돕기 위해서 이용한다고 한다. (감수자 주)

사를 합니다. 그들은 여러분을 쏟아지는 황금빛 광선의 샤워에 잠기도록 홀의 특정한 구역으로 이끄는데, 그 광선은 당신들이 신전 안으로 들어갈 수 있도록 여러분의 에너지 장(場)을 정화하고 준비시킬 것입니다.

이때 여러분 각자에게는 레무리아인 안내자가 한명씩 배정되며, 그들은 여러분이 입구를 지나 걸어갈 때 호위하면서 앞으로의 경험에 관해 조언할 것입니다. 그리고 당신들이 가장 호화롭고 걸출한 2광선의 대사들의 팀에 의해 다른 편에서 인사를 받는 것은 바로 그 때입니다. 그들은 자신들의 사랑의 가슴을 여러분에게 확장하고 있는 마이트레야, 붓다, 사난다, 란토, 공자, 듀알 컬, 그리고 쿠트후미입니다.

그들은 진심으로 환영하면서 큰 현관 같은 아름다운 입구의 통로에서 여러분을 맞이합니다. 그곳에는 여러분이 보는 모든 것들이 태양처럼 빛을 방사하고 있습니다. 여러분이 보고 체험하는 것을 묘사할 인간의 언어는 없습니다만, 그것은 중요하지 않습니다. 자신의 체험을 더 분명하게 만들어내기 위해서 상상력을 이용하십시오. 상상력은 일종의 신의 마음의 재능인데, 거기엔 모든 과거와 현재의 경험들이 그 흔적을 저장합니다. 그리하여 나중에 여러분이 의식 상태에서 그것들을 상기할 수 있는 것입니다. 자신의 가슴과 의식이 영혼의 눈으로 보고 지각하는 모든 것으로 채워지고 새겨지도록 허용하십시오. 여기에 있는 모든 것들이 어떻게 그 광선에 해당하는 창조주의 사랑으로 이루어진 황금빛 태양을 반사하는지 보십시오.

거대한 "계몽의 홀" 중앙과 그 벽을 따라 솟아나는 끊임없는 황금빛 액상의 수많은 샘들의 모든 에너지를 주목하고 흡입하십시오. 그리고 황금빛 안개의 색조로 희미하게 반짝이며 여기 저기에 그 거룩한 향기를 뿜어내는 다채로운 꽃들을 보십시오. 여러분이 보고 있는 모든 곳에서 지혜와 계몽, 사랑의 교향곡을 들려주며 가장 멋지고 조화롭고 화려한 장식 속에서 함께 자라고 있는 서로 다른 색조와 크기의 다양한 황금빛 노란 꽃들을 상상하십시오. 섬세한 마루와 벽, 천정, 그리고 주위의 모든 절경을 주의해 보십시오.

신전 내의 거대한 공간 앞으로 걸어가면, 거기에는 계몽의 천연불꽃(the Unfed Flame)이 찬란하게 타오르고 있는 큰 용기(容器)가 하나 있습니다. 또한 "계몽의 홀" 중앙의 그 큰 계몽의 불꽃 주위에 서 있는 앞서 언급한 지혜의 마스터들을 주목하십시오. 끊임없이 흐르는 그들의 사랑과 돌봄에 의해 계속 소용돌이 치며 확장되는 그 무한의 빛의 불꽃을 그들이 어떻게 만들고 보살피는지 보십시오. 그들이 헌신적으로 봉사하며 그 신의 화염들을 보살피지 않았으면, 그 다양한 불꽃들은 존재하지 않았을 것이며, 나아가서는 소멸되었을 것입니다. 그 불꽃들의 유일한 연료는 그것들을 돌보는 존재들의 가슴에서 솟아나오는 불같은 사랑과 헌신으로부터 생깁니다. 그들은 인류와 지구 행성 자체의 이로움을 위해 그 불꽃들을 생생하고 찬란하게 보존하고 있습니다.

사랑하는 이들이여, 심호흡을 계속하십시오. 그것은 지금 여러분에게 제공된 매우 특별한 선물이랍니다. 이 신전의 여러 문들이 아직 상승하지 못한 존재들에게 항상 열려 있지는 않습니다. 여러분은 오늘 여기에 특별한 배려로 왔는데, 여기에 온 여러분을 위해 그 에너지를 유지하려고 자원한 다른 마스터들과 마이트레야 대사님께 깊이 감사드릴 것을 권하는 바입니다. 그리고 그럼으로써 여러분의 입장이 허용될 수가 있습니다. 같은 경험을 원하는 이 책을 읽는 이들에게는 만일 그대들의 소망이 순수하고 진실하다면, 동일한 배려가 여러분에게도 주어질 것입니다.

여러분에게 배정된 안내자들에게 계속해서 주의를 기울이세요. 그들과의 상호작용에 의해 많은 지혜와 깨달음이 공유될 수 있습니다. 이제 여러분은 마스터의 황금빛 불꽃 앞에 있는 황금빛 수정 의자에 앉기 바랍니다. 그 에너지를 느껴 보십시오. 여러분의 에테르체의 모든 세포와 미립자에 스며드는 찬란한 황금빛 불꽃을 느끼십시오. 경이롭게 빛나는 계몽의 불꽃에 집중함으로써 가능한 한 많은 에너지를 흡입하기 바랍니다. 그것이 자신의 모든 부분에 스며들도록 하십시오. 우리 텔로스 주민들의 사랑과 상승한 대사들, 천사들의 사랑에 의해 쉬지 않고 보살펴지고 있는 그 불꽃은 60피트(약18m) 높이로 서 있습니다.

호흡을 통해 그 불꽃에 집중하면서, 자신의 가슴을 그 불꽃을 보살피는 신의 마음과 지혜의 마스터들에게 연결하십시오. 자신의 가슴을 그들의 가슴에 연결하고, 그들의 사랑과 헌신을 자신의 DNA와 모든 차크라들에 새겨줄 것을 요청하십시오. 또한 그 빛을 5차원의 지혜와 함께 자신의 마음에 불어넣어 줄 것을 요청하십시오.

여러분의 변조된 에고를 이 체험으로 끌어들이세요. 그것 또한 신성하며, 자신의 빠뜨릴 수 없는 부분이니까요. 그것은 여러분이 제거할 수 있는 부분이 아니며, 그 당초의 목적으로 돌아가 변형되어야 할 필요가 있는 여러분의 한 부분입니다. 더욱이 그것은 상승의 과정에서 신성과 재결합될 것입니다. 이 부분 역시도 여러분의 자기-사랑으로 이해되고 보살펴져야 할 필요가 있습니다. 여러분의 그런 분리된 측면들, 즉 자신의 인간적 마음과 변조된 에고를 받아들이십시오. 그리고 단지 애정을 기울여 계몽의 불꽃이 자신의 그런 측면들에게 스며들게 하세요.

어린아이 혹은 젊은 사람에게 하듯이, 여러분의 그 여러 부분에게 커다란 사랑과 자비심으로 말하십시오. 인간의 에고에게 그 또한 신성하며, 사랑 받아야 함을 말하세요. 그리고 사랑과 위안을 받기 위해서는 이 계몽의 불꽃의 위대한 지혜에게 내맡기도록 에고에게 요청하십시오. 그것을 실행하십시오. 그러면 여러분은 더 큰 지혜와 내면의 앎으로 자신의 삶을 살 수 있습니다.

자신의 몸으로 돌아가 일상생활 속에서 어려운 결정에 직면할 때는 자신의 내면의 눈으로 이 아름다운 계몽과 지혜의 불꽃을 시각화하십시오. 지금 이 순간 여러분이 알고자 하는 것이 무엇이든, 또는 해야만 하는 선택이 무엇이든 그런 것들에 관한 가장 위대한 통찰력이 떠오르게 해달라고 요청하십시오. 이것이 당신들이 무자각 상태와 영적인 잠에서 빠져나올 방법이며, 그것은 또한 분별력을 익히는 방법입니다.

아울러 이것이 여러분 자신의 사념을 신의 사념과 하나가 되게 할 방법이며, 또 여러분이 한계에서 벗어나도록 도울 것입니다. 모든 불꽃들은 그 고유한 방법들로 여러분이 영적인 한계 상태를 극복하고 회복할 수 있도록 도울 수가 있습니다. 그럼으로써 여러분은 다시 한 번 지혜로운 대사들과 현자들처럼 지구를 걸을 수가 있을 것입니다.

또한 이러한 에너지와 지식이 여러분의 의식적인 마음속에 통합될 수 있도록 요청하십시오. 모든 것을 자세히 기억하지는 못하겠지만, 그 지식은 여러분의 영혼 속에 새겨져 있을 것인데, 그것이 가장 중요합니다. 여러분은 자신을 고통과 한계 속에 가두는 잘못된 신념 체계를 너무 많이 자신의 영혼 속에다 각인시켰습니다. 그것들이 여러분의 의식 앞에 드러나도록 요청하십시오. 그런 다음 그것들이 계몽의 불꽃에 의해 이해되고 정화되고 치유되도록 요청하십시오. 이 과정은 여러분의 자발적 의향과 본격적인 참여가 요구되는 점진적인 과정입니다. 그리고 상승의 과정에서 이 과정이 완료되었음이 명백해질 것입니다.

더욱더 신의 마음과 하나로 융합되는 과정을 계속하십시오. 그것은 가슴의 지성을 나타냅니다. 다 되었다 생각되면, 일어나서 자신의 안내자와 함께 주변을 걸으며 자신이 찾고 있는 답변에 대한 질문을 하십시오. 이 신전은 수많은 면들과 구역들, 방들로 이루어진 매우 거대한 건물입니다.

그 아름다운 에너지 속에서 자신의 영혼과 가슴을 휴식하면서 계속해 나가십시오. 그것은 또한 여러분 신성의 영광을 나타냅니다. 그것은 신의 마음을 통해서, 계몽의 불꽃을 통해서인데, 그 모든 지식은 여러분이 그것에 완전히 파장이 동조될 때 자신의 의식적인 마음에 접근되고 전달될 것입니다. 가슴을 통해 의식적으로 그것을 더 많이 행할수록, 여러분은 더 위대하고 더 현명한 존재가 될 것이며, 더 빨리 우리는 얼굴을 마주하고 만날 수 있을 것입니다. (잠시 멈춤)

이제 보통 때의 의식을 회복하고 자신의 몸속으로 돌아가십시오. 계몽의 신전 속으로의 명상여행 중에 가능한 한 많이 그 에너지 혹은 지식을 자신에게 가져오도록 하십시오. 여러분이 제2광선의 사랑의 에너지에 주파수가 일치돼 있는 한, 원할 때는 언제든지 거기에 되돌아갈 수 있도록 허락을 받고 있음을 아십시오.

계몽의 신전에는 상승한 상태에 있으면서도 봉사하는 지혜의 마스터들이 많이 있습니다. 그들은 또한 제2광선의 아쉬람(修道場)과 연결되어 있는데, 그곳은 계몽의 신전 내의 수많은 구역들 중의 한 장소에서 개최되고 있는 수업들과 개별 훈련을 위해 밤에 많은 영혼들이 오는 곳입니다. 하지만 거기서는 자신의 의식을 사랑하고 진화시키고자 하는 여러분의 자발성 외에는 어떤 수업료도 받지 않습니다.

준비되었으면, 눈을 뜨십시오. 자신과 더불어, 그리고 다른 이들과 더불어 행복하고, 감사하고, 화목하십시오. 친애하는 이들이여, 오늘 우리와 함께 해주심에 나는 감사드립니다. 우리는 여러분에게 우리의 지혜와 우리의 후원과 우리의 통찰력을 드립니다.

- 오릴리아 – 감사합니다. 아다마. 당신이 너무 너무 사랑스럽습니다! 또 나는 오늘 참여해 주신 다른 이들을 대표하여 당신에게 감사드립니다.

- 아다마 – 나의 사랑하는 이들이여, 나는 그대들의 거울입니다. 마찬가지로 여러분은 모두 너무 너무 소중합니다.

계몽의 황금 불꽃을 향한 기원

대중심 태양의 신의 가슴으로부터 오는 영광스러운 계몽의 황금 불꽃이여, 나는 사랑하는 메루신과 여신님이 나의 가슴과 마음, 영혼 속에 임재하시기를 기원하나이다. 나의 의식 속에 있는 신성의 완전함이 결여된 모든 것들을 변형시킬 끝없는 에너지의 방사가 나에게 퍼부어져 귀중한 계몽의 향유가 나의 존재에 흘러넘치기를 바라나이다.

오 빛의 불꽃이여! 너무나 밝고 찬란합니다.
오 신의 불꽃이여! 보기에 참으로 경이롭습니다.
흐르는 지혜의 원천들이여!
나를 태양의 가슴을 향해 귀향시켜 주소서.

이제 당신의 충만한 힘과 함께 다가와,
나의 손을 잡고 내 눈을 뜨게 하소서.
당신의 경이로운 기적들이 나의 삶에 흘러넘치게 하시고,
저를 통해서 계몽의 불꽃이 타오르게 하소서.

그러므로 나는 나의 가슴에서 우러난 사랑의 불을 통해 신과 함께 걷기를 선택합니다. 나는 바로 현현한 신이며, 또한 나를 통해 흐르는 찬란한 황금빛의 장엄한 각성의 흐름이 있음을 선언합니다.

그리고 지금 나는 이 빛의 흐름이자, 황금빛 평화의 흐름입니다.

이제 나는 나의 모든 의식과 존재, 세상이 빛 속에 삼켜져 사랑의 팔에 둘러싸였음을 선포합니다. 내가 살고 있는 이 세상은 빛으로, 사랑으로 충만하며, 승리가 보장되었습니다. 나의 고유한 승리가 확실한데, 왜냐하면 나는 이 행성에 생존하는 모든 남녀와 아이, 그리고 나 자신의 모든 부분을 치유하며 신성한 향기를 뿜어내는 거룩한 사랑-계몽의 광선이기 때문입니다.

오! 바라보기에 너무 놀라운 사랑의 불꽃이시여,
오늘 저를 통해서 그대의 황금빛을 펼쳐주소서.
결코 소멸하지 않는 신의 빛 속에서,
저와 온 인류를 축복하고, 치유하고, 밝게 비추고,
봉인해 주옵소서.

14 장

우주적인 사랑의 불꽃, 제3광선의 활동

**사랑의 사원으로 향하는 명상과 더불어
아다마, 행성의 마하 초한, 폴 베녀치안과 함께하다**

● 아다마 – 안녕하세요, 오릴리아, 아다마입니다. 나는 그대와 그대의 친구들이 사랑의 불꽃을 둘러싼 모든 것에 관해 토론을 원하고 있음을 알고 있습니다.

● 오릴리아 – 그렇습니다. 아다마, 나와 함께 있는 그들과 마찬가지로 저도 그러기를 바라고 있습니다. 사랑에 관해 언급되고 기록된 것이 이미 매우 많지만, 비전 입문자조차도 아직 완전히 이해가 되지 않았습니다. 지상에 살고 있는 인간으로서 얼마나 우리가 사랑의 의식을 실천하려고 애쓰는지에 상관없이, 아직도 종종 이원성과 비판에 빠지곤 합니다. 한 번 더 사랑에 대해서 말씀해

주십시오. 그러면 우리의 가슴이 그 진동의 향기로운 감로(甘露)로 채워질 수 있겠습니다.

• 아다마 – 나의 사랑하는 자매들과 가족 여러분, 나는 여러분 모두를 무척 사랑합니다. 텔로스에 있는 우리 모두는 더 깊은 수준에서 사랑에 관한 신비를 이해하고자 하는 여러분과 같은 이들에게 매우 감사하고 있습니다. 낙심하지 마십시오. 여러분의 충분한 이해는 점점 발전하고 있습니다. 그 놀라운 에너지를 구현하려는 노력을 계속함으로써, 그것이 여러분의 내면에서 계속 확장될 것입니다. 가까운 미래의 어느 날, 여러분을 빛과 사랑의 땅에 있는 우리에게 돌아오도록 초대하는 것은 우리의 커다란 기쁨이 될 것입니다. 사랑에 대해 이야기할 기회를 주셔서 대단히 감사합니다. 나는 푸른 광선의 마스터이나, 사랑에 대한 주제를 토론하는 것은 항상 내가 선호하는 것 중의 하나입니다.

먼저, 몇 가지 배경을 말씀드립니다. 사랑의 불꽃은 인류를 위해 이 행성에서 작용하고 있는 신의 일곱 불꽃 중 하나입니다. 사랑의 색채는 수천 가지의 사랑과 광선의 조합 속에서 매우 밝은 분홍빛에서부터 가장 짙은 황금빛 루비에 이르기까지 아주 다양한 주파수와 성질, 색채로 확장됩니다. 사랑은 완벽한 질서와 조화, 그리고 장엄한 아름다움 속에서 함께 기능하는 모든 신의 창조물을 간직한 아교이자 진동입니다. 현재 사랑의 제3광선에 대한 초한(Chohan)의 직분을 유지하고 있는 존재는 폴 베네치안(Paul Venetian)[5] 대사입니다. 이 행성에서 그는

---

[5] 그의 인간으로서의 마지막 육화는 베니스 태생의 르네상스 시대 화가, 파올로 베로네세(Paolo Veronese, 1528–1588)였다. 파올로 베로네세는 '베네치아파'를 대표하는 화가의 한 사람으로 꼽히며, 빈틈없는 구도와 화려한 색채의 장식화를 주로 그렸다.

폴 베네치안 대사의 영정.(마지막 육화 때의 모습)

그 스스로 신의 사랑으로 이루어진 순수한 불꽃의 구현자가 되었습니다.

제3광선은 신적이고 인간적인 자아에 대한 사랑을 증폭시키는 가슴 차크라와 연결되어 있습니다. 다른 많은 특성들 중에서 그것의 신적 특성은 편재, 연민, 자비, 자애, 그리고 성령(the Holy Spirit)의 사랑을 통해 활동하며 신이 되고자 하는 소망입니다.

우주적인 사랑으로 이루어진 불멸의 불꽃에 대한 그 자신의 깊은 통달로 인해 이 폴 베네치안 대사는 또한 지구 행성의 마하 초한의 직분을 맡고 있습니다. 지구영단 내의 그 지위에서 지금 그는 여러분에게 성령의 임무로 알려진 그 에너지를 구현

그는 바로 그 생애 말년에 프랑스 남부에 위치한 "자유의 성"에서 불멸의 존재로서의 상승을 성취했다고 한다. (감수자 註)

하는 데에 책임이 있습니다. 그리고 이것은 한 권의 책에서 여러 장들을 채울 수 있을 정도로 매우 복잡하고도 놀라운 직책입니다. 그 위대한 마스터가 방금 우리가 모인 홀에 입장했으며, 그의 참석은 우리 모두에게 영광입니다. 가슴으로 그를 환영하십시오. 그가 지금 자신의 순수한 사랑의 빛으로 여러분을 축복하고 있습니다.

지구 행성에는 사랑의 불꽃으로 이루어진 몇몇 은둔처(retreat)와 사원들이 있습니다. 우리는 텔로스에 사랑의 대사원(大寺院)을 하나 갖고 있는데, 이 행성뿐만 아니라 이 우주와 다른 여러 우주 도처에는 빛으로 이루어진 모든 지저 에테르 도시들마다 여러 사랑의 사원들이 있습니다. 마지막에 프랑스 사람으로 육화했던 폴 베네치안 대사는 남부 프랑스의 자유의 성(the Chateau do Liberty) 아래에 있는 제3광선의 에테르 은둔처의 수호자입니다. 그는 뉴욕시에 있는 태양의 사원 아래에도 또 하나의 다른 은둔처를 갖고 있습니다. 또한 캐나다 마니토바의 위니페그 호수 주위에는 사랑의 쌍둥이 불꽃인, 헤로스와 아모라라 하는 사랑의 엘로힘의 영적 은둔처가 있으며, 미국 미주리 주 세인트 루이스에는 사랑의 쌍둥이 불꽃인 샤무엘과 채러티라 하는 제3광선 대천사들이 만들어 보호하는 또 다른 웅장한 신전이 있습니다.

이제 잠시 동안, 모든 창조물들 중에서 유일하게 진실하고 영구적인 힘으로서의 사랑에 대해 말하고자 합니다. 그 다음에 나는 여러분에게 연설할 폴 베네치안 대사를 초대할 것입니다.

사랑은 일종의 말이 아닙니다. 그것은 본질이고, 힘이며, 진동입니다. 그것은 생명입니다! 그리고 사랑은 모든 존재 중에서 가장 귀중한 요소이자, 살아 있는 역동적인 힘입니다. 그것은 시간을 초월하고 공간을 제거하는 황금빛 꽃마차입니다. 또한 사랑은 창조된 모든 것들 중에서 외부에 있는 빛으로 이루어진 최초의 물질입니다. 그것은 모든 것을 함께 유지시키고 통합하는 힘입니다. 사랑은 그저 모든 것을 수용합니다. 그리고 강력한 사랑은 모든 것을 치유하고 변형시킵니다. 인간적 자아와 대우주적 자아 사이를 나누는 아무 장벽도 없는 것과 같이, 인간적 사랑과 그리스도의 사랑 사이를 나누는 어떤 장벽도 없습니다. 다만 강도와 진동이 서로 다를 뿐입니다. 그리스도의 사랑은 단지 인간적 사랑이 구체화되고 수백만 배로 확대된 것입니다.

사랑을 연약한 것으로 알고 있는 사람들이 있습니다. 그러나 사랑은 절대 연약하지 않으며, 가장 강력한 것입니다. 사랑은 여러분이 계발할 수 있고 발전시킬 수 있는 신의 가장 중요한 특성입니다. 그 힘은 모든 것을 인내할 수 있으며, 모든 것으로 기뻐할 수 있고, 모든 것을 찬미할 수 있습니다. 또한 사랑은 여러분의 삶의 에너지와 조화를 끌어당길 수 있는 변치 않는 힘입니다. 그 치유의 부드러움은 모든 것에 스며들며, 모든 가슴을 감싸 안습니다. 인간이 신께서 부여하신 이 사랑의 위대한 능력을 발전시키면, 사랑으로 바라보는 그의 정화된 영적 비전(Vision)이 무엇이든 간에 창조하여 결실을 맺는 힘을 가질 것입니다.

사랑의 불을 완성한 자들에게 두려움은 더 이상 존재할 수 없습니다. 여러분의 고등한 자아는 막대한 양의 인간적 부정성을 순수한 사랑과 빛으로 즉시 변화시키는 능력을 갖고 있습니다. 이 위대한 사랑의 선물을 습득하는 것이 여러분의 삶에 있어서 주요 목표이자 소망이 될 때, 또 그것이 더 이상 거부될 수 없는 강력한 관념이 되었을 때, 바로 그것이 실현될 것입니다. 이렇게 한 존재가 사랑의 수용자가 됨으로써 대단히 큰 영광의 성벽이 그 개인의 주위에 만들어지며, 참으로 순수한 사랑이 늘 그 혹은 그녀를 다시 접촉할 수가 있습니다.

이 신성한 사랑의 선물을 얻는 자들에게는 빛의 세계가 활짝 열리고, 모든 힘들이 다시 그에게 수여됩니다. 무한한 주권 속에서의 힘과 풍요, 모든 그들의 신성한 완벽함 속에서의 아름다움, 젊음, 활력, 신의 마음에 속한 전지(全知)함과 완전히 회복된 모든 영적 특성들은 완성된 사랑의 선물들입니다.

신과 자신의 신성한 진아에게 그 신성한 그리스도적인 사랑을 향해 스스로를 열도록 여러분 가슴의 모든 에너지로 기도하십시오. 그 사랑이 자신의 가슴 속에서 감사하고 예배의 노래로 찬미하도록 하십시오. 영원한 기쁨과 감사로 이루어진 여러분의 가슴의 노래로 자신의 가슴이 계속 고양되도록 하십시오. 그러면 그 위대한 사랑이 여러분의 것이 될 것입니다. 여러분이 어디를 가든지, 상위 세계의 모든 힘과 보물이 언제나 영원히 하늘과 지상에 있는 여러분에게 주어질 것입니다.

이 하늘의 보물들은 인간이 자아 속에, 또 자신의 신격(神格)이 자리한 신성한 가슴 속에 감춰진 신께서 부여한 잠재력을 방출할 때 계발되는 신성한 선물이며, 특성들입니다. 신께서 여러분 모두에게 제시하는 이 선물과 힘은 여러분을 신성한 존재로서 완전히 회복시키기 위한 신의 계획입니다. 그분은 여러분이 그것들을 완전히 받아들이도록 참고 기다리고 계십니다.

여러분 각자의 내면에는 자신의 공로가 저축되거나 인출되는 우주적 은행계좌가 간직되어 있습니다. 미래의 다음 세상에서 인간은 더 이상 자신의 재산, 인간적 지식, 혹은 지상에서의 지위나 명예로 판단되지 않습니다. 한 인간은 그의 영적 도달 수준에 따라, 즉 그 사람이 어떤 존재이고 어느 단계에 있느냐에 의해 판가름됩니다. 그가 한 신성한 존재로서 되는 것이 유일한 평가의 척도이며, 그것이 그가 생각하고 느끼고 행한 모든 것을 합한 총계를 나타내고 있는 것입니다. 눈부신 힘과 아름다움의 의상이며, 순수한 사랑으로 이루어진 그 위대한 그리스도 빛의 외투는 인간이 하늘의 곳간에다 자신의 부(富)를 쌓기 시작할 때 내면에서 만들어집니다. 즉 여러분에게 부여될 영광스러운 빛의 흰 외투는 사랑과 연민, 자비, 배려, 감사, 찬미로 인해 증가된 자신의 우주예금으로부터 자연히 발생하는 이득입니다.

여러분이 자신을 그리스도적인 사랑을 구현하는 데 바침으로써 여러분의 우주 은행계좌에 천상의 수확물로 그 풍부한 잔고와 무제한의 이자가 쌓여 백배로 증식될 때, 그 위대하고 역동적인 부(富)의 성취를 기뻐하세요. 그렇습니다. 훨씬 더 많은 하늘의 재산이 모일 것입니다!

여러분에게 몇 가지 생각을 말한다면, 현재의 대부분의 인간 영혼들은 가슴 속에 16분의 1에서 8분의 1인치 정도의 수준에서 불타고 있는 사랑의 불꽃을 여전히 지니고 있다는 것입니다. 여러분 중에 부지런하고 결의가 굳은 많은 이들의 경우 그 사랑의 불들이 보다 더 커다란 크기 수준에 도달했습니다만, 아직도 갈 길이 남아 있습니다. 여러분의 가슴 속에 있는 그 사랑의 화염이 9피트(약2.7m) 높이의 불꽃으로 타오를 때, 당신들은 마침내 "빛의 날개"에 태워져 고향에 이르렀음과 불사신(不死神)들에 둘러싸여 자격을 인정받았음을 알게 될 것입니다.

● 오릴리아 - 야아! 정말 놀라워요. 아다마, 나는 그것을 정말 이루고 싶어요. 우리들을 다시 깨닫게 해주셔서 고맙습니다. 나는 그 놀라운 사랑에 대해 알고는 있었지만, 아직도 그렇게 완전히 이해하지는 못했거든요. 우리가 신성으로 개화되는 것과 완전한

사랑을 깨달으려는 불타는 소망을 방해하는 것은 무엇인가요?

• 아다마 – 여러 가지 요인들이 있는데, 몇 가지만 말씀드리겠습니다. 그 나머지는 여러분이 생각해 낼 수 있을 겁니다. 내가 언급하려는 그 요인들이 모두 여러분 개인들에게 적용되는 건 아니며, 대체적으로 여러 요인들이 여러 단계로 대부분의 사람들에게 적용됩니다. 첫째는 깨어있음과 열의(熱意)의 부족인데, 당신들에게는 그러한 약속들에 대한 믿음이 너무 없습니다. 자신의 영적인 발전에 있어서 충분한 시간과 에너지를 바치고자 하는 결심과 일관성 부족이 여러분을 영적인 무기력과 소극적인 상태에 놓이게 합니다. 사랑과 상승에 대한 여러분의 욕구가 아직도 미온적인 단계에 있습니다.

그것 없이는 여러분이 더 이상 살 수 없을 만큼
위대한 것이어서,
그것이 여러분의 가슴과 영혼 속에서
불타는 소망이 될 때까지는
이런 진화의 단계를 성취할
충분한 사랑과 힘, 에너지를 일으키지 못합니다.

대부분의 여러분은 어떤 영적인 나태로 고통 받고 있다 하겠습니다. 여러분은 모두 어떤 존재가 "되기" 보다는 오히려 세속적으로 무엇인가를 "하기"에 너무 바쁩니다. 자신의 영적인 목표를 계획한 많은 이들은 그것의 실행이 지연된 데에 대한 최근의 변명거리를 항상 찾고 있습니다. 그리고 이처럼 여러분 중에 얼마나 많은 이들이 자신의 현재의 육화에 관계된 영적인 목표들을 숙고하기 위해 "자신"과 진지하게 대화하는 시간을 가져보는지는 말할 것도 없습니다. 여러분은 그 목표에 어떻게 도달할 것인지를 변함없이 진지하게 숙고해 보았나요? 또 왜 자신이 현재 이곳 지구에 태어나기를 선택했는지 온전히 이해하고 계십니까?

우리는 이제 여러분이 자신의 모든 세속적인 "실행 목록"을 반으로 줄이고, 신성의 사랑을 통합하고 발전시키는 데 노력을 바치기 시작하라고 권하는 바입니다. 진행되고 있는 토대 위에서 자신을 사랑하고 노력에 전념하는 데는 시간이 걸립니다. 그것이 간단히 저절로 되지는 않습니다. 여러분은 자신의 영적진화를 너무나 많은 생애들 동안 그저 운(運)에 맡겨두었었습니다. 그리하여 당신들은 아직도 여기에서 고통과 결핍 속에 존재하고 있는 것입니다. 사실 지금 여러분 모두에게 이것보다 더 중요한 것은 아무 것도 없습니다. 기억하십시오. 여러분이 오늘 또 내일 행하는 모든 것, 그리고 어제 행한 모든 것은 단지 자신의 삶에 아주 짧은 기간 영향을 미쳤음을 말입니다. 하지만 당신들이 인간으로 육화해서 신성한 한 존재로 변형되는 경험은 영원히 자신에게 남습니다. - 어느 쪽이 더 중요한가요?

여러분은 나에게 말할 것입니다. "하지만 아다마, 우리는 생계를 꾸려가야 하고, 또 3차원적인 우리의 모든 삶에 신경 쓰고 처리해야 합니다." 나는 여러분에게 말하고자 합니다. "그래요, 하십시오. 높은 영적 시각과 병행해서 자신의 일상생활을 돌보는 것도 중요합니다. 여러분이 자신의 특성을 확립하고 신께서 부여하신 자신의 재능을 발전시키는 것도 일상생활 속에 있습니다.

여러분이 자신의 목표들을 올바르게 우선순위를 정해서 시간을 적절히 관리하는 것을 배운다면, 자신의 잡다한 사회적인 활동이나 그 밖의 것들을 놓아버릴 것인데, 그런 것들은 우리의 시각으로 볼 때 전적으로 시간과 에너지의 낭비입니다. 그리하면 여러분 모두는 하루에 한 시간이나 그 이상을 자신의 영적인 생활에다 바칠 수 있을 것이며, 자신의 신성한 참나와 교감 속에 머물 수가 있습니다. 차원상승이 자신의 목적이고 소망이라면, 스스로 시간에 대한 더 효과적인 관리가 절대 필요합니다. 그것 역시도 지혜의 마스터가 되기 위한 이수과정의 일부입니다. 창조적이 되십시오.

만일 여러분이 신성(神性)을 알기 위해 시간을 바치는 데 관심이 없다면, 어떻게 당신들이 사랑과 신성함 속에서 자신의 신적인 부분과 융합되기를 기대할 수 있겠습니까?

여러분은 말을 적게 줄이고 내면에 있는 신의 경이로움과 영광에 대해 더 숙고하기를 시작할 수 있습니다. 자연을 관찰하며 산책하는 동안 내면의 신성에 관해 명상하거나 깊이 생각해 보십시오. 여러분의 텔레비전 시청과 잡담 시간 대부분을 중단하십시오. 왜냐하면 그것들은 여러분의 영적 진화에 도움이 되지 않으니까요. 대부분의 여러분은 상점에서 낭비하는 시간을 줄일 수 있습니다.

여러분 중 상당수는 끊임없는 물건사기(shopping)에 중독돼 있습니다. 여러분 중 많은 이들이 실제 필요한 것보다 더 많은 것을 사면서 쇼핑센터와 상점에서 너무 많은 시간을 보내고 있는데, 그것은 오직 여러분의 가정에 혼란을 더할 뿐입니다. 당신들이 자신의 시간을 더 중요한 노력에 활용할 수 있다면, 많은 돈을 절약할 것입니다. 빛의 세계에서 우리 모두는 어떻게 이 전체 세대가 구매할 새로운 광고를 끊임없이 찾으며 쇼핑과 쇼핑센터 눈요기에 빠지게 되었는지 너무 놀랍고 당황스러웠습니다. 이해가 되십니까? 여러분을 3차원에 고착시키는 더 많은 인간의 습관을 나는 말할 수 있습니다만, 여러분이 스스로 그것들을 깨닫도록 남겨둡니다.

자신의 삶을 돌아다보는 시간을 가져보고, 자신이 왜 여기에 있는지, 자신이 어디로 가고 있는지 알도록 하십시오. 자신을 위한 영적 계획을 세우기 위한 시간을 가지세요. 여러분이 그것을 결코 후회하지 않으리라고 나는 보증합니다.

여러분의 세상에는 세 종류의 사람들이 있는데, 일어날 일을 만드는 사람들, 일어나는 일을 그저 바라보는 사람들, 그리고 일어난 일조차 모르는 사람들이 있습니다. 당신들이 이번 주기에 상승 마차를 타고 싶다면, 일을 만드는 이들과 합류해야 합니다. 이것은 이 이례적인 기회의 창구에서 상승의 대전당으로의 입장 허가를 받기 위해서는 자신의 삶의 흐름에 요구되는 모든 것을 활발하게 추구해야 할 필요가 있음을 의미합니다. 그렇지 않으면, 이번 주기에 그것이 여러분에게 거저 일어나지는 않을 것입니다. 상승은 또한 공동단체에 의해 일어나지도 않을 것인데, 다만 그것을 만들어 내려고 하는 여러분의 끊임없는 노력과 결심에 의해서만 일어날 것입니다. 자신의 상승이 현실이 될 때까지 매일 여러분은 정화(淨化)와 변화의 과정을 충실히 수행해야만 합니다. 가슴의 불이 충분히 강렬하게 타고 있다면, 자신이 인생에 진 빚의 균형을 잡기 위해 때때로 겪어야 하는 것과 상관없이, 이 사랑은 편안하고 은혜롭게 모든 잠재적 고난을 통과하는 여러분을 만날 준비가 되어 있습니다.

- 오릴리아 – 당신의 해설은 매우 분명하고 간결하군요.

- 아다마 – 그래요. 왜냐하면 대다수의 여러분이 시간을 헛되이 다 써버리고 있기 때문입니다. 여러분은 너무 길게 오랫동안

꾸물거리고 있습니다. 그리고 2012년에 계획된 지구 행성의 거대한 상승파티에 맞추어 동참할 준비를 하는 데는 시간이 얼마 남지 않았습니다. 당신들의 대부분은 의식적 단계에서 물리적 상승을 만들어 내기 위해 요구되는 진지함과 헌신을 과소평가하고 있습니다. 물론 나중에 또 다른 기회가 늘 있을 것입니다. 또 2012년은 끝이 아니고, 행성을 위한 상승 주기의 시작일 뿐입니다. 하지만 지금 꾸물거리고 있는 이들은 때맞춰서 요건들을 갖추지 못할지도 모르는데, 그들은 반드시 많은 후회를 겪게 될 것입니다.

이제 폴 베네치안 대사를 초대합니다. 지구 행성에서 성령을 대리하는 마하 초한의 직책을 맡고 있는 그가 여러분에게 말합니다.

● 폴 베네치안 – 사랑하는 내 가슴의 빛의 자녀들이여! 사랑의 불꽃 속에서 여러분에게 인사드립니다. 늘 나를 알고 가슴과 느낌과 참된 영혼으로 환영하는 여러분에게 성령의 은총과 축복이 있기를 기원합니다! 청순한 흰 비둘기와 같은 온화함은 성령의 의식을 상징합니다. 존재에 대한 감미롭고 섬세한 리듬의 경건한 노래로 묘사된 성령의 은총과 겸양이 가끔 서구 사람들에 의해 간과되고 있습니다. 인간이 "조용히 귀를 기울이는" 은총의 장소로 들어가서 자신의 소란스러운 모든 에너지가 잠잠해지면, 그 때 아름다움, 은총, 축복, 그리고 성령의 현존이 흐릅니다. 비둘기의 양 날개가 자신을 높여 날 때, 별다른 요란한 수식어가 없어도 "존재" 안에서 그녀의 자유는 명백합니다.

인간이 신적자아의 인도에 따라 살며 봉사할 때, 그 봉사에는 행복과 성취가 있습니다. 한 존재가 새로운 힘을 계발하고 있을 때, 거기엔 증대되는 고통이 있는데, 그 둘은 모두 의식을 성숙시키는 데에 필수입니다. 제자의 삶의 흐름이 성실하고 진실하면, 그는 신적실재의 지혜가 그에게 있기를 요구하는 완벽한 장소에 늘 존재하기 위한 노력을 합니다. 삶은 그때 늘 그 생명에게 협력할 것이고 가장 위대한 봉사와 전진이 이루어질 수 있는 곳으로 인도할 것입니다.

우리의 말들은 내면의 수준에서 우리와의 영적인 우호와 달콤한 교제의 기억을 갖고 있는 인류의 외부의식으로 사랑과 평화를 실어 나르는 수정 찻잔입니다. 상위 세계의 마스터들의 배려는 가슴 속에 있는 삼중 불꽃의 자기력(磁氣力)을 통해서 커다란 지원을 여러분에게 끌어올 수가 있습니다.

인간이 겪는 불행과 좌절, 비탄의 주요 원인 중 하나는 그들만의 개별화된 신적자아의 신성한 지도와 상승한 빛의 대사 집단의 인도에 순종치 않으려는 인간의 입장과 고집입니다. 결함을 만들어내는 고집 세고 무지한 자유 의지의 오용과 신적자아의 지도에 대한 기쁘고 자발적이며 각성된 순종 사이에는 항상 선택권이 있습니다. 그것은 인간 각자와 자신의 신 사이에서의 개인적인 선택의 문제인 것입니다.

하지만 인류 종족의 각 구성원이 신의 뜻을 실천하고 사랑의 법칙에 따라 살고자 하는 소망에 이를 때까지, 인류는 아직 인간의 외적 마음에는 알려지지 않은 평화와 풍요, 무한한 사랑, 영적 성장을 가져다주는 영원한 행복 혹은 성공적인 성취의 기쁨을 체험하지 못할 것입니다.

인간은 자신의 개별화된 신적자아와의 의식적인 연결을 한 순간에 파괴하지 않았으며, 또한 그러한 연결을 금방 다시 복구할 수도 없습니다. 그것은 신적자아의 가슴의 문 앞에서 인내, 지구력, 결단력, 순수한 동기, 잘 발달된 식별 감각과 한결같은 조심성을 요구합니다.

각자의 내면에 현존하는 신은 여러분을 통해서 봉사할 기회를 기다리고, 또 기다리고 계십니다. 또한 아름답고, 사랑스럽고, 전능하신 생명의 아버지께서는 변치 않는 자세로 듣고 계십니다. 그분은 부름을 받을 때마다, 자신의 사랑으로 창조하고 준비한 도구들을 통해 스스로 장엄한 실존을 드러내어 응답하십니다.

생명의 아버지/어머니의 사랑스런 자녀들이여, 여러분의 순결한 몸을 침대에서 일으켜 그러한 길로 발을 내디딜 때, 당신들의 눈은 오직 신성한 실재의 절박함을 볼 수 있으며, 그 신적실재(神的實在)를 줄곧 기다리게 한 외적 자아의 무례함을 깨달을 것입니다. 하찮은 일들로 인한 압박 속에서 때로는 하루, 한 주(週), 혹은 한 생애가 지나가는데, 그 신적실재는 아직도 여러분의 잔에 은총과 평화, 풍요, 치유, 그리고 사랑을 채울 기회를 기다리고 있습니다.

나의 사랑하는 신의 자녀들이여, 그러므로 인간 체험이라는 베일을 통과해 나아가면서 여러분의 발이 아침마다 땅을 밟을 때, 여러분 내면의 신적실재는 여러분의 하루를 충만한 신성으로 가득 채우기 위해 기다리고 있음을 기억하십시오. 만일 여러분이 그 요청을 선택한다면 말입니다! 또한 여러분이 오늘 이 내용을 한 줄 한 줄 읽을 때, 신적실재는 모든 이해를 넘어선 충만한 사랑과 평화로 여러분 각자를 축복하기 위해 기다리고 있음을 기억하십시오.

그 신적실재에게 매일, 또 매시간 여러분의 삶을 안락하고 완전한 체험으로 빛내줄 사랑과 평화, 조화로 채워주시기를 기원하십시오.

성령의 사도를 위한 행동 규약

마하 초한

1. 신성의 완전한 모습을 구현하기 위한 자신의 열망을 항상 자각하고, 자신의 존재 전체를 바쳐 끝까지 봉사하십시오.

2. 여러분이 늘 말이나 생각, 감정에 의해서도 타인의 삶의 어떤 부분에다 해악 혹은 손상을 입히지 않을 그런 선한 천진성(天眞性)을 배우십시오. 그리고 그와 같은 난폭한 행위와 물리적 폭력은 여러분을 계속 고뇌와 고통, 그리고 죽음을 면할 수 없는 세계에 속박시켜 둘 것임을 아십시오.

3. 경솔하게, 또는 일부러 형제의 감정을 많이 자극하지 마십시오. 그로 인해 그의 감정의 폭풍우가 조만간 여러분 자신의 삶의 제방에 흘러넘칠 것입니다. 그런 것보다는 항상 모든 삶에 평안과 사랑, 조화, 평화를 가져오십시오.

4. 개인적이고 전 지구적인 미망(迷妄)에서 스스로 벗어나십시오. 우주의 조화보다 여러분의 작은 자아를 사랑하지 않도록 하십시오. 여러분이 옳다면, 그릇된 것에 갈채를 보낼 필요가 없습니다. 그리고 만약 자신이 잘못하고 있다면, 용서를 구하십시오.

5. 몸이 신성한 성전(聖殿)이며, 그 안에 성령이 거주하고 있음을 이해하고, 도처의 생명에게 각성과 평화를 일으키며 온 우주

와 지구를 평온하게 걸으세요. 자신의 성전을 항상 정중하고 깨끗하게 보존하십시오. 사랑과 진실의 영이 거주하기에 어울리도록 말입니다. 가끔 자연 그대로의 외모가 위대한 빛을 발함을 알고, 다른 모든 성전들을 정중한 태도로 존중하고 경의를 표하십시오.

6. 자연 앞에서 그녀의 왕국이 주는 아름다움과 선물을 공손한 감사로 받아들이세요. 비열한 생각, 말, 혹은 감정으로, 또는 자연의 순결한 아름다움을 약탈하는 물리적 행동으로 그녀를 모독하지 마십시오. 그리고 여러분의 진화의 여정을 주관하는 "어머니"이신 지구를 존중하십시오.

7. 그렇게 하도록 요청 받지 않았다면, 의견을 구체화하거나 제시하지 마십시오. 그리고 다만 기도한 후에 인도해 주시기를 조용히 청원하십시오. 자신을 통해 신께서 뭔가를 말씀하시려고 선택할 때에 말하세요. 평소에는 말을 거의 하지 않거나, 조용히 평화스럽게 있는 것이 최상입니다.

8. 자신의 가슴으로 하여금 신을 향한 감사와 기쁨의 노래를 부르게 하십시오. 받은 것과 지금 이 순간 갖고 있는 모든 것에 대해서 항상 감사하세요. 신성한 가슴 안에 놓여 있는 사랑과 풍요의 강인 생명의 강으로 가볍게 걸어 들어가십시오.

9. 말하고 행동할 때 온화하게 하되, 자신의 성전 안에 거주하는 살아 계신 신적실재와 늘 함께 한다는 존엄성을 갖추세요. 고통과 어려움에 처해 있는 사람들을 만날 때는 최대한 자비를 베풀도록 애쓰며, 자신이 지닌 모든 재능과 천성이 펼쳐지는 모든

내면적 전개를 겸손하게 신의 능력의 발치에 두십시오.

10. 자신의 말을 온유함과 겸손, 애정 깊은 봉사로 남에게 하십시오. 겸손의 느낌이 무기력함으로 오해 받지 않도록 해야 하는데, 왜냐하면 하늘의 태양처럼 주님의 하인은 끊임없이 방심하지 말아야 하고, 또 변함없이 사랑의 선물을 열린 가슴으로 받을 사람들에게 쏟아주어야 하기 때문입니다.

명상

사랑의 수정-장미 불꽃 신전을 향한 여행

아다마

이것은 샤무엘 앤 채러티(Chamuel & Charity)라는 제3광선에 속하는 대천사들의 사랑의 불꽃에 의해 보호되고 유지되고 있는 사랑의 광선의 에테르 신전들 중의 하나입니다. 이 신전은 미국 미주리 주, 세인트루이스 시 위에 위치하고 있습니다. 신성한 사랑의 아크(Arc)가 이 은둔처와 캐나다 위니펙 호수 근처의 에테르 영역에 있는 제3광선의 엘로힘인 헤로스 앤 아모라(Heros & Amora)의 은둔처 사이에 교량 모양을 형성하고 있습니다.

이 특별한 신전으로부터 방사되는 사랑의 광선은 창조력의 한 흐름입니다. 또한 이 은둔처로부터 나오는 사랑의 불꽃은 가슴의 관대함과 베풂, 용서, 자비를 촉진시킵니다. 사랑의 그 막대한 에너지는 그 밖의 모든 것들을 분출하여 자신들과 세상을 위해 더 많은 사랑의 특성을 간직하고자 방문하는 사람들을 지원합니다. 그 은둔처의 제단과 불꽃은 창조주의 가슴으로부터 나온 생명의 흐름에, 그리스도의 가슴에, 그 다음엔 인간의 가슴에 바쳐져 있습니다.

나의 사랑하는 이들이여, 이제, 폴 베네치안 대사의 사랑을 통한 성령의 에너지에 실려 나와 함께 저 특별한 사랑의 신전으로 갑시다.

눈을 감고 심호흡을 하세요. 여러분의 의도를 지금 우리가 여러분에게 제공하는 에테르의 탈것으로 함께 가도록 설정합니다. 여러분은 자신의 탈것인 빛의 몸으로 여행하고 있습니다. 여러분은 이것을 의식적으로 기억하거나 못할 수 있지만, 그 이득은 같습니다. 우리가 묘사하는 것에 대한 생생한 느낌을 만들어 내기 위해 자신의 상상력의 재능을 이용하십시오. 그러면 그 여행이 여러분의 영혼과 기억 세포에 새겨져 있을 것입니다. 필요할 때는 꼭 그 모든 것에 관한 상세한 기억은 아니겠지만, 이 체험을 통해 여러분이 받게 될 에너지에 확실히 접근할 수 있을 것입니다.

또한 여러분이 이런 형태의 여행에 참여하여 그것을 자신에게 응용하면 할수록, 여러분은 더 높은 진동에 관한 자신의 기억과 지각을 방해하는 자신만의 환영의 베일을 더욱 더 얇게 하는 것입니다. 여러분의 고등한 자아에게 이 여정을 용이하게 하고 또 자신과 함께 해달라고 요청하십시오. 그리고 가장 높은 수준의 내면에서 이런 일이 이루어질 수 있도록 자신의 가슴을 여십시오.

우리는 지금 샤스타 산에 있는 여러분의 고향에서부터 공간을 통해 사랑의 장엄한 수정-장미 불꽃 신전까지 여행하고 있습니다. 여러분이 그곳에 도착하기 전이라 할지라도 여러분의 주위에 흐르고 있는 사랑의 수정-장미 꽃잎의 모든 향기를 느껴보십시오. 여러분은 크게 축복 받았는데, 왜냐하면 이런 작은 그룹이 사적으로 성령 그 자체의 지구 행성 대리자와 함께 동반하는 특권을 누리고 있기 때문입니다. 실로, 이것은 유례가 없는 일인 것입니다. 성령께서 그 은총을 내리도록 허용하고 있는 여러분 자신의 진로에 대한 충실한 헌신과 사랑을 지금 이곳에 참석하신 여러분 모두와 나누고자 합니다.

나의 사랑하는 이들이여, 숨을 들이쉬십시오. 긴장을 풀고 완전한 체험이 가능하도록 자신을 허용하십시오. 자신이 만들어 낼 수 있는 가장 위대한 영혼의 흔적을 되가져오기 위해서 가능한 모든 상태에서 깊이 호흡하십시오. 그것은 여러분을 도울 것이며, 또 더 조화롭고 직접적인 방식으로 여러분의 여정을 향상시킵니다. (잠시 멈춤)

이제 우리는 다층 돔(Dome)으로 된 반투명의 거대한 수정-장미 앞에 와 있습니다. 그것은 여러분이 외부 세계에서 이전에 본적이 있는 것과는 전혀 다릅니다. 이것은 당신들 언어의 어휘로는 그 구조를 묘사할 말이 없는데, 샤무엘 앤 채러티의 대천사다운 사랑의 창조성에 의해 만들어진 매우 아름답고 우아한 구조물입니다.

순수한 사랑 에너지의 광선들은 창조주의 사랑을 사방의 대기 속으로 수백 마일의 거리까지 방사하기 위해 돔의 중앙에 있는 뾰쪽한 끝으로부터 발산되고 있습니다. 사랑하는 이들이여, 보기에 너무 놀라운 광경입니다!

여러분의 발아래에서 신전의 입구까지 깔려 있는 부드러운 수정-장미 카펫 위를 걷도록 하십시오. 여러분은 여기에 입장하기 위한 허가증을 제시하지 않아도 되는데, 우리는 마하 초한 그 자신의 일행이기 때문입니다. 대천사의 진동주파수는 너무 높고 진귀하기 때문에 적어도 항상 사랑과 조화의 4차원의 주파수를 유지할 수 없는 한은 어떤 영혼도 여기에 들어오도록 허락되지 않습니다. 그리고 반드시 지혜의 마스터들 중 한 명과 동행해야 하는 것입니다.

여러분이 출입구에 가까워지면, 사랑의 광선에 속한 약 12피트(약 3.6m) 키의 여러 천사들이 마하 초한의 찬란한 빛에 머리를 숙입니다. 그들은 또한 여러분에게 들어가도록 권하면서 마찬가지로 나의 빛과 여러분의 내면의 빛에 머리를 숙입니다.

여러분 각자는 이 신전의 관리자들 중 한 명의 호위를 받습니다. 이 신전은 로마의 가톨릭 성당에 속한 바티칸 궁전보다 3배 더 크며, 신전의 수많은 활동을 위해 다양한 차원 에너지들의 여러 구역으로 이루어져 있습니다.

여러분은 자기 가슴의 진화 수준에 적절한 편안한 곳으로 가게 됩니다. 여러분은 지금 온갖 크기의 수천명의 사랑의 불꽃 천사들이 가득한 긴 복도를 가로지르고 있습니다. 이 천사 존재들은 가장 작은 케루빔(Cherubim) 천사에서부터 가장 큰 세라핌(Seraphim) 천사들에 이르기까지 다양합니다. 실제로 여기에는 모든 차원들로부터 온 천사 왕국의 12성가대가 이곳을 대표하고 있습니다. 복도를 걸어감에 따라 순수한 사랑의 에너지로 이루어진 많은 분수와 작은 폭포가 여러 곳에 돌출되어 있습니다. 그 분수와 작은 폭포에서 방사되는 에너지는 창조주의 가슴을 향해, 어머니 지구를 향해, 그리고 이 행성의 모든 차원에서 진화하고 있는 인류를 포함한 모든 생명 왕국들을 향해 끊임없이 감사와 사랑의 노래를 부릅니다. 여러분이 스스로 허용만 한다면, 이 사랑의 멜로디들이 너무 오래 동안 여러분의 가슴에 쌓인 많은 찌꺼기들을 녹일 수 있습니다. 거기에 귀를 기울이고, 여러분의 가슴을 사랑의 영원한 강물에서 흘러나오는 그 사랑의 노래의 에너지와 융합시키십시오.

여러분이 알고 있는 지상의 비둘기보다 훨씬 더 큰 순백(純白)의 사랑의 비둘기들이 치유의 빛을 여러분에게 보냅니다. 생명을 사랑하고 영원한 사랑의 법칙에 따라 행동하는 이들에게 수여되기를 기다리고 있는 놀라운 신의 사랑을 관찰하고 느낄 수 있도록 자신의 시간을 가져보십시오. 아무도 여러분을 재촉하지 않습니다. 여러분은 이곳 시간이 없는 세계에 와 있음을 기억하십시오. 또한 이 신전으로의 당신들의 여행을 아름답게 꾸며주는 매우 다양한 제3광선의 꽃들과 과일, 식물들의 사랑의 노래에 귀를 기울이세요. 그리고 달콤한 향기와 멜로디가 베푸는 치유를 받아들일 수 있도록 자신을 허용하십시오. 그 비둘기들은 또한 "여러분의 신적실재인 태양"으로 돌아가는 당신들의 남은 여정이 편안하도록 여러분의 가슴과 연결되기를 원합니다. 순수한 마술적 사랑의 에너지를 표현하는 이 복도 걷기는 여러분이 여기서 겪는 경험의 일부입니다. 그리고 여러분에게는 당신들이 가진 어떤 질문에도 기꺼이 응답하기 위해 각자에게 배정된 천사 안내자가 대기하고 있습니다. (잠시 멈춤).

이제 오른쪽에 있는 출입구를 보십시오. 여러분의 안내자들이 우주의 사랑으로 이루어진 영원한 〈화염의 홀〉로 들어가기 위해 자신들을 따라오라고 말하고 있습니다. 이것은 삼라만상의 아버지이신 창조주를 찬미하기 위해 쉼 없이 타오르고 있는 또 하나의 무한 불꽃입니다. 창조주의 사랑과 에너지를 받고 있는 우주의 모든 행성들은 우주의 법칙에 따라 매일 그 행성에 거주하는 이들의 가슴의 불에 의해 생성된 그것의 일정 부분을 그분께 되돌려 보내야만 합니다. 이 행성에서는 지구 표면의 인류가 전쟁과 분열 속에서 살아오는 오랫동안 이러한 실천을 소홀히 했기 때문에 텔로스에 살고 있는 우리가 지구 내부의 많은 존재들 및 다른 지저 도시들과 함께 여러분을 위해 그것을 실행해 왔습니다. 그리고 우리는 여러분 모두가 스스로 창조주께 그와 같은 감사와 은혜를 되돌릴 수 있을 만큼 충분한 영적 성숙에 도달할 때까지, 그런 작업을 계속할 것입니다.

수정-장미 신전에서의 그들의 봉사는 생명에게 바치는 봉사로서 행하며, 또한 그들 가슴의 사랑의 불꽃을 통해 영원한 사랑의 불꽃을 공급합니다. 우리가 무한의 불꽃이라 말할 때, 그 의미는 사랑의 불을 육성하고 그 불꽃을 끊임없이 타오르게 하는 유일한 요소는 신전에서 봉사하는 이들의 가슴으로부터 나오는 사랑의 불임을 뜻합니다. 그리고 사실상 그 동일한 에너지를 담고 있는 모든 사랑의 신전들은 여기 이 지구에 존속하는 여러 문명들과 다양한 생명 왕국들을 지원하고 육성하는 사랑의 연결망을 창조합니다.

늘 매우 온화하고 강력한 이 불꽃은 높이가 100피트(약30m) 이상이며, 지름이 대략 9피트(약2.7m)입니다. 그 강함의 원천은 온화한 힘입니다. 그것은 기쁨에 차 있으며, 즐겁고 쾌활합니다. 그것은 창조주께서 자신의 창조물과 자신의 가슴의 많은 자녀들에게 수여할 수 있는 것은 모두 포함하고 있습니다. 그리고 그것은 무한합니다.

이제 시간을 들여 그것을 좀 더 깊이 흡입하십시오. 그 불꽃과 깊이 연결되어 그것이 자신의 가슴 언저리까지 채워지도록 허용하십시오. 그리고 사랑의 팔에 안겨 긴장을 푸십시오. 참으

로 경이롭습니다! (멈춤)

자신의 가슴이 완전히 꽉 찼다고 느껴질 때, 여러분을 물리적인 육신으로 다시 데려다 주기 위해 바깥에서 당신들을 기다리는 수정 머카바를 향해 조용히 걸어서 돌아가십시오. 깊은 마음으로 폴 베네치안 대사가 오늘 여러분에게 내려준 은총에 대해 감사하십시오. 그리고 미래에 집필될 책과 더불어 일하게 될 사람들에게도 감사하십시오. 이제 다 되었으면, 눈을 뜨고 자신의 몸으로 돌아오십시오.

이로써, 우리는 이제 명상을 마치겠습니다. 우리는 여러분이 자신의 가슴의 불을 지필 필요를 느낄 때마다 의식 속에서 그곳으로 돌아가기를 권하는 바입니다. 텔로스의 우리는 여러분을 무척 사랑합니다. 우리의 사랑은 여행의 끝을 향하고 있는 여러분의 발걸음과 함께 할 것입니다.

- 오릴리아 – 나는 이 작은 그룹을 대표하여, 우리들을 위해 해주신 모든 것에 대해 아다마님께 깊은 감사를 드립니다. 또한 오늘 우리들에게 내려주신 사랑과 은총과 축복에 대해서 폴 베네치안 대사님께도 감사드립니다.

- 아다마 – 사랑하는 이들이여! 천만에요.

인간이 조용히 귀를 기울이는 내면의 은총의 장소로
들어 갈 때, 그리고 그의 수많은 자아들의 모든 불안정한
에너지들이 고요히 가라앉았을 때,
바로 그 때 아름다움과 은총, 감사의 기도, 성령의 현존이
흐릅니다.
비둘기의 날개가 그녀 자신을 높이 비약시킬 때, 그녀의
자유는 확언이나 행동 속에 있다기보다는 "존재" 속에서
명백히 나타납니다.

- 마하 초한, 폴 베네치안 -

15장

정화와 변형의 상승 불꽃,
제4광선의 활동

**텔로스의 상승 신전을 향한 명상과 더불어
아다마, 세라피스 베이 대사와 함께 하다**

레무리아의 가슴으로부터 평화와 사랑이 있기를 기원합니다. 나는 제4광선의 초한(Chohan)인 우리의 사랑하는 세라피스 베이(Serapis Bey)와 함께 하고 있는 아다마입니다. 나는 나의 빛과 그 속에 놓여 있는 승리의 은총을 여러분에게 전하는 바입니다. 우리는 깊은 진심으로 여러분을 환영합니다.

오늘, 우리는 상승이라는 목표를 향한 여러분의 여정을 촉진시킬 수 있는 신성한 불의 가장 놀라운 활동인 상승의 불꽃에 대해 말하고자 합니다. 여러분이 이 영예롭고 순수한 불꽃을 의식적으로 사용하는 법에 관해 좀 더 특별한 이해력을 소유한다면, 자신의 모든 차크라들을 정화하고 DNA를 활성화시키는 과정을 가속할 수 있으며, 차원상승을 위해 자신의 다양한 몸들의 세포들을 준비시킬 수 있습니다. 나의 친구들이여, 축소해서 말하더라도 그것은 대단한 것입니다.

나일 강둑을 끼고 있는 이집트 땅에는 그 우주적인 상승의 화염을 보존하는 데 봉헌된 빛의 대백색 형제단의 한 중심지가 있는데, 그 불꽃은 모든 생명을 위한 "고향으로의 귀로(歸路)"와도 같습니다. 현재 나와 함께 참석한 존재는 룩소르(Luxor)에 있는 이 장엄한 상승 신전의 초한이자 관리인들의 지도자인 세라피스 베이 대사입니다. 그는 아틀란티스 파멸 이후 우리의 행성에 봉사하기 위해 그 직책을 맡아 왔습니다.

오늘 그는 이런 봉사를 전문적으로 하고 있는 자신의 상승 마스터들의 팀과 함께 이곳에 와 있습니다. 그들은 "상승 형제단"으로 알려졌습니다. 이 대사들 모두는 상승 불꽃의 정화작용

을 통해 자신들의 가슴의 사랑으로 이루어진 영약(靈藥)을 여러분에게 베풉니다. 사랑하는 이들이여, 이것을 안으로 들이키십시오. 그것은 여러분을 향한 선물입니다. 이 헌신적인 존재들은 수 세기 동안 우리의 형제인 세라피스 베이와 더불어 긴밀히 일해 왔습니다. 마침내 도래한 이 시기의 인류 종족의 진화를 계획하면서 말입니다. 생명에 대한 그들의 봉사는 다가온 차원상승기에 우리 지구 행성과 인간의 의식을 끌어올리는 데 그들의 에너지를 투입하는 것입니다.

룩소르에 있는 상승 신전은 상승 불꽃의 파동을 지구의 대기 속에다 유지시키며, 텔로스에 있는 우리의 상승 신전 또한 신성한 불꽃을 동일한 방식으로 뒷받침합니다. 이 두 신전들을 당신들의 의식과 에너지 속에서 통합하여 생생하게 마음으로 그려 보십시오. 그리고 매일, 매 시간마다 지구의 모든 것을 사랑하고 축복하십시오.

매년 계속되는 봄의 계절과 더불어 이 신성한 불꽃은 지구 도처의 자연의 아름다움을 재개하고 소생시키기 위해 자연 왕국의 존재들에 의해서도 자유롭고도 널리 활용됩니다. 지구상의 모든 영혼들은 현재 상승 형제단과 행성 그리스도의 감독하에 배열된 상승과정에 의해 자신들의 육화 주기를 완결하기를 바라고 있고, 또 노력을 기울이고 있습니다.

수백 년 전, 룩소르의 대형 피라미드에 오래 동안 보존돼 있던 활동과 기록들 중 많은 부분이 텔로스로 옮겨지거나 복사되었습니다. 이러한 재배치 작업이 이행된 것은 지구영단이 그 지역에서 발생할 수 있는 잠재적인 문제들을 미리 예견할 수 있었기 때문이었습니다. 즉 그 신성한 중심지의 모든 기록들과 에너지들을 그 당시 임박한 국지적이거나 세계적인 격변 사태에 의해 손상되게 놔둘 수는 없었던 것이지요. 그리고 이제 텔로스는 룩소르의 위대한 대사들과 긴밀하게 협력하는 지구 행성의 주요 상승 중심점이 되었습니다. 우리는 모두 전체의 이익을 위해서 완전한 조화를 이루어 함께 일하고 있습니다. 그리고 이것이 5차원의 규약들 중의 하나인 것입니다.

그러한 결정이 내려진 것은 이와 같이 중요한 행성의 한 중심지로는 지하가 더 안전할 것이라는 점과 또 텔로스의 우리와 같은 수많은 상승한 존재들에 의해 그것의 신성함과 원래의 순수함이 가장 잘 보호될 것이라는 점에서였습니다.

비록 지구에 지금 두 개의 상승 중심점이 존재하는 것으로 보일지라도, 우리들에게는 그것이 오직 하나라고 말하겠습니다. 우리가 활동하고 있는 차원에서는 대부분의 여러분들이 이해하고 있는 것과 같은 시간과 공간은 없습니다. 그것은 모두 하나인 것입니다.

아틀란티스와 레무리아의 침몰 후, 지상의 주민들은 지금까지 서로를 대적하여 전쟁을 계속해 왔습니다. 사랑하는 이들이여, 이제는 희망과 용기를 가져야 합니다. 그것이 더 이상 묵인되지 않음을 여러분은 알고 있습니다. 그러므로 분열되고 적대적인 3차원적 의식은 종료될 것이며, 치유될 것입니다.

양 대륙의 파멸 후, 곧 텔로스의 우리들은 인류를 대신하여 상승의 불꽃을 지키는 임무를 자원했었습니다. 그것은 이 행성에 대한 우리의 봉사의 일부로서 그 상승의 화염을 보존하여 지속해 나가기 위해서였습니다. 바로 그것이 우리가 그러한 봉사의 기회를 받아들인 이유입니다. 오늘 우리는 여러분에게 우리의 가슴의 사랑으로 여러분 자신의 상승을 위해 자신의 가슴 속에다 이 경이로운 불꽃을 수용하여 확장할 기회를 제공합니다. 여러분에게 다시 말하지만, 먼저 가슴이 상승하고, 그 다음 나머지들이 뒤를 따릅니다.

누구나 결국은 자기 나름의 독특한 방식으로 그 상태에 도달한다 하더라도, 우리에게는 우리의 도달 수준을 유지하기 위해 누구에 의해서도 결코 양보될 수 없는 빛의 기준과 주파수가 있습니다. 상승에 대한 포부를 가지고 있는 모든 이들에게도 또한 같은 것이 요구됩니다. 여러분은 기꺼이 자신의 귀향을 위한 모든 단계들을 밟아야만 하며, 또 영원한 존재의 상태로서의 주파수를 유지할 수 있어야 합니다.

• 오릴리아 – 이 불꽃에 대해 설명해 주시겠습니까?

• 아다마 – 이 불꽃은 모든 다른 불꽃의 주파수와 색채를 포함합니다. 여러분은 그것을 완전한 사랑이 결여된 모든 것을 소멸시키는 찬란하게 번쩍이는 빛이나 눈부신 흰 빛으로 본다든가, 체험합니다. 그 힘과 찬란함은 무한합니다. 그리고 그것은 세상을 완전한 조화와 아름다움 속에서 유지시킵니다.

그 불꽃에 관계된 기원(祈願)과 활동은 일어날 변화에 대해 미리 준비돼 있어야 합니다. 그 불꽃에 접촉했을 때 여러분은 다시는 결코 전과 동일하지가 않습니다. 물론 누구나 그 불꽃을 가지고 활동할 수 있습니다만, 그것은 상승의 입구에 도달한 입문자를 완전히 변형시키는 능력을 지니고 있습니다. 여러분이 자신의 진화에 있어서 최종적으로 이 단계를 밟을 준비가 되면, 여러분은 장엄한 상승 에너지의 진동주파수에 빠져들 것입니다. 그것이 여러분을 마지막 단계로 몰아붙일 것인데, 거기서 그 사랑의 불이 인간의 모든 한계들을 몽땅 불태울 것이며, 여러분의 완전한 의식이 복구될 것입니다. 또 여러분의 몸은 완전히 불사(不死)의 몸으로 변형되어 불멸케 될 것입니다. 그때 당신들은 가장 영광스러운 자유의지의 상태로 진입함에 따라 한 사람의 상승한 마스터로서 "불사신들"의 모임에 가입하라고 초대받게 될 것입니다. 그리고 여러분의 창조주와 그분의 가슴 속에 존재하는 모든 것들과 의식적으로 다시 연결될 것입니다. 나의 친구들이여, 이것이 상승의 불꽃이 얼마나 강력한가를 보여주는 것입니다.

● 오릴리아 - 우리가 어떻게 의식적으로 이런 주파수의 수준에 도달할 수 있으며, 또 그것을 계속 유지할 수 있을까요?

● 아다마 - 이런 정보는 지구상의 사람들에게 매우 오랫동안 제공되어 왔습니다. 그리고 이 시대에는 다양하고 광범위한 기록물과 채널링을 통해서 소개돼 있습니다. 그것은 많고 많은 포장과 색깔로 여러분에게 제공되었는데, 그럼에도 여러분은 그것을 제대로 인식하지 못합니다. 당신들이 접한 가르침과 지혜의 비결을 철저히 배우고 가슴을 통해 통합하지 않는 한, 그것들은 자신의 혼란된 마음속에서 곧 잊어버리는 "단순 지식"으로만 남습니다. 결국 그것은 여러분 의식의 진화를 진전시키지 못합니다.

우리는 사람들이 수많은 영적인 책들을 읽었고 그들이 많은 지적 지식을 갖고 있음을 알고 있습니다. 하지만 자신들의 신성을 구현하기 위해 이런 지식들을 실질적으로 내면화하지 않았기 때문에 그들의 영적 진보는 최저 수준에 머물러 있습니다.

사실 여러분이 읽은 많은 책들과 참석하는 많은 세미나와 집회들을 통해 수많은 지식이 여러분에게 퍼부어졌습니다. 그러나 여러분 중 많은 이들에게 지금까지 그것은 자신의 마음이 처리할 수 없는 단순히 "정보"로만 남아있고, 내적 통합은 제쳐둡니다. 그리고 그러한 작업을 할 수 있는 것은 여러분의 인간적 마음이 아닌, 오직 가슴뿐인 것입니다.

우리가 전에 말해 온 것과 다른 존재들이 언급해 온 것을 다시 반복하겠습니다. 우리가 이런 내용을 자주 되풀이 할 경우 그것은 여러분이 자신의 진화를 위해 바치는 그 노력이 결실을 거둘 만큼 여러분 내면에 충분히 흡수되기를 바라는 이유에서입니다. 우리는 가끔 "상승"이 아주 많은 것들에 대한 실행을 요구하지 않는다고 말했으나, 상승은 당신의 참모습인 신/여신으로서의 삶을 살기 위해 되고, 받아들이고, 기억해야 할 모든 것에 관한 문제입니다. 그것은 당신들의 의식을 확장함으로써 자신의 내면에 이미 존재하는 신성을 완전히 받아들임을 뜻합니다. 사랑과 연민의 존재로서, 그리고 가슴의 지혜에 의해 살고 있는 존재로서 말입니다. 사랑하는 이들이여, 그것은 그처럼 단순합니다. 만일 그렇게 되면, 여러분은 달리 어떤 것도 필요하지 않습니다. 그 모든 것들이 이미 여러분의 내면에 존재하고 있으며, 또 살아 있습니다. 그러므로 참된 자아의 바깥에는 아무 것도 없음을 여러분에게 상기시켜 드립니다.

**다음의 사항들은 상승 규정에 의거하여 지구에서의
이수과정을 졸업하게 되는 초기 진로에서 고려되고
이해돼야 하는
주요 요점과 지침들 중의 일부입니다.**

* 이 과정은 신의 팔과 사랑을 향한 여러분의 변형과 부활, 상승을 방해하는 모든 것에 대한 치유와 완전한 순수함에 관계된 것입니다. 즉 여러분의 존엄성과 기억을 회복하고, 그리하여 다시 한 번 "하나됨"의 세계로 들어가서 천상의 아버지/창조주의

거룩한 자녀로서 삶을 사는 것입니다.

* 각 차원은 어떤 주파수를 나타내고 있음을 아십시오. 5차원은 오직 여러분의 의식(意識)이 그러한 진동주파수에 도달했을 때, 그리고 언제든지 그것을 유지할 능력을 가질 때만 접근이 가능합니다.

* 언제나 "삶"의 한 방식으로서 마스터가 하듯이, 가슴으로 말하고, 행동하며, 생활하십시오. 항상 "마스터는 이런 경우 혹은 저런 경우에 어떻게 말하고 행동할 것인가?"를 자신에게 질문하십시오. 그런 다음 내면으로 들어가서 답을 찾으세요. 만일 그것이 분명치 않으면, 종이와 펜을 들고, 원한다면 촛불을 밝히고 자신의 내면에서 그 답을 찾고자 마음을 정하십시오. 내면의 마스터는 영원히 여러분이 인식해 주기를 기다리면서 깨어나 늘 방심하지 않고 있습니다.

* 모든 분리와 이원성, 양극성, 무수한 형태의 드라마들로 이루어진 3차원의 의식(意識)을 놓아 버리세요. 두 개의 힘 속에서 믿는 것을 중단하십시오. 그리고 여러분의 힘과 귀중한 에너지를 3차원의 밀도로 되어 있는 환영의 힘에다 주어버리는 짓을 멈추세요. 여러분이 바라는 결과가 나타나지 않는 지금까지 배운 모든 것을 스스로 옆으로 제쳐 놓으세요. 기꺼이 새로운 것을 배울 수 있도록 준비를 갖추고 사랑과 마법으로 이루어진 미지의 현실로 들어가기 위한 용기를 가지십시오. 사랑은 존재하는 유일하고 진실한 힘임을 인식하고, 전적으로 그 진동주파수로 자신의 삶을 살도록 하십시오.

* 자신과 다른 이들에 대한 모든 비판과 기대를, 또 자신에게 삶이 어떻게 전개될 것인가 하는 기대와 비판을 버리십시오. 찬란한 여러분의 신성 속에서 "진아"의 모든 경이로움과 위엄을 지각하고 받아들이도록 하십시오. 그리고 깊은 기쁨과 감사로 자신의 눈앞에서 변형되고 전개되는 큰 모험을 수용하십시오.

* 겸손의 기치를 받아들이고, 존재의 신성한 서약에 즐거이 내맡기세요. 그것들이 무엇인지 모른다면, 그것들은 자신의 신성한 가슴의 많은 방들뿐만 아니라 바로 자신의 세포들과 DNA 속에 기록되어 있습니다. 기꺼이 내면으로 들어가 뭔가를 찾는 시간을 가져 보십시오.

* 여러분의 위대한 신적자아(神的自我)와 의식적인 결합을 이루고, 신성한 계획을 실현하십시오. 상승은 자신의 신적자아와 신성한 결합을 이루어 하나로 융합되는 것입니다. 여러분 자신의 그 영광스러운 측면을 구현하기 위해서, 여러분이 융합되고자 하는 자기 자신의 그 측면과 스스로 매우 친밀해지고 익숙하게 만드는 것은 명백한 필요조건입니다. 알고 이해하기 위해 충분한 시간을 들여 관심을 가져보지 않은 자신의 한 측면과 어떻게 합일되기를 기대하고, 또 상승을 기대할 수 있겠습니까?

* 우리가 채널링 과정을 통해 사람들에게 상승이 의미하는 바가 그들에게 무엇인지를 물었을 때, 우리가 받는 대답은 우리를 깜짝 놀라게 합니다. 우리는 그들로부터 상승은 차원을 변화시키며, 모든 것을 구현할 수 있고, 금전적으로 더 이상 제한 받지 않으며, 원격이동을 사용할 수 있다 등등의 답변을 받습니다. 비록 그것들이 상승의 결과이며 선물이라 할지라도, 그것들

이 상승의 근본적인 이유나 동기는 아닙니다. 상승에 있어서 가장 중요한 것은 당신인데, 즉 우선은 자신의 신성을 깨닫고 있는 당신의 수준이고, 그 다음에는 일상적 삶 속에서 신성이 되어가는 것입니다.

* 여러분과 함께 이 행성을 공유하고 있는 모든 고결한 생명체들의 존엄성을 존중함으로써 그 순수한 의식들을 포용하십시오.

* 삶 속에서 진 모든 카르마적 빚의 균형을 잡는 것을 포함하여 자신의 의식적, 무의식적, 잠재의식적 기억 속에 저장된 모든 부정적 감정들과 여러분 삶을 움직이는 낡은 프로그래밍을 방출해 버리십시오. 여러분은 이미 그 주제들에 대해 많은 가르침을 받았습니다.

* 각 개인들이 과거의 삶에서 무거운 카르마의 빚을 졌다고 생각될 때, 그들은 그 무거운 카르마에 대한 생각으로 가끔 고민하게 됩니다. 이때 그들은 생각만 하기에도 그것이 과중하다고 느끼며, 자신의 감정체 속에 어떤 무기력감을 만들어 내게 되어 오히려 그것이 빚 청산에 착수하고자 하는 그들의 바람을 방해합니다.

* 각자가 자신들의 빚이 가벼워질 거라 믿고 신성한 불 속으로 꾸준히 그것을 방출하는 영혼의 상태로 진입한다면, 그들은 자신들을 옥죄던 커다란 속박으로부터 해방의 기쁨을 만들어내게 됩니다. 그리고 여러분의 의식 속에서의 그 기쁨의 감정은 빚에 대한 기록을 유지하는 에너지 소용돌이 속에서 순응성을 만들어내는 경향이 있습니다. 또한 그것은 강력한 그 에너지 소용돌

이 안에서 긴장을 완화시키는 동시에 개인들이 더 큰 편안함과 은총으로 모든 단계들을 훨씬 신속하게 통과하게끔 해방시켜 줍니다.

* 그들이 창조한 것의 어두운 부분을 청산하여 카르마의 균형을 잡아나갈 수 있도록 누군가를 최대한 도우려는 마음가짐은 두 배의 효과가 있습니다. 중요한 것은 항상 매 순간 그것이 무엇이냐에 상관없이 여러분이 행하는 모든 삶의 방식을 사랑의 행위로 채택하는 것입니다. 즉 여러분 자신과 여러분의 동료, 지구 행성, 그리고 여러분과 더불어 행성을 공유하는 다른 생명의 왕국들에게 하는 모든 행위를 감사의 태도로 하는 것입니다. 이는 모든 창조물 그 자체에 대한 감사입니다. 그리고 두 번째로, 감사의 마음가짐은 여러분을 무한히 돕게 될 것입니다.

* 자신의 길을 끝까지 걷겠다는 자발적인 마음으로 자신의 상승과 불멸에 대한 진정한 바람을 키우고 넓히십시오. 상승과 불멸을 향한 진심어린 소망을 자신의 의식으로 받아들이지 않는 한, 또한 너무 오랫동안 여러분과 인류를 구속시켰던 3차원의 낡은 삶의 방식들을 기꺼이 던져버리지 않는 한, 그리고 여러분보다 앞서 길을 걸어갔던 지혜의 대사들이 보여준 길을 따르지 않는 한, 여러분은 진정한 상승의 후보자가 될 수 없을 것입니다.

**상승을 추구함에 있어서 사랑의 힘은
세속적이고 유한한 창조물을
용해시킬 수 있을 만큼 뜨거운 열기가 되어야 합니다.**

그래야만 그것이 상승의 후보자를
불멸의 사랑과 빛으로 이루어진 장엄한 우주의 장으로
진입하도록 촉진할 것입니다.

- 세라피스 베이 – 빛의 지구영단과 대백색 형제단과의 접촉을 열망하며 자기 스스로를 구도자(求道者)라 칭하는 이들에게 말하고자 합니다. 여러분은 위대한 대사들의 직접적인 인도와 감독 하에 있게 되는 것이 필요합니다. 영적인 통달과 성취, 자유, 승리, 그리고 상승의 길은 오직 입문 과정을 거쳐야만 이룰 수가 있습니다. 이 행성, 혹은 다른 어떤 곳에서 상승한 적이 있는 모든 위대한 마스터들에게는 상승의 불꽃이 언제나 변함 없이 가장 중요한 열쇠이며, 그것이 모든 영혼들의 불사(不死)의 문을 열어젖힙니다.

나는 매우 오랫동안 상승의 불꽃을 수호하고 인도하며, 그 속에 머물러 있었습니다. 그리고 그것은 인류가 어리석은 생각을 끝냈을 때 신성의 상태로 돌아 올 수 있는 일종의 그 수단과 방법이 되기 위해서였습니다.

"인간의 추락" 이후, 만약 상승의 불꽃을 수호하는 형제단이 없었다면, 인류가 고향으로 복귀하는 방법은 없었을 것입니다. 당신들은 과연 상승한 마스터들의 사랑과 헌신이 만들어낸 귀향길이 나있지 않았다면 어찌되었을 것인지, 자신의 가장 깊은 마음속에서 숙고해 본 적이 있습니까?

이것을 완수하기 위해서 우리들 중 많은 이들이 이 덧없는 어둠의 별(Star)에 사랑의 포로가 되어 남았습니다. 그리고 텔로스의 레무리아인 빛의 형제단은 마침내 지구 행성을 위한 상승의 불침번으로 우리와 합류했습니다. 그리하여 여러분이 이 행성을 책임질 만큼 충분히 영적으로 성숙해질 때까지, 우리는

제4광선을 수호하는 마스터 - 세라피스 베이(Serapis Bey) 대사

함께 수천 년 동안 인류를 대신하여 사랑과 빛의 불꽃을 지켜왔던 것입니다.

나는 여러분이 그 상승 화염의 정화 과정을 통과하는 것을 보려고 헌신해 왔는데, 상승한 상태에 도달하는 기회를 위해 전념해온 여러분은 그 영광의 승리가 여러분의 현실이 될 때까지 확고하고도 빈틈없이 남아 있을 것입니다. 우리는 여러 시대를 이어온 가슴의 친구들입니다.

주 예수/사난다로부터의 인용문

"가장 영광스러운 그 시간을 기억하면서, 나는 오직 친애하는 신(God)의 각 자녀들에게 그 영광의 순간을 준비할 것을 촉구하는 바입니다! 그 시기가 다가와 빛의 아버지로부터 호출이 여러분의 가슴에 이르게 될 때, 여러분은 또한 인간이 지상에 육화한 완전하고도 진정한 목적을 알게 될 것입니다. 여러분 내면의 빛나는 태양이 되는 것과 생사(生死)의 수레바퀴로부터의 자유, 에너지와 진동의 마스터가 되는 것은 모두 그때를 대비해 여러분의 의식(意識)을 준비하는 것입니다."

"텔로스와 룩소르에 있는 상승의 신전들을 방문하는 것에 관심이 있는 이들은 그곳에서 자기들의 의식으로 고양되고 활기찬 기쁨의 에너지를 가져오는 것이 필요하며, 그것이 상승 불꽃의 활동입니다.

이 불꽃은 진심으로 간구할 때, 육체뿐만이 아니라 그 내면의 몸들의 원소적인 질료 속으로 들어갈 것이며, "빵 덩어리 속의 효모(酵母)"처럼 작용할 것입니다. 그 순백한 불꽃이 상승 후보자들의 여러 체들 – 물리적, 정신적, 감정적, 에테르의 몸들 – 의 본질을 통과할 때 원자의 진동 작용, 즉 전자가 그 자체의 중심 핵 주변을 더 빨리 회전하도록 자극합니다. 이런 작용이 그 전자 주위에 있는 불순하고 조화되지 않는 물질을 떨쳐버릴 것이며, 동시에 모든 몸체들의 리듬을 소생시킵니다. 그 다음 그 몸체들은 상위 세계의 더 순수한 진동에 더욱 민감하게 됩니다. 또한 그들의 의식은 진실에 더욱 조율되어 중력의 끌어당김은 감소되고, 에고(ego)의 여러 가지 왜곡되고 잘못된 신념은 줄어듭니다."

"상승의 후보자가 초월, 득도(得道), 신의 지혜, 평화, 조화, 완벽한 건강, 한계 없음, 무한 공급의 상태로 올라서기 위해서는 자기 가슴 속에 있는 신적실재를 완전히 신뢰하는 것을 배워야 할 필요가 있습니다. 상승 형제단의 훈련법은 의식을 외부의 세계에서 "내부"로 돌리도록 고안되어 있는데, 즉 신성이 자리하고 있는 곳인 가슴의 중심에서 자신의 신성의 본질을 완전히 나타내기 위해 물리적 형태로 구현할 필요가 있는 어떤 것이든 뜻대로 끌어당길 수 있을 때까지 그렇게 하는 것입니다. 모든 것은 그 고귀한 불꽃인 상승하는 화염들을 통해서 정화되고 변형되어야만 합니다."

텔로스의 상승 신전으로 가는
명상과 여행

아다마와 세라피스 베이

우리는 오늘 저녁 여기에 있는 우리의 영예스러운 손님들인 룩소르의 상승 형제단 중 12회원과 더불어 여러분을 텔로스의 상승 신전으로의 여행에 지금 함께 가도록 초대합니다. 여러분이 이 입문을 바란다면, 마스터처럼 자신의 고등한 자아와 인도자들에게 이 체험을 우리와 함께 잘 해나갈 수 있게 해달라고 가슴으로 요청하십시오. 여러분의 영혼들은 이미 기뻐하고 있습니다.

5차원에서 온 찬란히 빛나는 백색의 머카바가 지금 에테르체로 여행을 선택한 존재들을 데리러 가까이 오고 있습니다. 이제 생각에 의해 빛으로 된 승용물 속으로 들어가 자리에 앉습니다. 내면에 집중함으로써 스스로 정신적 준비를 시작하고, 이미 여러분을 에워싸고 있는 그 불꽃의 경쾌하고 즐거운 에너지를 느껴보도록 하십시오. 우리가 여러분에게 요청하는 것은 이 여행 내내 여러분이 할 수 있는 만큼 깊게 호흡하라는 것입니다. 그리고 이렇게 하는 목적은 여러분이 이 불꽃 에너지를 가능한 많이 흡수하여 외부적인 의식으로 가져가기 위해서 입니다. 이 경험은 자신의 주요 몸들과 보다 정묘한 체들의 모든 세포, 원자, 전자에 대한 또 다른 정화 과정을 점화시키는 기회입니다.

자! 우리는 거기서 그리 먼 거리에 있지 않았으므로 이미 그곳에 와 있습니다. 가능한 한 의식적으로 이 체험에 대해 마음을 열고 그것을 즐기십시오! 이 신전은 매우 높고 거대하며, 네 면을 가진 번쩍이는 흰 빛의 피라미드입니다. 여러분이 이집트에 있는 피라미드에 가보았다면, 이것과 아주 똑같지는 않지만, 여러 가지로 비슷함을 알 것입니다. 물론 5차원의 이 두 상승 피라미드의 모습은 당신들이 이집트에서 눈으로 볼 수 있는 그 3차원의 대응물보다 더욱 영광스럽고, 멋지며, 장엄합니다. 텔로스의 그것은 룩소르의 그것처럼 3차원의 대응물을 갖고 있지 않은데, 그 힘과 아름다움은 근사합니다.

머카바에서 내려 "변형의 홀(Hall)"로 우리와 함께 가십시오. 거기에서 여러분 각자는 이곳에서 경험하는 동안 여러분을 돕고 호위할 상승 형제단의 안내자에게 소개될 것입니다.

이 신성한 장소의 공기와 에너지, 힘, 그리고 찬란함을 느껴보십시오. 우리는 또한 여러분 자신의 안내자에게 주의를 기울여 명확하게 알고자 하는 어떤 질문이라도 해볼 것을 권합니다. 사랑하는 이들이여, 이것은 어디까지나 여러분의 체험이니, 자기가 원하는 어떤 방식으로도 그것을 만들어 보십시오. 우리의 역할은 단순히 우리의 사랑과 지혜로 여러분과 함께 하는 것입니다.

때때로 여러분은 그곳의 찬란함으로 거의 눈이 멀 수도 있는데, 그것은 괜찮습니다. 여러분은 지금 원자 가속기 방으로 통하는 절경의 복도를 지나고 있습니다. 자신의 폐와 의식을 이 아름다움과 기쁨으로 계속 채우십시오. 계속 가다 보면, 이 신전에서 봉사하거나 이곳을 방문하는 많은 존재들을 볼 수 있는데, 그들은 여러분을 알아채고 우호적인 몸짓과 미소로 인사합니다. 그들은 모두 그들만의 방식으로 여러분을 환영하고, 또 여러분에게 축복을 보냅니다. 이 신전의 홀들은 오직 상승의 후보자들에게만 항상 열려 있습니다.

원자 가속기 방의 관리자들이 여러분을 맞이하며, 여러분은 자신의 안내자와 함께 지금 그 큰 홀로 들어가고 있습니다. 여러분이 보고 있는 것은 홀의 한 가운데에 있는 그 불꽃의 중심을 둘러싼 수백 개의 작고 눈부신 백색 수정 피라미드들과 넓은 공간입니다. 여러분은 앞에서 밝게 타오르는 불멸의 무한 상승 불꽃이 지닌 장엄함과 놀라움에 거의 압도되는데, 그 기저 부분에서부터의 높이가 거의 200피트(약60m)이고, 직경이 100피트(약30m)입니다.

그 힘이 여러분을 거의 압도합니다. 그리고 일단 여러분이 자신의 에너지장속에서 그 불꽃에 대한 깊은 체험을 한 번 갖게 되면, 스스로 자신의 이전 공명 수준으로 되돌아가려고 선택하지 않는 한 여러분은 결코 다시는 전과 같지 않을 것입니다. 그 거대한 힘이 밀려옴에도 불구하고 그 에너지장이 만들어내는 아름다운 선율의 음악 소리를 제외하고는 어떤 소음도 나지 않습니다. 또한 여러분의 주파수를 끌어올리는 작용을 촉진하는 감미로운 향기가 상승 불꽃의 에너지로부터 방사되고 있음도 유의하십시오.

안내자와 함께 여러분은 오늘 여기에서 여러분이 받을 수 있는 모든 영적 선물을 자신에게 채우기 위해 지금 그 불꽃의 기저 주위를 걷고 있습니다. 이제 여러분을 위해 더 작은 피라미드를 선택한 안내자는 다음 단계의 체험에 들어가도록 여러분을 인도하고 있습니다. 그 작은 빛의 피라미드들 각각은 원자 활성제를 내부에 포함하고 있는데, 그 위에 앉아 있으면 그것이 여러분의 진동이 자신에게 편안한 수준까지 올라가도록 여러분을 도울 것입니다. 이런 가속기들은 상승의 주파수와 불멸로 향한 모든 길로 여러분을 끌어올릴 수 있게 하는 방식으로 설계돼 있는데, 그러나 그것이 현재 이 체험의 목표는 아닙니다. 여러분은 여기에서 자신의 다음 단계를 향한 "작은 진전"을 체험하기로 되어 있습니다. 그리고 그것은 사람마다 다릅니다. 각자가 받게 될 가속의 단계는 자신의 진로에 대한 스스로의 입문 수준과 준비상태에 맞춰져 있습니다.

염려하지 마십시오. 지금 여러분 중 몇몇 사람이 완전한 상승을 경험하고 싶어 할 정도로 사라지게 되지는 않을 것입니다; 우리는 여러분이 양호한 상태로 물리적 몸으로 되돌아 올 것이고, 또 자신의 오라장 내에 새롭고 더 순수한 진동으로 충전될 것임을 보장합니다. 그때부터 여러분이 이 경험을 이용하여 최선을 다해 다른 단계를 성취하는 발판으로 삼느냐, 아니면 자신이 받은 것을 재빨리 망각해 버릴 것이냐는 당신들에게 달려 있습니다. 모든 것이 여러분에게 맡겨져 있으며, 우리는 단지 여러분을 도울 뿐입니다.

"원자 가속기"는 무엇일까요? 마스터 성 저메인이 지난 세기의 채널링에서 폭 넓게 언급했던 이 개념에 아직 익숙하지 않은 이들을 위해 그것을 간단히 설명하겠습니다. 그는 이 기술을 고안한 존재들 중의 한 명입니다. 원자 가속기는 그 명칭이 시사하는 것을 정확하게 행합니다. 그것은 그 위에 앉아 있는 이들을 위해서 상승 불꽃의 주파수를 창조하는 기술로 설계된 수정 좌석 혹은 의자입니다. 여러분이 가진 많은 기기들처럼, 그것은 통제 계기판을 갖고 있는데, 그 불꽃에 대해 명상하고 그 속으로 자신의 가슴의 사랑을 쏟으면, 그 순간 안내자가 여러분에게 가장 도움이 되는 정확한 수준으로 이 주파수를 여러분에게 주입합니다. 여러분의 안내자는 여러분에게 맞는 최상의 주파수를 이미 알고 있는데, 그들은 그것을 적용하는 훈련을 이미 훌륭히 받았습니다.

이 기술의 형태는 여러분의 차원에서는 아직 이용할 수가 없습니다. 그것은 창조주의 순수한 사랑의 본질보다 낮은 주파수로 진동하는 모든 요소를 완전한 상태로 변형시키는 능력을 갖고 있습니다. 또한 그것은 금속의 주요 원소를 가장 순수한 금(gold)으로 변형시키는 능력을 갖고 있다고 말 그대로, 또 상징적으로 말할 수 있습니다. 달리 말하면, 여러분이 상승을 이룰 시기가 오면 그것은 모든 한계 있는 요소들과 결함투성이인 당신들의 유한한 몸을 자체의 모든 장엄함과 광채를 지닌 죽음이 없는 불멸의 태양체로 변형시킬 것입니다.

여러분 자신에게 배정된 그 좌석에 앉아 자신의 신성의 본질 및 자신의 창조주와 교감하는 동안, 호흡을 계속 지속하십시오. 이번 생(生)에 상승하겠다는 여러분의 목표를 설정하고 여러분의 신께 자신의 가슴을 여십시오. (잠시 멈춤)

다 되었다고 느껴지면, 자신의 안내자의 눈을 들여다보고 감사를 표함으로서 그가 자신의 영혼의 눈을 통해 여러분에게 전하고자 하는 사랑을 받아들이십시오. 준비되었다고 생각될 때, 일어나서 안내자와 함께 자신이 있던 방에서 나와 여러분을 여기에 데려다준 머카바를 향해 되돌아가도록 자신의 의식에게 그렇게 지시하십시오. 우리는 지금 여러분을 새로운 사랑과 빛의 진동으로 가득 채워진 여러분의 오라장과 가슴과 함께 이 방(모임 장소)으로 다시 데려오고 있습니다. 실제로 여러분이 얻은 그 새로운 사랑과 진동을 유지하고 확장하는 것은 여러분에게 맡겨져 있습니다.

자신의 몸 안에 있는 온전한 의식으로 되돌아와서 여러분이 방금 받아들인 선물과 기회에 대해 신께 감사드리고 행복한 기쁨을 누리십시오. 우리는 여러분을 무척 사랑합니다. 이 사랑은 여러분이 바란다면, 매일매일 여러분의 삶과 함께 할 것입니다.

원자 가속기 / 상승 의자

빛의 힘을 위해 성배를 창조하는 도구

사랑하는 이들이여, 안녕하세요. 나는 성 저메인(St. Germain)과 함께 온 아다마입니다.

다양한 목적으로 지구 내부세계에서 사용했었고, 또 이미 여러분 중 많은 이들이 상승 의자로 알고 있는 원자 가속기에 관해 이야기하고자 합니다. 많은 이들이 성 저메인과 더불어 이전의 메시지들의 가르침을 공부했는데, 그 개념이 맨 먼저 여러 번 언급되었으나, 완전히 이해되지는 않았습니다. 사랑하는 이들이여, 우리가 그 놀라운 도구에 대해 여러분에게 더 많은 이해를 제공하려 하니 잘 경청하기 바랍니다. 그럼으로써 여러분은 자신의 여정에서 자신과 다른 이들을 돕기 위해 그것을 이용할 수가 있습니다.

내가 이야기할 때 성 저메인의 에너지는 나와 함께 여기에 있으며, 이제 우리 둘은 서로 에너지를 통합하여 공동으로 여러분에게 말하고 있습니다. 빛의 세계에서는 우리 자신들의 에너지를 쉽게 혼합할 수 있는 그런 의식의 통합 같은 것이 있는데, 우리는 이것을 매우 즐깁니다.

원자 가속기는 사랑하는 마스터 성 저메인의 가슴이 주는 지구와 인류에 대한 선물입니다. 그것은 상승을 원하는 지원자의 진동을 높이는 것을 돕는 도구입니다. 그것은 상승 불꽃의 순수한 빛의 주파수를 지니고 있습니다. 그리고 그것은 존재의 진동을 점차 완만하게 높이는 데 사용됩니다. 그 계기판에 최대치의 출력이 표시되면, 그것은 문자 그대로 누군가를 충분히 전자체

(電子體)의 진동 속으로 들어 올릴 수 있는데, 즉 빛의 세계와 5차원 의식 속으로의 즉각적이고도 영구적인 상승을 일으킬 수가 있는 것입니다.

과거나 지금에도 지저 세계의 많은 지원자들이 지구를 졸업할 준비가 되면, 그 의자들 중 한 의자에 앉음으로써 그들은 빛의 세계 속으로의 완전하고도 장엄한 상승 의식(儀式)를 치렀습니다. 그리고 그들은 많은 마스터들과 여러 차원에서 온 존재들의 거대한 모임에 의해 존경 받고 축하를 받았습니다. 그 좌석의 버튼을 눌러 최대치의 동력으로 가동했을 때, 지원자에게 남아 있던 순수한 빛과 사랑에 미달되는 모든 에너지들은 상승의 주파수 속에서 즉시 용해됩니다.

그때 지원자는 즉시 변형되어 충만한 신성의 본질과 또 자신들의 모든 영적 선물 및 회복된 특성에 다시 연결되는 것이지요. 사랑하는 이들이여, 이것은 신성합일의 진정하고도 영구적인 의식(儀式)입니다. 또한 이것이 여러분의 대다수가 간절히 바라는 참된 자아, 즉 진아와의 연금술적인 위대한 결합입니다. 비록 그것이 자신들의 상승을 이룰 수 있는 유일한 방법이 아니라하더라도 말입니다. – 사실 다른 여러 가지 방법을 선택할 수 있는 자유가 있습니다 – 하지만 그것이 가장 일반적으로 이용되는 방법입니다.

이 선물을 받기 위해서는 누구든지 모든 수준에서 영적으로 준비돼 있어야 하는데, 만약 그렇지 못할 경우 그 결과는 비참해질 수 있습니다. 우리들 중 그 누구도 거기에 요구되는 충분한 수준의 입문 과정을 채 달성하지 못한 이에게는 결코 그 은총을 받을 기회가 제공되지 않는다고 생각해도 좋습니다. 이런 상승의 의자들은 이 행성에서는 대백색형제단의 다양하고 영적인 5차원의 은신처들에 소수 밖에 없습니다. 텔로스의 우리에게 하나가 있으며, 성 저메인은 와이오밍에 있는 그의 은거지인 잭슨 피크(Jackson Peak)에 자신의 것을 갖고 있습니다. 히말라야에도 하나가 있고, 다른 은신처에도 몇 개가 있습니다.

우리의 교신 통로인 오릴리아는 몇 년 전에 우리들로부터 한 달에 한 번 그녀의 집으로 친구들을 초대하라는 지시를 받았는데, 그것은 이런 목표와 지구영단 및 자신의 신성을 향한 깊은 헌신을 바라는 이들에게 상승 의식을 거행하기 위해서였습니다. 그리고 오릴리아가 한 그룹과 더불어 그 의식을 개최할 때마다, 우리들 중 많은 존재들이 그것을 돕기 위해 왔었습니다. 마스터 성 저메인은 늘 자신의 휴대용 원자 가속기를 갖고 왔는데, 그것은 그가 여러분의 차원에서 의자 대용의 목적으로 설계한 것이고, 작은 에테르 상자로 이루어져 있습니다.

매 번, 마스터 성 저메인은 각 지원자들이 별 불편함이나 불안 없이 자신의 진동을 다음 단계로 끌어올리는 작업을 받아들일 수 있도록 그 속도와 강도를 직접 통제하고 감독합니다. 이동이 가능한 이 가속기는 다른 정식 가속기에 비해 성능에 별 차이가 없으며, 그 장소에서 상승 작업을 하기로 선택한 이들의 의식(儀式)을 거행하는 데 이용되었습니다.

오릴리아는 그녀가 미국의 몬타나에 살았을 때인 1994년 이래 쭉 그 상승 의식을 거행해 왔습니다. 그녀는 그때 이후로 지금까지 행성과 인류를 위해서 규칙적으로 그 봉사를 계속했습니다. 그녀는 입문 여정을 위해 샤스타 산에 온 모든 그룹과 함께, 또한 워크숍과 회의를 위한 해외여행 중 세계 여러 다른 나라에서도 이런 빛의 봉사를 실행했습니다.

탄력형성의 이로움과 힘

우리는 오릴리아가 도와주었던 매번의 의식이 거듭될 때마다 여러 해에 걸쳐 강력하고 아름다운 에너지가 매우 불가사의하게 증가했음을 주목했습니다. 매번의 의식에서 지난 모든 의식의 총 에너지량에 새로운 에너지들이 그들에게 추가되었습니다. 여러 해의 정기적인 그 의식 행사 후, 우리는 많은 관심과 감사와 함께 매번의 의식으로 창조된 빛의 성배(聖杯)가 거대한 힘을 형성했음을 주시하고 있습니다. 그 신성한 예배가 실행될 때마다 그 강도와 아름다움은 거의 두 배로 증진되었습니다. 이제 그것은 그 집단의 계획에 참여하는 사람들을 감동시키고 지원할 뿐만 아니라, 거의 행성 전체를 망라하는 빛의 네트워크를 창조하고 있습니다.

여러분 중 많은 이들이 자신의 영적 여정에서 원하는 만큼 빠르게, 또는 자기 노력으로 성취하고자하는 만큼 진전을 이루고 있지 못한데, 왜냐하면 자신의 목표를 달성하기에 충분한 원동력을 만들어내는 데 익숙하지 않기 때문입니다. 보다 큰 원동력을 형성하는 것은 자신이 바라는 것이 무엇이든 창조하기 위해 여러분의 차원에서 필요한 모든 에너지를 충분히 모으는 것입니다.

> "어둠의 힘들"을 구현하고 있는 존재들조차도
> 그 원리를 매우 잘 이해하고 있습니다.
> 그리고 자기들의 어둠의 힘을 형성하는 데 있어서
> 빛의 사람들이 빛의 힘을 형성하는 것보다
> 훨씬 더 빈틈이 없습니다.

대부분의 여러분들이 가지는 낮은 수준의 자기만족은 오래 동안 이 행성 전체가 빠져 들었던 깊은 어둠과 밀도, 고통의 주요 요인 중 하나였습니다. 우리들 중 마스터가 된 이들은 우리가 바라는 때에 원하는 것은 무엇이든 실현할 수 있는 충분한 빛의 힘을 축적했습니다.

1994년으로 돌아가서, 오릴리아가 4~5명의 사람들과 작은 의식(儀式)을 시작했을 때, 각 의식 때마다 창조된 빛의 성배는 매우 작았고, 전혀 지금만큼 강력하지 않았습니다. 하지만 그녀가 해마다 자신의 힘 쌓기를 계속함으로써 빛의 성배는 급격하게 확장되었지요.

의도적으로 계획된 매번의 의식과 더불어 마스터 성 저메인은 아직 투시력이 없는 이들에게는 보이지 않는 에테르적인 원자 가속기를 가져 왔고, 그 목적을 위해 고안되고 꾸며진 의자 아래에 두었습니다. 우리의 세계에서 우리는 그것을 5차원의 기술로 만들어진 어떤 수정(cryatal) 형태의 가시적인 상자로 생각합니다. 더 향상되고 진화된 점을 빼면, 그것은 여러분 세계에서의 기술처럼 껐다 켰다할 수 있는 장치를 갖고 있습니다.

모인 사람들이 준비되고, 또 오릴리아의 요청이 있으면 마스터 성 저메인은 그 원자 가속기를 작동시킵니다. 그것이 어떤 작용을 할까요? 작동과 함께 그 의자의 아래와 사방으로 상승의 파동이 방사되기 시작합니다. 그리고 그 의자에 앉아 있는 사람은 자신의 진화 수준과 받아들일 수 있는 용량에 따라 그 파동의 대부분을 받아들입니다.

그 과정은 관찰되어야 하는데, 왜냐하면 그 가속기에서 방사되는 상승 불꽃의 에너지가 그것이 최대로 켜질 경우 말 그대로 여러분을 보이지 않게 하고, 시야에서 사라지게 하기 때문입니다. 여러분이 상승 불꽃의 충만한 영광으로 끌어올려질 적절한 시기가 될 때까지는, 여러분은 그 의식들이 거행될 때마다 단지 증가한 에너지만 받을 것임을 믿으십시오.

여러분이 자신의 의식을 진화시킴으로써 그 상승 불꽃은 여러분 자신을 더욱 더 정화하도록 도울 것입니다. 또 그 신성한 의식을 통해 여러분이 자신의 의지를 정할 때마다 그것은 여러분의 진동 끌어올리기를 지원합니다.

만일 여러분이 우리의 시각으로 그것을 볼 수만 있다면, 그것을 실행할 때 무척 아름답다는 사실을 알 것입니다. 함께 모임으로써 여러분은 서로 도우며 그 상승의 에너지를 계속 유지합니다. 여러분 각자가 자기의 친구들과 신(神) 앞에서 상승하겠다고 선언하고 그 의자에 앉으려고 나설 때, 그리고 그것을 위해서는 무엇이든 하겠다고 했을 때, 마스터 성 저메인은 이제 여러분에게 적절한 수준의 상승 주파수가 넘쳐흐르도록 자신의 가속기의 다이얼을 조절합니다.

그 의자에 앉아 가슴으로 자신의 의도를 말할 때마다 당신들은 보기에 가장 경이롭고 폭발적인 사랑과 빛을 창조합니다. 그러므로 여러분이 그 모임들을 계속 유지하면, 거기에는 항상 이 지구 행성과 다른 행성들, 항성계들의 여러 세계들로부터 온 빛의 존재들이 모여들어 여러분이 하는 것을 지켜보며 매우 기뻐합니다. 그리고 그들은 지상의 인간 멤버들이 창조한 그 경이롭고 폭발적인 빛을 바라보기를 좋아합니다. 또한 매번 그들은 여러분에게 자신들의 사랑과 지원, 위안을 가져다주곤 합니다.

의식(儀式)을 거행하는 방법

먼저 여러분이 할 것은 한 집단 내에 모이는 것입니다. 각자는 지정된 상승 의자에 앉기 위해 앞으로 나와 완전히 열린 마음으로 되도록이면 크게 이번 생과 상승에 관한 자기들의 목표에 대해 스스로의 의도를 말합니다. 그리고 자신의 가슴이 지시하거나 혹은 여러분에게 행하도록 영감을 주는 가장 명예로운 기도를 올리십시오.

각자는 자신들의 손에 조수가 건네준 특별한 수정(水晶)을 쥐고, 3~5분 정도 자기의 기도를 올리기 위해 그 의자에 앉습니다. 기도가 끝나면 눈짓으로 끝났음을 알리고, 모인 전체 집단은 의자에 앉아 있는 사람의 몸 속에 그 에너지가 정착되도록 돕기 위해 "옴(AUM)" 만트라를 세 번 읊조립니다. 그런 다음 그 사람은 자신의 자리에 돌아오고, 정렬하고 있는 다음 사람이 자신의 차례를 행합니다. 어떤 특별한 순서는 필요하지 않습니다. 창조된 (에너지) 흐름이 항상 존재하며, 각자는 준비되었다고 느낄 때 자신의 차례를 행합니다. 조수는 통상 마지막까지 함께 도움을 주는데, 그것이 꼭 규칙은 아닙니다.

모두가 자기의 차례를 마치면, 성 저메인과 나, 아다마는 우리가 부어 놓은 "황금색 밝은 빛"의 주파수로 충전된 연금약액(鍊金藥液)을 마시도록 권합니다. 그리고 조수나 보조자가 번쩍이는 사과 즙 혹은 다른 즙을 작은 용기에 부어 참석한 각 사람들에게 그것을 나누어 줍니다.

그런 다음 각자는 자기가 들고 있는 그 번쩍이는 액체에 황금색 액상의 빛의 주파수가 주입되도록 짧게 기원합니다. 각 사람들은 자신의 오른손으로 즙(즙이 가능하지 않으면 물)이 든 잔을 들고 있습니다. 그 기원 후 조수는 성 저메인이 각자에게 가장 적절한 주파수를 그 액체에 채워 넣도록 잠깐 기다립니다.

이어서 신호가 있으면, 각 참여자는 자신들에게 내려진 그 풍요로운 축복에 관계된 모든 것에 깊은 감사를 표하며, 이제 신성한 연금약액인 그 액체를 천천히 마십니다.

이것은 우리가 지구 내부세계에서 여러분에게 줄 수 있는 연금약액들 중의 하나처럼 그렇게 매우 강력하고 효과가 있습니다. 여러분은 우리의 이런 책들에서 오래 전 데이빗 로이드(David Lloyd)6)가 샤스타 산에서 성 저메인이 준 연금약액을 마시고 군중들 앞에서 엄청난 경탄을 자아내는 가운데 승천했다는 내용을 읽었거나, 들었을 것입니다. 그는 결국 완전히 사라져 버렸고, 빛의 세계로 상승했던 것입니다.

사랑하는 이들이여, 이 사람 데이빗 로이드는 달리 자신의 상승을 이룰 수 있었는데, 그러나 그것은 특별한 방식으로 상승하

---

6) 데이빗 로이드는 영국 사람으로서 20살 때 그는 정부의 관리였던 아버지를 따라 부친의 근무지인 인도에서 살고 있었다. 그런데 당시 아버지를 찾아 왔던 한 미지의 신비로운 사나이로부터 미래의 언젠가 북미(北美)의 거대한 산에서 수정컵에 담긴 빛나는 용액을 건네줄 사람을 만나게 되면, 상승하는 데 도움을 받을 수 있다는 뜻밖의 말을 우연히 듣게 된다. 그가 데이빗 로이드에게 남긴 수수께끼 같은 말은 오직 "수정으로 된 컵을 기억하라. 그리고 그것을 찾아라. 그러면 얻게 될 것이다." 라는 말뿐이었다.

이 말을 평생 동안 가슴에 새기고 그것을 찾아 50년을 헤맨 후, 그는 1930년대 초 자신의 나이 70세 때 미국 캘리포니아 주에 있는 샤스타 산에 도착한다. 그리고 거기서 당시 성 저메인의 메신저로 활동하던 가이 발라드(Guy Ballard, 1878~1939)를 만났다. 그는 자신의 인생 스토리를 가이 발라드에게 들려주었는데, 이 때 가이 발라드는 성 저메인이 자신에게 제공한 수정 컵에 담긴 반짝이는 연금약액을 그에게 건네주었다.

데이빗 로이드는 그것이 자신이 평생 찾았던 것임을 알고 환희에 차서 그 용액을 주저 없이 받아 마셨다. 그가 그 영약(靈藥)을 마시자, 그의 몸에서 노화의 흔적이 사라지면서 다시 젊어지더니 눈부신 광휘의 상태로 서서히 지면에서 공중으로 떠올랐고, 이윽고 빛 속으로 승천해 버렸다고 한다.

이런 내용은 가이 발라드의 저서인 "베일 벗은 신비들(Unveiled Mysteries)"에 소개돼 있다. 이러한 두 사람의 만남은 성 저메인이 가이 발라드에게 샤스타 산에 가서 데이빗 로이드를 만나라고 요청해서 이루어 진 것이라 한다. 그리고 이런 사실로 미루어 볼 때, 성 저메인 대사는 데이빗 로이드가 불사(不死)의 존재로 상승할 준비와 자격이 다 갖춰진 사람임을 미리 알고 그렇게 도움을 준 것이라고 볼 수 있다. (감수자 주)

데이빗 로이드가 승천한 장소인 샤스타 산의 아름다운 전경.

기 위해 내면에서 그가 선택한 것이었으며, 그것이 승인되었던 것임을 아십시오. 그것은 우연히 일어난 사건이 아니라 그가 상승할 시기였기 때문에 그 일이 일어났던 것입니다. 우리는 또한 여러분이 사라지는 방식으로 그 연금약액을 여러분에게 투입할 수 있었으나, 그것이 우리가 지금 시행하려는 계획은 아닙니다. 여러분이 요청하더라도 우리는 단순하게 그것을 행하지는 않을 것입니다! 여러분의 적절한 때가 되어서야 그것을 행하려고 합니다. 우리를 믿으십시오. 여러 사람들이 그 요청을 했었습니다. 친구들이여, 미안하지만, 자신의 적절한 시기를 기다리는 것은 절대 필요합니다.

앞으로 집단적 상승이 명백해질 어떤 시기가 올 것입니다. 그리고 어떤 경우에는 이런 일이 그것을 목격하게 될 다른 사람들 앞에서 일어날 것입니다. 그 시기가 그리 멀지 않습니다만, 여러분은 아직 좀 더 기다려야 합니다. 여러분에게 그 일이 일어나더라도 다른 사람을 결코 놀라게 하지는 않을 것입니다. 만약 당신들에게 이런 일이 일어난다면, 그것은 여러분이 충분히 준비되었기 때문이며, 또 여러분은 이런 형태의 상승에 충분히 동의했기 때문입니다.

여러분이 원자 가속기와 관계된 모임을 계속하면, 성 저메인 대사는 여러분이 처리할 수 있는 진동 수준에 따라 각자에게 주어진 정확한 에너지양을 항상 조절합니다. 우리는 여러분 중 누구도 너무 때에 이르게 사라지도록 계획하고 있지 않습니다.

여러분 중 어떤 이들은 형제자매들 앞에서 가슴을 열고 말하기를 주저하거나 부끄러워합니다. 사랑하는 이들이여, 빛의 세계에서는 어떠한 비밀도 없으며, 모든 것이 알려져 있음을 아십시오. 여러분이 여기에 오고자 한다면, 이제 그것에 익숙해지기 시작하는 것이 최선입니다. 나중에는 그것이 좀 더 쉬워질 것입니다.

더 높은 차원을 향해 일단 한 번 그 의식을 행하면, 아무 것도 감춰질 수 없습니다. 그것은 형제자매들 앞에서 자신의 가슴을 여는 매우 좋은 연습이며, 아무 것도 주저할 것이 없습니다. 여러분이 행하는 그것을 부끄러워하지 마십시오! 그것은 무척 아름답습니다! 또한 그것은 매번 폭발적인 빛을 창조합니다. 그리고 여러분이 서로 다른 사람들을 도움으로써 자신의 빛은 더욱 증폭되며, "별들을 향한 자신의 여정"에서 빛의 힘을 형성하고 있는 것입니다.

우리는 적어도 한 달에 한 번은 형제자매로서, 또 여러분의 영적 목표에 대한 소망과 의도에 기운을 불어넣기 위해서 지금 도시와 시골과 다른 나라의 여러 규모의 그룹에서 만나라고 여러분을 초대합니다. 각 의식(儀式)과 각 참여자들의 의지로 힘이 형성될 수 있도록 하십시오.

그것이 얼마나 강력해질 수 있는지 상상해 보십시오! 여러분이 하게 되는 것은 더욱 더 많은 사람들이 이것을 행함으로써 더욱 더 거대한 힘을 얻게 되는 것이며, 행성 전역에다 상승의 빛으로 이루어진 작은 연결망을 만드는 것입니다. 그 빛의 힘으로 창조된 에너지가 모든 것을 서로 결합시키듯이 더욱 더 힘을 증대시킬 것입니다.

이것은 상승의 빛으로 이루어진 큰 소용돌이 선풍 속에서 모든 인류와 행성이 상승을 선택케 하는 데 필요한 거대한 빛의 힘이고, 상승의 불꽃입니다. 그것은 이 행성에 존재하고 있는 어둠을 일소해버릴 것이고, 모든 남녀와 아이들을 존엄한 신성의 상태로 회복시킬 것입니다.

그런 식으로 어둠은 완전히 추방될 것이며, 빛의 위대한 승리 속에서 소멸될 것입니다. 사랑하는 우리의 가슴의 자손들이여, 하지만 여러분은 여러분의 차원에서 해야 할 자신의 역할을 해야만 합니다. 그것은 여러분의 헌신과 참여 없이 자동으로 일어나거나, 혹은 그것을 단지 바라는 것만으로 이루어지지는 않을 것입니다.

텔로스의 우리는 여러분의 사랑과 의지의 의식(儀式)들을 매우 기뻐합니다. 또한 우리와 성 저메인은 승리의 상승일을 향해 나가는 모든 여러분을 사랑하고 지원하면서, 언제나 여러분과 함께 할 것임을 확신하십시오.

- 아다마 – 이에 관해서 하고 싶은 말이 있거나, 어떤 질문이

있나요?

- 오릴리아 - 우리가 만드는 상승 의식(儀式)을 통한 여러 수준의 상승 주파수 체험하기와 영적인 연금약액 섭취하기, 그리고 세계의 그룹 모임에 참여하는 것에 관해 우리에게 하신 말씀은 가장 놀라운 선물입니다. 당신께서는 이 아름다운 의례를 통해 우리에게 영구히 증가하는 주파수를 선물하고 계시는데, 맞나요?

- 아다마 - 그렇습니다. 그리고 여러분은 원하는 만큼 자주 그 의식을 행할 수 있습니다. 여러분이 자신의 여정에서 스스로를 돕는 한 도구로서 그것을 이용하고자 한다면, 그것은 여러분에게 맡겨져 있습니다. 그것은 여러분이 서로 협력함으로써 에너지를 더 많이 만들어내는 하나의 도구입니다. 많은 사람들이 상승하기를 바라지만, 자신들의 완전한 영적 자유를 달성하기 위해 필요한 끊임없는 노력을 하지 않으려 하며, 또 종종 자신들의 목표와 의지를 확립하는 것을 잊곤 합니다.

여러분이 서로 모여 의지를 강화하면, 자신들의 삶 속에서 그것은 더 강력해집니다. 그 모임들은 마음이 맞는 사람들과 함께 모여 시간을 보내는 멋진 방식으로 만들어질 수 있습니다. 그 후 여러분은 모여 함께 식사까지도 할 수 있지요. 여러분이 좋다면 말입니다. 그것이 우리처럼 단순히 신과 여신이 됨으로써 겉치레나 어떤 격식 없이 함께 일을 하기 위한 레무리아인의 방식입니다. 여러분이 그와 같이 되어 행하기를 권하는 바입니다. 단순하고 유쾌한 방식으로 자신의 의식을 끌어 올리는 데 도움이 될 유리한 도구들을 택하십시오.

그렇게 하도록 하십시오. 사랑하는 우리의 가슴의 후손들이

여. 자신과 더불어 평화와 사랑 안에 머무세요. 머지않아 우리는 사랑의 팔에 안겨서 여러분을 만날 것입니다.

그 순간의 최고의 영광을 이해하기에,
나는 오직 그 영예의 순간을 준비하도록
신의 사랑하는 각 자녀들에게 촉구하는 바입니다!
때가 되어 빛의 아버지로부터 온 호출신호가
그대들의 가슴에 도착할 때,
그대들은 또한 인간으로 육화한 충분하고도 참된
목적을 깨달을 것입니다.

- 주 사난다 -

16 장

부활의 불꽃, 제6광선의 활동

부활의 신전을 향한 명상과 더불어
아다마, 예수/사난다, 그리고 나다와 함께 하다

● 그룹 - 오늘 밤 아다마께서는 우리에게 무엇을 계획하고 있으신지요?

● 오릴리아 - 오늘 오후 내가 아다마와 얘기를 했는데, 저녁 모임에서 말할 어떤 주제가 내게는 없기 때문에 아다마는 부활의 불꽃과 그 불꽃의 치유 특성들에 관해 이야기하고 싶어 하십니다. 그 불가사의한 불꽃은 이 차원에서의 대부분의 사람들과 또 그것을 들어서 알고 있는 사람들에게도 제대로 알려져 있지 않습니다. 그들은 항상 그 이용법을 제대로 이해하지 못합니다. 부활의 불꽃은 태초 이래 이 행성의 사람들에게 유용한

신의 주요 일곱 불꽃 중 하나입니다. 그것은 그 자체로서 활동을 하고 있으나, 그뿐만이 아니라 또 다른 형태의 치유를 하기도 합니다.

전 세계는 지금 여러 단계의 치유와 많은 종류의 치유가 절실히 필요합니다. 치유라는 말은 여러 형태와 수준들을 포함하는 광범위한 뜻을 갖고 있습니다. 우리는 전체가 되어 "신적실재"의 빛을 다시 완전한 상태로 표현할 수 있기 전에, 자신의 모든 측면들이 깊고도 깊은 수준에서 치유가 완료될 때까지 계속 치유해야만 합니다. 사람들은 3차원에서 행해지는 수많은 다른 방식의 치유들에 관해 들어왔으나, 진정한 치유에 대해서는 거의 이해하지 못합니다.

진실로 진정한 치유를 이해하기 위해서는 생명을 부양하고 재충전시키고 유지하기 위해 이 행성에 끊임없이 흘러넘치는 신의 주요 일곱 불꽃에 대한 특성들을 깊이 있게 이해하는 것이 현명할 것입니다.

오늘 저녁 아다마께서 전달하고자 하는 가르침은 더 높은 단계에서의 치유, 진정한 치유인데, 이것은 나중에 다시 보다 더 영구적인 해결을 요구하는 단지 임시변통의 해결책이 아닙니다. 부활의 불꽃은 다른 것들 중에서도 또 하나의 비범한 도구이며, 사용하기에 자유롭고 편리하며 매우 효과적입니다. 하지만 불행하게도 그것은 잊혀져 대부분의 사람들에게 별로 이용되지 않고 있습니다.

대 비취 사원의 에너지와 치유의 제5광선에 속한 선록색(鮮綠色) 진동은 하나의 도구이긴 하나, 더 경외심을 자아내는 것들이 많습니다. 우리가 이런 도구들에 관해 언제라도 우리 마음대로 쓰는 도구들임을 깨닫게 될 수록에 더욱 그것들을 이용할 수가 있고, 또 우리의 삶을 편리하고 은혜롭게 더 많이 변형시킬 수 있습니다. 이제 아다마께서 그 부활의 불꽃에 관한 더 큰 이해를 우리들에게 전해주고 싶어 하십니다. 또한 그는 전자(電子)에 대해서, 그리고 우리가 그 신의 성스러운 일곱 화염들을 어떻게 이용하여 우리의 의식을 끌어올릴 것인가와 전자의 올바른 이용에 대해서도 설명할 것입니다. 그 부활의 불꽃은 영혼의 수준에서 우리들을 준비시키며, 또 육신의 불멸을 위해서 우리의 몸을 준비시킵니다. 우리가 그것을 선택한다면 말입니다. 상승의 불꽃의 완전한 변형을 받아들이도록 여러분을 준비시키는 것도 또한 하나의 불꽃입니다.

"불꽃(Flame)"이라는 용어를 간략히 설명하겠습니다. 이 행성에서 그 일곱 가지 화염들은 인류의 진화와 생명을 유지시키는 주된 활성 요소들입니다. 물론 상위 차원에는 더 많은 불꽃들이 있으며, 우리는 지금 12 불꽃의 에너지를 받아들이고 있습니다. 이것은 우리가 매우 오래 동안 계속돼 온 영적인 선잠 상태에서 깨어나 우리의 의식을 끌어올릴 때, 다섯 개 더 많은 불꽃을 활용할 수 있게 된다는 것을 뜻합니다. 사실상 우리의 차원에서는 드러나지 않는 불꽃들이 수백 개나 더 있습니다. 하지만 지금은 오늘 저녁의 우리 계획대로 이 불가사의한 부활의 불꽃으로 우리들을 안정시키도록 합시다. 그것들은 매우 놀랄만한 것이기 때문에 우리는 그 각 일곱 불꽃들에 대해 몇 시간 동안, 아니 어쩌면 며칠 동안이나 이야기할 수 있습니다.

모든 창조물에는 신의 여러 다른 특성들이 있는데, 그 각각은 우리가 "불꽃" 혹은 "광선"이라고 부르는 그 자체만의 고유한 에너지적인 진동과 작용에 의해 나타납니다. 뿐만 아니라 그것들은 다른 명칭으로 불리기도 합니다. 그렇지만 우리가 그것들을 어떻게 호칭하는가는 그 이용법과 우리 삶 속에서의 그 영향을 이해하는 데는 별로 중요하지 않습니다. 그 주요 일곱 불꽃들은 무지개 광선이라 알려져 있기도 하며, 그것들은 창조물의 모든 것에 연결되어 있습니다.

 일주일은 7일이고, 음악의 옥타브는 일곱 개의 음조(音調)가 있으며, 몸에는 일곱 개의 주요 차크라, 일곱 개의 주요 내분비선(內分泌線), 주요 일곱 기관과 계통이 있는 등등, 그 목록은 아주 길게 나열될 수가 있습니다. 그 광선들 각각은 특별한 색채의 진동을 나타내고 있으며, 방금 위에서 언급한 것들 중 하나에 연결되어 있습니다. 예를 들면, 일주일의 각 하루는 그 광선들 중 하나의 에너지와 그것에 대응하는 색채의 진동과 더불어 확장됩니다. 그리고 음악적 옥타브의 각 음조는 특별한 색채와 광선 에너지를 나타냅니다. 여러분의 몸의 일곱 내분비선과 주요 일곱 기관, 주요 일곱 차크라들 역시 특정 광선들 또는 불꽃들과 연결돼 있으며, 그것이 연결된 그 에너지와 더불어 그 영역, 혹은 그 날짜에 확장됩니다.

 부활의 불꽃 또한 우리가 5차원의 의식 속으로 옮겨가도록 지원하는 변형의 에너지를 지니고 있습니다. 그리고 에테르계와 모든 차원들에 있는 아름다운 신전들은 각각의 불꽃 혹은 창조주의 특성들을 증폭시키기 위해서 건설돼 있습니다. 그 불꽃들을 촉진시키거나 육성하기 위해 텔로스에도 많은 신전들이 있으며, 레무리아 시대에는 바로 그 목적을 위해 수백 개의 신전들이 있었습니다. 부활의 불꽃은 여러분이 영원토록 언제나 이용할 수 있고, 또 항상 그것으로부터 이익을 얻는 중요한 것입니다.

이제 아다마를 불러 초대하겠습니다.

- 아다마 - 나의 가장 사랑하는 이들이여 안녕하세요. 나는 여

러분의 친구이자 조언자인 아다마입니다. 오늘 나와 나의 팀은 다시 한 번 여러분과 함께 하며 신께서 갖고 계신 모든 경이로운 특성들에 대해 보다 깊게 이해하고자 하는 이들에게 지혜와 지식의 진주(眞珠)를 전해 드리게 되어 기쁩니다. 나는 오늘 여기 이 자리에 부활의 불꽃의 안내자인 주 예수/사난다 및 그의 사랑하는 쌍둥이 불꽃(Twin Flame), 나다(Nada)와 함께하고 있습니다. 나다는 2,000년 전, 그녀의 마지막 육화 때 막달라 마리아(Mary Magdalene)로도 알려져 있었습니다. 그들은 여러분 모두에게 자신들의 사랑의 찬란한 빛을 비추기 위해 이곳에 왔습니다.

여러분은 지금까지 이 행성에서의 짧은 육화 과정에서 자신의 신성과 신에 관한 실제적인 진리에 대해 배운 것은 매우 적으며, 알려진 것에 비교할 때 극히 제한돼 있습니다. 하지만 오늘날에는 여러분이 궁극적인 영적 자유를 얻고자 자신의 의식을 열고 신성의 모든 측면들과 다시 연결되기 위해서 마음대로 활용할 수 있는 수많은 지식들이 존재하고 있습

죽음에서 부활하여 무덤에서 걸어 나오는 예수 그리스도

니다.

 거의 대부분의 여러분들은 이 행성에서 수천 번의 육화를 경험한 바 있으며, 현재 육화한 상태에서 진정한 지식의 극히 일부분만을 접해 보았습니다. 또한 대다수의 당신들은 진정한 지식에 대한 극히 적은 진주를 선물로 받았습니다. 하지만 그 모든 것이 이제 변화하고 있으므로 오늘 밤 우리는 여러분이 영적인 하나됨과 전체성으로 변화되는 데 도움을 줄 또 다른 도구이자 영적 보물을 전할 것입니다.

 부활의 불꽃 그 자체의 진동과 작용은 오직 치유의 불꽃으로서만 한정돼 있지 않습니다. 그것의 활동 영역은 광범위하며, 따라서 우리가 함께하는 이 짧은 시간에는 단지 그 기본적 개요만을 다룰 수가 있습니다. 그것의 작용이 수많은 수준과 주파수들에서 일어나는 만큼 그것은 우주적 차원에 속해 있습니다. 여러분이 2,000년 전의 마스터 예수를 기억할 수 있다면, 사실 그의 육신이 죽은 후 그가 무덤 속에서 자신의 몸을 부활시키기 위해 사용했던 것은 바로 부활의 불꽃이었습니다. 이 사실만으로도 불가사의한 그 불꽃에 대한 한 가닥 실마리를 여러분에게 주고 있는 것이지요. **당신들이 그것의 더 커다란 의미를 깊이 생각해보았을 때 진실로 부활이 뜻하는 것은 무엇이겠습니까? 이는 2,000년 전에 이 위대한 화신(Avatar)이 그것을 통해 이룬 것, 즉 부활을 바로 지금의 여러분 역시도 이 불꽃을 가지고 성취할 수 있다는 것입니다.** 그 불꽃의 특성들은 감소되지 않았으며, 오히려 그것은 더 많은 힘을 축적했고, 또 그 힘은 몇 배 더 증가되었습니다.

 자신의 사랑하는 쌍둥이 영혼인 나다(Nada)와 함께 하고 있는 주 예수/사난다는 서로 그 신성한 불꽃의 초한이거나 혹은 수호자입니다. 그들은 둘 다 매우 높은 수준으로 상승한 존재들이며, 또 언제든지 늘 여러분을 기꺼이 돕고 싶어 하는데, 특히 그 경이로운 신성한 불꽃으로 말입니다. 또한 대략 부활절(復活節) 쯤이 그 불꽃이 이 행성에서 가장 활동적인 시기임을 유의하십시오. 금년의 그 시기는 여러분이 그 불가사의한 불꽃을 가장 잘 활용하여 여러분의 전체의식과 존재, 세상에 주입할 수 있는 커다란 기회가 될 것입니다.

비록 그 불꽃이 항상 활동 중에 있지만, 부활절 시기는 주 예수/사난다가 당시 이 행성에 갖고 돌아온 그리스도 에너지를 기념하는 가운데 그 에너지가 인류의 이로움을 위해 2배로 증강되는 때입니다. 제6광선의 한 활동으로서 부활의 불꽃은 헌신적 봉사와 원조의 에너지를 구현하기도 합니다. 그것은 또한 예수가 2,000년 전에 자신의 삶을 통해 이 행성에 행한 헌신적인 봉사로서 실현하고 증명한 것입니다. 그는 현재 이 시기까지도 지구 행성과 모든 인류에 대한 봉사를 위해 지구에 남아 있으며, 향후 천년에 걸쳐 그 봉사는 계속될 것입니다.

부활의 불꽃에 관계된 그의 체험은 그만이 유일한 것이 아닙니다. 즉 그는 단지 인간의 몸에 생명력을 부여하고 또 생명을 향상시키는 이런 에너지 사용법을 알았던 것입니다. 그리고 이제 여러분 모두가 발전하여 보다 높은 이해의 수준을 갖고 있는 지금은 바로 당신들이 그 에너지를 자신들을 위해 사용할 시기입니다. 그것은 매우 경이롭고 불가사의한 것이며, 그리고 그 지식을 여러분에게 전하는 나는 무척 행복합니다. 여러분 자신의 삶을 용이하게 만들고, 자신의 변형과 진화의 여정을 가속시키기 위해서 자신의 뜻대로 이용할 수 있는 많은 도구들이 있습니다. 여러분은 단지 그것들을 깨닫고 자신의 일상생활에서 그것을 부지런히 사용하기만 하면 되는 것입니다.

여러분이 자신의 몸 안에서 치유를 원할 때는 이미 지니고 있는 것보다 더 높은 주파수를 자신의 몸 안으로 받아들임으로써 치유를 할 수 있는 부활의 불꽃의 에너지가 필요합니다. 표면적이고 일시적인 치유는 여러분이 얻고자 하는 것이 아니며, 모두들 뭔가 영구적이며 더 나은 것을 찾고 있습니다. 여러분은 자신의 본래 모습이자 내면에 존재하는 그 신성한 실재와 좀 더 의식적으로 다시 연결되는 형태의 치유를 바랍니다. 그리고 사실 그 실재가 여러분이 늘 원하고 구하는 삼라만상의 근원입니다. 여러분은 자신의 치유가 반영될 수 있기를 바라며, 다시 한 번 태초의 본성인 자신의 신성을 구현하기를 바랍니다. 그리고 그것이 신의 자녀로서 여러분이 받은 천부적 권리인 것입니다.

마스터 예수가 "나는(I AM) 부활이요, 생명이다."라고 말했을 때, 그는 그의 육화한 인간적인 자신을 말하는 것이 아니었습니다. 그는 여러분 모두의 신성한 가슴 속에 동일하게 살아 있는, 하지만 아직 여러분의 의식 상태에서는 충분히 발현되지 않은 자신의 신성한 자아인 위대한 "신적실재" 또는 "대아(大我)", "진아(眞我)"에 대한 신성한 법칙을 가르치고 있었습니다. 그는 자신의 신성의 본질에 완전히 연결되어 있었기 때문에 그것을 발현시키는 방법을 알고 있었습니다. 부활의 불꽃은 그것에 집중하고, 그것을 간원하고, 그것과 함께 작용함으로써 자신의 이로움을 위해 쉽게 이용할 수 있는 에너지입니다. 그러니 창조적이 되십시오!

• 그룹 - 그 말씀은 우리들에게 아주 근사하게 들리는군요! 오릴리아가 언급할 때까지 그것에 관해 들어본 적이 결코 없었습니다. 실제로 우리가 어떻게 그것을 이용하며, 어떻게 우리의 생활에 작

용시킬 수 있나요?

• 아다마 – 그것은 신의 많은 특성들 중의 하나입니다. 여러분은 자신의 재정적 소득을 부활시킬 수 있으며, 몸을 부활시킬 수 있고, 또 가족의 화합을 부활시킬 수 있습니다. 그리고 자신의 삶에서 발전시키고자 하는 수많은 것들을 부활시킬 수 있습니다. 부활의 에너지는 무엇을 하든지 어떤 방식으로도 제한되지 않습니다.

여러분은 "I AM(나는 … 이다)"라는 말을 그것이 자신을 이루고 있는 무한한 모습임을 알고 이 말을 사용할 수 있습니다. 또는 다음과 같이 말할 수 있습니다. "내 존재의 근원은 창조주이므로 나는 지금 부활의 불꽃을 불러냅니다. 그리고 나의 육신과 감정체, 나의 모든 정묘한 몸들에 있는 나의 전 세포와, 원자, 전자 속으로 부활의 불꽃이 대량으로 유입되기를 요청합니다. 나는 나의 삶의 모든 측면들이 치유되고 부활되기를 원합니다. (소득, 재능, 기억, 화합 등과 같은 여러분이 부활시키기를 바라는 다른 것들을 호칭하십시오.)"

하늘은 당신들이 그 강력한 에너지를 어떻게 이용하느냐에 있어 사실상 아무런 제한이 없습니다. 만일 여러분이 자신의 삶에서 어떤 결핍을 겪는다면, 또 여러분의 몸이 아직 광휘와 불멸의 상태가 아니라면, 그리고 완전무결한 신적 아름다움, 젊음, 완벽함을 아직 나타내고 있지 않다면, 그것은 자신의 육체조직을 구성하는 전자들이 여전히 왜곡의 단계를 겪고 있음을 뜻합니다. 여러분 자신을 구제하고 도울 수 있도록 부활의 불꽃을 부르십시오.

• 그룹 – 우리가 그것을 얼마나 자주 해야 하나요?

● 아다마 – 여러분의 차원에서는 창조가 즉각적으로 일어나는 5차원에 비해서 에너지가 매우 천천히 이동하기 때문에 결과를 얻기 위해서는 창조하고자 하는 것이 구현될 때까지 그것에 집중해야 할 필요가 있습니다. 또한 자신의 애정이 깃든 감정을 여러분이 창조해내고자 하는 그 대상에 집중하는 데다 보태줄 필요가 있습니다. 당신들이 만약 단지 한 번만 집중한다면, 바라는 것을 구현할 기회는 오히려 적습니다. 앵무새처럼 확인을 반복하라는 것이 아니고, 여러분의 창조물이 자신의 사랑과 의도를 통해 구현될 것임을 알고 또 확신하는 가운데 자신의 일을 하면서 온종일 자신의 애정어린 생각을 보내는 것입니다.

만일 여러분이 또한 확언(確言)한다면, 그것은 매우 도움이 됩니다. 반복하되, 애원조로 하지 말고, 애정 깊은 의지의 말로 하십시오. 자신의 가슴에서 우러난 강렬한 감정을 가지고 가능한 한 강한 확신과 감사의 마음으로 자신이 소망하는 대상에 그 감정을 불어넣으면서 말입니다.

여름의 일몰(日沒)을 지켜볼 때 여러분에게 보이는 발광하는 색채인 황금색의 노란 오렌지빛 에너지처럼 부활의 불꽃을 시각화하는 것은 항상 도움이 됩니다. 그것을 실제처럼 시각화하십시오. 그리고 자신의 가슴과 마음으로 그것에 생명력을 주십시오. 여러분이 그것을 시각화함에 따라 그것이 실제로 그렇게 되기 때문입니다. 여러분이 치유를 원한다면, 그 경이로운 에너지를 치유하고자 하는 문제에 주입하되, 그 결과를 얻기 위해서 충분히 오래 동안 지속해야 합니다.

● 그룹 – 일곱 불꽃과 그것들의 특성에 대해서 간단히 설명 좀 해주시겠어요?

● 아다마 – 지혜와 계몽의 불꽃은 황색의 다양한 색조에 공명합니다. 그 다음에 사랑의 불꽃은 연분홍의 적색과 진홍색의 다양한 색조에 공명합니다. 신의 의지의 불꽃은 다양한 청색 색조에 공명합니다. 치유의 불꽃은 선녹색과 그것의 다양한 색조에 공명합니다. 상승의 불꽃은 순백색이며, 그것의 진동 속에서 다른 모든 불꽃들을 에워싸고 있습니다. 부활의 불꽃은 오늘 우리가 집중적으로 다루고 있는 것입니다. 마지막으로 말하는데, 우리의 사랑하는 성 저메인에 의한 하나의 위대한 시여(施與)로서 지난 세기 초에 지구로 다시 가져온 보라색 변형의 불꽃에 대해서는 이미 대부분의 여러분이 알고 있습니다.

이 불꽃들의 에너지들은 여러분 각자의 차크라와 연결되어 있습니다. 여러분이 자신의 의식을 진화시킴에 따라 활성화될 더 많은 차크라들을 결국 발견하게 될 것이고, 또한 단지 7개의 화염 이상의 수많은 불꽃들을 발견할 것입니다. 이 모든 불꽃들은 여러분을 돕고 뒷받침하기 위해 무지개의 빛처럼 동시에 함께 작용합니다. 아울러 기쁨의 불꽃, 화합의 불꽃, 안락과 평화의 불꽃 등과 같은 에너지들에 관해 생각해 보십시오. 그것들은 정말 무한합니다.

내가 다음에 설명하거나 표현하고자 하는 것은 전자(電子)에 대한 기본적인 이해입니다.

생명의 가장 작은 표현은 인간이 전자들로 이해하고 있는 것이라고 말할 수가 있습니다. 이런 전자들은 최고 창조주의 몸으로부터 생성된 에너지의 미립자(微粒子)를 의미하는데, 그것은 영원히 스스로 자급하고, 불멸하며, 또 스스로 발광(發光)하고,

그리고 지성적입니다. 전자는 신과 인간 양쪽 모두의 창조력에 번개같이 반응하는 순수한 우주적인 빛의 질료입니다.

그것들은 다양한 형태로 물질세계의 원자(原子)를 만듭니다. 태양계 우주 공간은 그 순수한 "빛의 정수(light-essence)"로 채워져 있습니다. 특정한 한 원자 내에서 서로 결합하는 전자들의 수는 의식적인 "사고(思考)"의 결과이자, 의식적인 "사고"에 의해 결정된 것입니다. 한편 그것들이 중심핵 주위를 회전하는 속도는 "감정"의 결과이자, "감정"에 의해 결정됩니다. 그리고 중심핵 내에서의 그 회전하는 운동의 강도는 일종의 "신의 호흡(Breath of God)"입니다. 그러므로 에너지가 성장시키는 여러분의 먹을거리가 무엇이든, 3차원에서 여러분이 발견하는 물질이 무엇이든, 만물은 "신성한 사랑"의 가장 집중된 활동이며, 그것들은 모두 달리 한정된 전자들의 다양한 표현으로 이루어져 있습니다. 즉 모든 것이 전자라고 하는 동일한 "재료"로 만들어져 있는 것입니다. 이것을 다른 명칭으로 부르는 사람들도 있는데, 그것이 어떤 이름이든 상관은 없습니다. 그것은 모두 "사랑"과 같이, 가장 근원적인 에너지와 동일한 것으로 만들어져 있습니다.

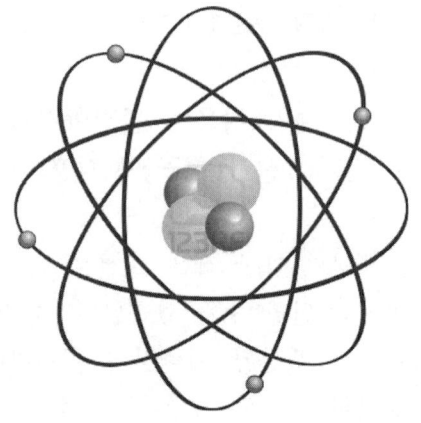

전자는 의식(意識)의 에테르계에서 에너지 미립자로 창조되는데, 이 에너지는 매우 중립적이며, 생명에 대해 완전히 봉사하고 있습니다. 그것들은 생명의 다른 의식적인 부분에 의해 힘이 부여되는 때에만 형태로 표현됩니다. 전자들은 그것들이 어떻게 자격이 부여되느냐에 따라 다양한 종류, 외형, 밀도를 취합니다. 인간 세상에서 당신들이 전혀 순수하지 않은 사랑으로 거기에 에너지를 부여할 때, 또 분노, 두려움, 혹은 탐욕을 가지고 창조할 때, 여러분은 전자를 오용하고, 생명에 봉사하는 그것들의 당초의 목적이 왜곡되도록 만드는 것입니다. **그때 그 잘못된 창조물은 그 후 자신이 소유하게 됩니다.** 즉 여러분은 자신이 힘을 부여하여 프로그래밍된 것을 체험하며 삶을 살아야만 하는데, 사랑으로 마침내 자신이 진 모든 빚에 대한 균형을 잡고, 그리하여 자신이 오용한 모든 전자들을 정화할 때까지 말입니다. 그리고 이것이 바로 여러분이 "악업(惡業) 청산" 혹은 "카르마의 균형 맞추기"라고 부르는 것입니다.

사랑하는 형제자매들이여,
다음에 내가 말하려고 하는 것에 주의를
잘 기울이세요. 그것은 여러분이 항상 기억해야 할
가장 중요한 것입니다.

신은 여러분에게 날마다 전자로 여러분 자신의 삶을 창조하도록 무제한의 전자를 제공하고 있습니다. 그리고 여러분은 그것을 가지고 자신이 원하는 어떤 방식으로든 삶의 창조하는 데 있어서 항상 자유롭습니다.

여러분이 자신의 생각과 의지, 감정을 사용하여 창조하는 것에 따라 여러분의 삶은 언제나 쓸 수 있는 그 전자들을 어떻게 사용하느냐를 항상 반영합니다. 대체로 인류는 전자의 올바른 이용법을 이해하지 못했거나, 또는 바꿔 말하면 자신들의 뜻대로 되는 에너지의 올바른 이용법을 터득하지 못했습니다. 그것은 일종의 잊어버린 지식이지요. 여러분이 지상에서 에너지를 오용함으로써 당신들은 매우 오랫동안 자신에게, 가족에게, 행성에게, 그리고 여기에서 진화하고 있는 모든 존재들에게 수많은 고통과 고난을 만들었습니다.

• 그룹 - 자기 불신과 비판, 두려움, 그리고 사랑을 나타내지 않는 모든 부정적 형태의 감정들과 행동을 통해 우리가 그 에너지의 이용법을 잘못 제한하고 있나요?

• 아다마 - 그렇습니다. 전자들은 사랑에 반응하기를 원합니다. 사랑과 기쁨이 아닌 다른 진동으로 잘못 힘을 부여하면, 그것들은 여러 면에서 왜곡되어 버리는데, 그 왜곡이 곧 여러분의 우주적인 책임이 됩니다. 전자가 핵무기 에너지로 사용되었거나, 혹은 다른 파괴적인 형태로 사용된 것을 여러분은 어찌 생각하나요? 그것들이 근원적인 창조주 의식(意識)과 지성(知性)을 지니고 있다는 것을 기억하십시오. 전자들은 조건 없이 생명에 봉사하라고 위탁받았기 때문에, 그것들은 인류가 사용하기로 선택하는 그 무엇이든 거기에 따라 인류에게 봉사해야만 합니다. 그렇기에 이런 전자들은 때때로 아주 오랫동안 인류의 부정성 속에 깊이 심어진 채로 남아 있습니다. 이런 상황은 그것들이 원했거나, 또는 그들이 스스로 창조한 것이 아니며, 다만 그들은 여러분의 선택에 복종해야만 하는 것입니다.

인류는 전자를 자신들과 행성을 위해서, 그리고 자기 주위에 있는 모든 것들을 위해 완전무결한 낙원을 만드는 데에 이용할 수 있습니다. 아니면 그들 자신과 자기들의 세계를 파괴하는 데에 사용할 수도 있는 것입니다. 이것은 이 행성에서 자유의지에 대한 일종의 시험입니다. 모든 행성들이 이곳 지구의 여러분이 갖고 있는 만큼의 자유의지를 갖고 있지 않습니다. 자유의지의 오용은 아주 오랜 시기에 걸쳐 인류에게 매우 고통스러운 경험이었습니다. 그래서 전자에 대한 올바른 이용법과 잘못된 오용을 이해하는 것은 매우 중요합니다. 부활의 불꽃은 여러분이 오용한 전자를 조화 속으로 되돌려 정화하는 데 도움을 줄 수 있습니다. 그리고 신의 모든 불꽃들은 그 밖의 모든 것들이 그런 것처럼, 역시 전자로 이루어져 있습니다.

- 그룹 – 당신께서는 우리가 두려움 혹은 어떤 부정적 감정으로 행동하게 되면, 그 에너지가 오용되거나 왜곡된다고 말씀하시는군요. 근원적인 창조주로부터 전자에게는 사랑이 주입돼 있고, 전자는 의식을 가지고 살아 있으며, 또 우리가 이용하도록 우리에게 흐르고, 우리를 통해서 흐르고 있다는 말이군요.

- 아다마 – 바로 그렇습니다. 그리고 그것은 우주 어느 곳에서든 일정합니다. 전자는 여러분이 자신의 일상생활을 창조하는 데 이용하는 에너지를 상징합니다. 전자나 에너지를 오용하면, 그것이 여러분의 내면과 주위에서 어둠의 장(場)들을 창조합니다. 만약 여러분이 자신의 내면에서 두려움을 만들어 이들을 오용하거나, 다른 이들에게 의심이나 비난과 같은 그런 에너지를 투사한다면, 여러분 몸의 전자들은 뒤틀리게 됩니다. 그리고 그것들은 마침내 퇴화, 특정의 병, 생명력의 결핍, 노화 등을 일으키게 되는 것입니다.

- 그룹 – 우리가 경험을 통해 지혜와 깨달음을 얻고 영적성숙을 향해 나아가는 동안, 우리의 필요에 부응하는 부활의 불꽃을 어떻

게 이용합니까?
- 아다마 – 우선은 부활의 불꽃만이 생명을 양육하는 유일한 불꽃이 아니며, 모든 불꽃이 그러함을 이해해야 합니다. 그리고 결과에 대한 책임이 없이 신의 에너지를 마음대로 오용할 수는 없음을 깨달으십시오. 여러분이 사랑으로 신의 에너지에다 힘을 부여하면, 그때 전자는 조화를 만들어 내며 매우 다른 방식으로 흐르기 시작합니다. 왜냐하면 그것이 그들의 본성이기 때문입니다. 여러분의 본성은 신성(神性)이며, 또 그것들의 본성 역시도 신성입니다.

- 그룹 – 우리는 수많은 생(生)들 동안 자포자기와 배반, 거부의 패턴을 지니고 있었습니다. 자아의 그러한 뿌리 깊은 측면들을 지닌 채 작업을 시작하려면 부활의 불꽃을 어떻게 사용해야 하나요?

- 아다마 – 먼저, 여러분은 자신의 감정을 가지고 작업을 해야 하는데, 그러면 자신의 사고방식을 알게 됩니다. 그 다음에 부활의 불꽃에게 자신의 삶에서 조화를 회복하도록 도와줄 것을, 또 자신의 모든 문제를 치유해 줄 것을 기원하세요. 여러분이 그 신의 불꽃으로 에너지나 전자를 다시 부드럽게 완화시키기 시작하면, 전자는 다른 방향으로, 즉 기존의 반시계 방향이 아닌, 시계 방향으로 회전하기 시작합니다. 여러분은 왜곡된 진동과 질병, 결핍상태를 초월하여 자신의 감정체와 육체, 멘탈체와 같은 그런 자신의 몸들의 모든 신체조직의 진동을 끌어올리기 위해 의식적으로 그 부활의 불꽃을 이용할 수 있습니다.

이 내면의 작업은 잠시 그저 한 번 행하는 어떤 것이 아니고, "실천하며 나아가는" 하나의 전개 과정내지는 삶의 한 방식으로

받아들여야 할 필요가 있습니다. 그것은 여러분이 자신의 삶을 위해 스스로 떠맡아야 하는 가장 중요한 작업이자 목표입니다. 또한 그것은 여러분이 너무나 갈망하는 영적 자유를 향한 열쇠입니다. 여러분은 일생 동안 그 부활의 불꽃을 이용할 수 있으며, 그리고 그것은 항상 여러분이 가는 길을 용이하게 해주고, 또 살아가는 동안 더욱 놀라운 것들을 만들어 줄 것입니다.

지금도 얼마나 많은 사람들이 2,000년 전에 마스터 예수가 전한, "나는 부활이요, 생명이다."와 같은 옛말을 이용하고 있습니까? 그런데 그것은 그가 자신의 공적 생애 이전에 수년 동안 인도에 여행하고 있었을 때 자신의 스승이었던 위대한 신성의 지도자에게 받았던 일종의 만트라(眞言)였습니다. 그리고 그가 자신의 생애 내내 적극적으로 그 부활의 불꽃을 이용했음을 깨달으십시오. 그는 (십자가형 이전의) 일생 동안 그 에너지를 이용함으로써 나중에 자신의 육체적 죽음 이후 그 죽음으로부터 자신의 육신을 일으키기 위해서 자신의 원인체(Causal Body) 속에다 충분한 에너지를 축적했습니다. 그리하여 그는 그 힘을 통해 부활에 성공했던 것입니다.

또한 그는 여러분이 잘 알고 있는 많은 기적들, 그리고 그 당시에는 기록되지 않은 일들을 행하기 위해 자신에게 비축해 두었던 에너지 저장소로부터 그 에너지를 끌어내기도 했었습니다. 그의 임무들 중의 하나는 다른 이들 속에서 자신이 바라는 것은 무엇이든지 이루기 위해 부활의 불꽃을 완전히 구현하는 것이었고, 또 그는 그것을 가장 기품 있고 완전하게 이루었습니다. 이제 2,000년 전 그에게 작용한 일들이 지금 똑같이 여러분에게도 작용할 것입니다.

- 그룹 - 우와, 아다마!

- 아다마 - 이것은 여러분이 아주 쉽게 할 수 있는 종류의 일이며, 그리고 재정을 고갈시키는 어려움이 없습니다. 그 불꽃의 선물은 2,000년 전의 한 존재에게 한정돼 있지 않으며, 언제든지, 어디서든지 창조주의 자녀 모두에게 일반적입니다. 어떤 이들은 "나는 나의 소득에 대한 부활이요, 생명이다." 라고 하며 그것을 자신들의 재정문제에 이용합니다. 여러분이 이것을 이용하기 시작하면, 자신의 영적 성장을 위해 많은 일들이 보여지고 드러날 것입니다. 자신이 원하는 것을 받기 전에, 여러분은 자신의 의식 안에서 정리나 청소를 좀 해야 할지도 모릅니다. 여러분이 바라는 것에 집중함으로써 정리될 필요가 있는 것들이 여러분에게 보일 것이며, 자신의 의식을 변화시키면, 또한 더 나은 삶으로 변화될 것입니다.

여러분의 "신아(神我)"는 당신들이 매달려 있는 잘못된 믿음들과 태도들을 스스로 의식적으로 깨닫도록 드러낼 것입니다. 그것들은 여러분이 더 위대한 지혜를 배우고 숙고할 수 있도록 여러분에게 보여 질 것입니다. 그것들을 인식하기 위한 식별력을 계발하고 또 그것을 인정하여 여러분의 의식 속에서 필연적인 변화를 일으키는 것은 각자에게 맡겨져 있습니다. 과거에 자금 문제를 잘못 오용했다고 깨닫게 되었다면, 과거의 그 에너지를 제거하도록 여러분을 돕는 부활의 에너지와 함께 어머니 관세음(觀世音)의 가슴으로부터의 변형의 보라색 불꽃과 용서의 불꽃을 이용하기 시작하십시오. 그리고 그것으로부터 자신이 배우는 것이 무엇인지 깊이 생각해 보세요.

부활의 불꽃은 여러분을 도울 수 있는 색조와 색채를 소유하고 있습니다. 금색보다는 더 주황색에 가까운 빛나는 황금빛 태양 형태의 에너지 같은 것을 시각화하십시오. 자신의 영적 작업을 이런 진동으로 실행할 때는 부활의 불꽃 에너지에 흠뻑 젖어 자리에 앉아 있는 자신을 보십시오. 노화(老化)와 퇴락은 생명의 자연적인 특성이 결코 아니었음을 여러분은 알고 있습니다. **여러분 육신의 외관은 자신의 하위 매개체들인 감정체와 멘탈체, 에테르체, 육체 속에 지니고 있는 빛의 양에 의해 결정됩니다.** 이런 신체 조직들을 통한 빛의 자연적 방사는 여러분의 주위에 빛의 관(tube of light)이라 하는 방어벽을 형성합니다. 전자들이 그들의 특정 기관들과 세포 속에서 천천히 이동하면, 자신의 고등한 자아로부터 보다 적은 빛을 끌어당기는데, 그때 자연적 저항을 일어나면서 빛의 흐름이 더 약화되기 시작합니다. **여러분이 자신의 몸에서 얼마나 활력을 지니게 될 것인지와 어떻게 느끼기 시작할 것인지는 전자들이 얼마나 여러분의 몸 속에서 빨리 도는지와 관계가 있습니다.**

여러분 몸에 독소가 많고 빛을 더 적게 지닐수록 전자 회전은 더 느려져, 노화와 질병, 부정합, 신체 기관과 내분비선 계통의 기능불량이 조장됩니다. 그리고 마침내 여러분의 몸 전체가 퇴화를 겪고 늙게 되는 것입니다. 텔로스에서 우리는 대부분이 불사(不死)의 상태에 도달했는데, 왜냐하면 우리 자신들과 우리가 행하는 모든 신체적 삶과 정신적 태도, 감정체에 있어서 어떠한 부정성(否定性)도 갖지 않도록 해왔기 때문입니다. 우리는 우리의 가르침을 통해 여러분에게 제공하고 있는 많은 도구들을 이용하여 정기적으로 우리 자신들을 정화했습니다. **우리 몸의 전자들은 우리의 몸을 항상 젊고 아름답도록 유지시키는 속도로 회전하고 있습니다.** 여러분이 일단 그것을 이해하기 시작하면 불멸의 상태라는 것은 그리 신비스러운 것이 아니며, 일종의 신성하고도 자연스러운 "진정한 삶"이 펼쳐지는 것입니다.

- 그룹 – 마스터들도 실수를 하는 경우가 있나요?

- 아다마 – 여러분이 마스터들과 영적통달에 관해 이야기할 때 거기에는 여러 단계들이 있음을 깨달아야 합니다. 4차원의 마스터들이 있고, 5차원의 마스터들이 있으며, 모든 차원의 마스터들이 있습니다. 각 차원에서 한 개인은 더욱 더 위대한 숙달의 단계들을 배웁니다. 예컨대, 여러분이 제4차원의 마스터들에 대한 말한다면, 그렇습니다. 그들은 실수를 할 수 있습니다. 하지만 여러분 모두와 마찬가지로, 그것 또한 그들의 배움의 과정입니다. 처음에 여러분은 자신의 여러 실수들을 통해 배웁니다. 그러나 그들이 만드는 실수는 매우 심각하지는 않은데, 왜냐하면 그들이 또 더 높은 차원의 마스터들의 인도 하에 더 위대하고 많은 지혜 속에서 경험하고 있기 때문입니다.

상위 세계에서 우리는 집단으로, 또 하나가 되어 일하므로 전체의 지혜와 보다 위대한 영적상태에 도달한 존재들의 지혜에 의해 항상 혜택을 보고 있습니다. 여러분의 차원과는 다르게 우리는 아무도 혼자 일하지 않으며, 또 자신들의 업무에 의당 큰 책임을 집니다.

여러분은 자신의 실수에 대해 결코 비판 받지 않습니다만, 단지 여러분이 여러분 자신을 비판합니다. 어떤 사람들은 자신들의 지혜를 배우기 위해 영혼의 수준에서 암에 걸려 죽게 되는 상황을 선택하는데, 그들은 종종 자기들이 선택하는 신의 법칙에 관한 개념을 배우는 데 대해 대단히 큰 저항을 합니다. 그와 반대로, 만일 어떤 사람들이 (영혼의 수준에서) 똑같은 형태의 암에 걸려서 그들 스스로 치유하고 이번 생에 그것으로부터 자신의 교훈을 배우기로 선택했다면, 그들은 자신들을 쉽게, 또 자연스럽게 치유할 수 있습니다. 그들은 자기들의 식사습관 혹은 삶과 타인들에 대한 마음가짐을 바꾸기 시작합니다. 그리고 그들은 자신들의 삶의 경험에서 접하는 모든 것에 감사를 느끼고자 하며, 또 기뻐하고 용서하는 마음을 기르고자 합니다. 그들이 재생의 감각과 자기 사랑을 갖고 그것을 행할 때, 진정한 치유가 일어납니다. **어떤 것이든 치유될 수 있습니다. 어떤 것이든 말입니다!**

여러분의 삶에서 무슨 일이 일어나든지, 예를 들면, 화재로 집을 잃었거나, 사고를 당해 다리 한 쪽을 잃거나, 혹은 눈이 멀게 되었거나, 큰돈을 잃었거나, 친척 관계가 깨졌거나, 그 무슨 일이 일어나든지 상관없이, 그 난관이 작든 크든, 분노하고 우울해져 괴로워하는 대신에 자신에게 "그것으로부터 내가 무엇을 배울 수 있으며, 또 치유할 수 있는가?" 라고 말하십시오.

여러분이 과제들로부터 배우기로 돼있는 교훈들에 모든 것을 내맡기는 것이 그 난관들을 빠르게 통과할 수 있는 열쇠입니다. 그러면 여러분의 삶이 변화될 것이며, 그 동일한 교훈들과 맞서 여생 동안 씨름할 필요가 없게 될 것입니다. 그리고 당신들은 자신에게 더 많은 기쁨을 가져다주는 새로운 체험으로 옮겨 갈 수가 있습니다. 즉 늘 교훈들을 배우기 위해 어려움을 겪게 될 필요가 없을 것입니다. 다만 수많은 환생을 통해 거듭해서 그것을 완전히 무시했던 이들에게는 어려움이 닥칠 겁니다.

세상에는 자기들이 배워야할 교훈들을
보거나, 알거나, 혹은 어떤 것도
경험하려하지 않고 생들을 거듭했던
이들이 있습니다.

여러분의 영혼이 주는 암시를 더 이상 무시할 수 없는 시기가 오고 있으며, 그리고 지금이 잠시 동안 삶이 훨씬 어려워질 수 있는 때입니다. 그렇다고 여러분이 배울 교훈을 붙들고 영원히 씨름하는 것이 꼭 필요하지는 않습니다. 여러분은 자신의 참모습인 아름다운 다이아몬드 빛을 구현해내기 시작할 때까지 자신의 과업을 신속히 경험할 수 있습니다. 여러분이 배우고 있는 교훈으로서의 그 과제들은 맨 먼저 그것들을 만든 장본인이 여러분 자신이기 때문에 당신들에게 나타납니다. 즉 신께서 인간들을 괴롭히려고 과제들을 여러분에게 보내는 것이 아닙니다. "자유의지"를 올바로 사용하거나, 아니면 오용함으로써 여러분은 의식적으로, 혹은 무의식적으로 자신들의 현실을 창조한 것입니다.

여러분이 자신의 현실에 대해 책임을 지고 자기의 과제를 바라볼 때, "내가 만든 이 혼란 상태에서 배워야 할 것은 무엇인가, 또 그 속에 어떤 축복이 있는가? 그 선물은 무엇인가?"라고 말하십시오. 만약 올바른 방식으로 접근한다면, 살아가며 여러분이 체험하는 어떤 부정적이거나 혹은 어려운 상황이 매우 놀라운 어떤 것으로 바뀔 수 있음을 아십시오. 일단 여러분이 그것들을 받아들이기 위해 자신의 의식을 열게 되면, 질병이나 금전적 손실조차도 명백히 드러날 훨씬 더 거대한 축복의 기회를 열어젖힐 수 있습니다. 과연 얼마나 많은 사람들이 자신들의 특정 질병이나 끝나버린 관계로부터 위대한 지혜를 얻고 있나요?

예컨대, 여러분의 사회에는 동물을 학대하는 이들이 여전히 많은데, 왜냐하면 그들은 의식적으로 지금까지 동물들의 신성과 모든 생명의 일체성에 대한 진실을 무시하고 있기 때문입니다. 아직도 많은 이들이 동물은 생명의 하위 형태이며, 그러므로 사람보다 가치가 낮다는 망상 속에 살고 있습니다. 하지만 이것이 진정 옳은 것입니까? 당신들은 인간의 수많은 동물들을 다루는 방식인 도살(屠殺)과 내다버리기, 우리에 가두기, 묶어놓기, 실험용으로 쓰기 등으로 그들의 영혼에 고통을 가하고 있습니다. 이런 가혹 행위들은 깨달은 문명사회를 반영하지 못한 상태로서 매우 야만적인 것입니다.

사람들이 동물들을 학대하거나 고통을 줄 때, 그들은 동물들이 자신들과 같이 지고의 창조주에서 유래한 같은 "재료"인 전자(電子)로 이루어져 있음을 부정하는 것입니다. 여러분의 탁상, 의자, 컴퓨터는 여러분의 몸을 만든 에너지와 같은 에너지로 만들어져 있습니다. 일단 여러분이 존재하는 모든 것이 신의 에너지임을, 그리고 최초의 에너지가 모두 동일함을 충분히 이해하면, 자기 자신을 해할 수 없음과 똑같이 생명의 어떤 부분도 "결코" 손상시킬 수 없음을 완전히 깨닫게 됩니다. 그리고 언제나 배려와 관심을 가질 것입니다.

여러분 자신 혹은 생명의 어떤 부분을 손상시키면, 그것은 곧 자신의 창조물(결과물)이 되고, 동시에 그 창조물에 사용된 에너지가 자신의 주위에 어둠의 장들을 만들어 냅니다. 그리고 반드시 언젠가 그것은 여러분에 의해 정화되어야만 합니다. 이것이 바로 자신의 삶에서 처리해야할 과제, 혹은 카르마로 되돌아오는 것입니다. 그리고 여러분이 생명의 한 부분에 고통을 줄 때마다 그것이 무엇이든 상관없이, 결국 여러분은 자신에게 훨씬 더 큰 고통을 주고 있는 것입니다. 그러므로 한 번 인류가 그 법칙을 깨닫고 분리의 창조행위를 중단하면, 사랑으로 창조하기를 시작할 수 있으며, 모든 것이 그 본래의 신적 완벽함으로 되돌아갈 것입니다.

• 그룹 - 덧붙이면, 아다마, 그것은 단지 동물 영역뿐만 아니라 깨어나지 못한 사람들의 손에서 고통 받고 있는 식물 및 광물 왕국, 그리고 자연령들과 원소들까지도 그렇습니다. 지구를 강탈하고 약탈하는 여러 가지 사회적 측면들이 있는데, 그것으로 인해 우리는 더 이상 신의 은총의 법칙 하에서 살지 못하겠지요.

• 아다마 - 오! 물론입니다. 나는 단지 한 가지 예로서 동물들을 거론했을 뿐입니다. 행성을 오염시키고 약탈하는 그들이 발뺌하며 자신들의 행동에 책임이 없다고 생각할 수 있을까요? 자신의 행성을 파괴하고 수로를 오염시키고, 공기를 더럽히는 자들, 또 여러분의 생명의 호흡을 의도적으로 악화시키기 위해 하늘에다 연무자국(Chemtrail)[7]을 만드는 자들은 자신들의 행

[7) "컴트레일(Chemtrail)"이란 비행기에 의해 도시 상공에 살포되는 하얀 구름 형태의 화학물질을 말한다. 현재 뚜렷이 밝혀진 바는 없지만, 이것은 지구의 어둠의 세력들의 어떤 군사적 목적의 실험이거나 모종의 악의적 시도라고 추측되고 있다. 이 컴트레일은 뿌려진 지역에서는 사람에게 이로운 음이온이 감소되고, 호흡기 질환자들이 증가했다는 보고가 있다. (감수자 주)

위 결과에 대한 대가를 치르게 될 것입니다. 나는 말하는데, 아무도, 그 누구도 신의 공정한 응보(應報)라는 위대한 율법을 벗어날 수 없습니다.

즉 여러분이 뿌린 대로 거두게 될 것입니다! 현재 지구의 어떤 존재들이 행성과 그들의 형제자매들에게 대단한 해악을 저질렀고, 또 아직도 저지르고 있습니다. 그런데 결국 그들은 자신들이 창조한 모든 해악과 고통으로 인해 생명에 헌신적인 봉사를 하며 자신들의 길을 바로잡고 청산하여 사랑의 교훈을 배우는 데에는 수많은 고난의 생애들이 걸릴 것입니다.

● 그룹 – 그런 사람들은 언젠가 머지않아 5차원으로 상승하는 것을 좋아하지 않는다고 추측해도 그다지 크게 틀리지는 않을 것입니다.

● 아다마 – 그들은 확실히 좋아하지 않을 것입니다. 2012년에 모든 사람이 상승 과정을 통과해 5차원의 의식을 체험하지는 않을 것입니다. 그 예정 날짜는 오직 부지런히 자신을 준비하고 있는 이들에게나 해당될 뿐입니다. 나머지 인류는 그러한 신의 은총을 받아들이는 데 필요한 모든 요구사항이 충족될 때까지 보류될 것입니다. 일부 어떤 이들은 2012년 전에 그것을 이룰 것이며, 그리고 다른 이들은 행성과 함께 상승할 것입니다. 또한 아직 완전히 준비되지 않은 사람들은 3차원에 머물 것입니다. 이런 영혼들은 이 3차원 단계를 졸업할 필요가 있는 한, 비록 20년, 30년, 40년, 혹은 그 이상이 걸리더라도 3차원이나 4차원에 남을 것입니다. 여러분은 영원한 존재들이며, 아무도 여러분을 어떤 곳으로 강제로 밀어 넣지는 않을 것입니다.

• 그룹 – 지구가 상승 상태로 전환될 때 모든 사람들이 5차원으로 옮겨가게 되리라는 또 하나의 소문이 지상에 떠돌고 있습니다.

• 아다마 – 자신들의 의식이 조건 없는 사랑으로 변화되고 상승을 위한 다른 모든 요구사항들을 부지런히 성취한 모든 사람들은 행성과 더불어 확실히 상승을 이룰 것입니다. 하지만 "필요한 요건"을 충족시키고 사랑과 하나가 된 의식으로 변화할 때까지 자신들이 만들어 놓은 결과들을 체험해야 하고 진화를 계속해야만 할 다른 이들이 있습니다. 많은 원조와 자비가 이번 시기에 상승을 선택하는 이들에게 수여될 것입니다. 그러나 상승을 열렬히 선택하지 않는 이들은 이번 주기에서 그것을 이루지 못할 것입니다. 기본적으로 이 행성에 있는 대부분의 사람들은 마음이 선하고 애정이 있는 이들입니다. 비록 그들이 아직은 영적으로 각성되지는 못했더라도 말입니다.

하지만 이 행성에서 수많은 문제를 반복적으로 일으킨 자들이 있는데, 비록 그들이 지금 그리스도 의식에 줄을 맞추기로 선택했다 하더라도 그들은 자신들의 잘못된 창조의 대가에 직면하여 그것을 경험해야만 합니다. 그들에게는 먼 다른 주기에 상승을 실현할 가능성이 있습니다.

실제로, 모든 사람들이 언젠가는 창조주의 가슴으로 되돌아가는 상승을 할 것입니다. 그것은 단순히 시기의 문제입니다. 그것은 그들이 자신들의 영적인 과업을 이행하기로 선택하고 의식에 필연적인 변화를 이룰 때에 일어납니다.

다른 우주에 3차원의 다른 행성들이 있는데, 거기에서 그 영혼들이 자신들의 과제를 배우고 스스로의 선택과 변화하려는 의지의 단계에 따라 진화를 계속하도록 허용될 것입니다.

자신들의 잘못된 창조물, 즉 악업(惡業)과 맞닥뜨리는 것과

사랑으로 되돌아가 모든 카르마의 균형을 맞추는 것에서 아무도 면제될 수 없습니다. 5차원은 순수함과 사랑, 그리고 신성의 극치로 이루어진 장소입니다. 5차원의 관문이 자신의 카르마 꾸러미와 부정성, 폭력성, 어둠을 갖고 들어가려고 하는 누구에게나 열리리라 생각하십니까? 절대 그렇지 않습니다. 만약 그렇게 된다면, 5차원을 오염시키고 그곳에 심각한 불화를 일으킬 것입니다. 그리고 그것은 바로 여러분이 멀리 떠나고 싶은 상황이겠지요.

그러므로 선택하는 자는 누구든지 5차원으로 상승할 기회를 갖습니다. 상승을 위한 기회의 문은 열려 있으나, 다른 선택을 할 자들이 많이 있으며, 또 그 선택이 명예롭고 존중 받을 것임을 깨달으십시오. 그들이 수많은 태어남과 재생, 그리고 환생, 고통, 고난의 순환 주기들을 충분히 체험했다고 느낄 때, 또 하나의 다른 선택을 할 것입니다. 그들은 변화될 것이며, 또 언젠가는 줄맞추기로 되돌아 올 것인데, 그들도 신성의 계획의 일부분이며, 또한 신의 분신이기 때문입니다.

**나는 지금 자신의 가슴으로
이 선택을 하는 이는 누구나 초대합니다.
여러분은 지금 나의 초대에 오기를 바라나요? 아니면
또 다른 긴 주기를 기다리기를 바라나요?**

현재 상승의 통로가 넓게 열려 있다고 해서 그것이 영원히 열려 있으리라는 것을 의미하지는 않습니다. 이런 상승의 통로들은 이 행성의 표면 거주자들에게 오랜 기간 닫혀 있었습니다. 그리고 언제 그것이 다시 닫히거나 열릴지는 아무도 모릅니다.

그 결정은 우리의 권한 내에 있지 않습니다. 우리가 알지 못하는 것을 여러분에게 이야기해 줄 수 없지만, 우리는 현재 기회의 창이 넓게 열려 있음은 알고 있으며, 또 다시 그와 같이 넓은 기회가 있기까지는 수천 년에서 수십만 년이 걸릴 수도 있습니다. 우리는 여러분이 우유부단한 상태로 어중간하게 남아 있지 말라고 촉구하는 바입니다. 차원상승의 축제에 지금 올 것인지, 아니면 나중에 올 것인지 자신의 가슴으로 선택하세요. 또 자신의 선택을 분명하게 표명하십시오.

지금 오거나 나중에 올 것을 진실로 선택하고 있는 이들에게, 이제 나는 어느 정도 명확히 언급하겠습니다. 현재 지구상에는 고령자(高齡者)와 같은 그런 주민들은 자신들의 많은 나이 때문에 내부 세계에서 상승하기로 선택한 이들이 있습니다. 하지만 그들은 이번 생애에서는 완전한 상승의 자격이 되지 않을 것인데, 그들에게는 아직도 정화해야 하고 깨달아야 할 너무나 많은 것들이 있기 때문입니다. 그들에게는 상승이 너무 어려울 것입니다. 어떤 이들은 늙고 병든 몸을 갖고 있으며, 또 아직도 그런 상승에 관해 이해하고 완전히 마음이 열릴 만큼 그 기회를 접해보지 않았습니다. 물론 영혼의 수준에서 그들은 선한 사람들이며, 어떤 해악도 행하지 않았습니다. 그들 중 많은 이들이 자신의 육신을 떠날 것입니다. 그렇다고 그것이 꼭 그들이 영영 상승하지 못함을 의미하는 것은 아닙니다. 그들에 대한 신성한 은총은 우리가 옮겨가고 있는 "새로운 세계"에서 태어나는 다른 기회가 부여되리라는 것입니다. 그리고 다음 생(生)에서의 상승 과정이 그들에게는 훨씬 더 쉽고 즐거운 것이 될 것입니다.

• 그룹 - 그들이 새로운 5차원의 지구로 돌아올 수 있기 이전에, 자기들의 남은 과업을 끝마치기 위해 엑셀시오(Excelsior)라 하는

새로운 행성에서 육화될 사람들인가요?

● 아다마 - 그들 중에 어떤 이들은 엑셀시오 행성에서 태어나거나, 어딘가 다른 곳에서 태어날 것입니다. 그리고 그들 중의 일부는 다시 이곳에 태어날 것인데, 지구에서의 육화 사이클이 끝나지 않았기 때문입니다. 어디에서 태어나느냐는 사실 문제가 아니지요. 왜냐하면 이 멋진 작은 행성 엑셀시오는 매우 오래동안 지구에서 고통을 겪은 영혼들의 치유를 돕기 위해 제공할 많은 것들을 갖고 있기 때문입니다. 그리고 그 행성은 지구와 매우 밀접하게 연결돼 있습니다. 엑셀시오에서 태어나는 이들은 거기에서 상승할 것이며, 이곳의 우리 모두와 만날 것인데, 왜냐하면 그것이 동일한 대규모 상승 계획의 모든 부분이기 때문입니다.

이 행성(지구)의 주민들이 4차원과 5차원으로 이동하는 동안, 그들은 계속 아이들을 낳을 것입니다. 상위 차원에 있는 대부분의 문명들은 어떤 식이로든 아이들을 갖습니다. 이런 영혼들 중 많은 이들이 다음에 물리적으로 상승할 터인데, 그들은 자신들의 다음 생의 경험으로 상승하기로 이미 선택했기 때문입니다. 가까운 장래에 모든 영혼에게 적절한 기회가 있게 될 것입니다. 엑셀시오에서 육화될 이들은 이곳 지구에서 태어나기 위해 돌아오는 이들 만큼이나 놀랍게도 거기에서 분명히 황금 같은 기회를 가질 것입니다. 엑셀시오는 멋지고 아름다운 작은 행성이며, 지구와 매우 비슷한데, 아직 어떤 부정성도 알려진 바가 없습니다. 엑셀시오는 의식의 타락 이전 초기 레무리아 시대에 경이롭고 자비로운 방식으로 이용되었던 에덴의 낙원, 고대 레무리아와 상당 부분 비교될 수가 있습니다. 지난 20~25년 동안 지구 출신의 많은 영혼들이 엑셀시오에서 태어나 있었으며, 그리고 자신들의 새로운 거처에 대단히 기뻐하고 있습니다.

나는 육신을 다시 젊어지게 하기 위한 부활의 불꽃의 이용법에 관해 좀 더 부연해서 언급하고 싶습니다. 또한 나는 오늘 저녁에 방대한 주제인 불사(不死)에 대해서도 논하고자 합니다. 불사에 대해 이야기하기 전에, 여러분은 다른 모든 불꽃들과 마찬가지로 부활의 불꽃에 관한 이용법을 이해하는 것이 중요합니다. 부활의 에너지는 육신의 불멸을 달성하는 데에 중요한 핵심적인 진동입니다. 여러분이 지금 물리적 죽음의 과정을 거치지 않고 육신을 전환시키고자 한다면, 그 부활의 불꽃이 여러분에게 큰 도움이 될 것입니다.

여러분이 자기 자신의 진화에 진정한 관심을 가지고 부활의 불꽃이 규칙적으로 자신의 몸을 통과하도록 허용하면, 그때부터 더 커다란 조화, 아름다움, 그리고 활력이 구체화되어 나타납니다. 그러면 영원한 생명력이 더욱 명백하게 여러분의 삶의 흐름에 나타나기 시작합니다.

이를 통해 확실한 원숙의 단계에 이른 영혼은 해가 갈수록 그 외관 및 형상이 더 아름답고 정묘해질 것입니다. 현재 여러분이 체험하는 그 노화 과정이 다가올 몇 년 동안 자연스럽게 점차 변화합니다. 그리고 많은 이들이 이미 변화하고 있습니다. 나이가 들어가면서 더 아름답고 완벽한 몸을 곧 나타내기 시작할 것입니다. 더욱 활력을 느낄 것이며, 또 무한함을 체험하기 시작합니다. 혹시 이것이 여러분의 가슴을 즐겁게 노래 부르게 하지는 않나요?

몸의 퇴화와 고장, 활력 상실, 여러 가지 병, 더 늙어 보임은 신성의 특성이 아닙니다. 우리가 여러분에게 권하는 바이지만, 부활의 불꽃은 노화를 역전시켜 여러분이 빛을 발하게 하는 능력이 있음을 깨닫기 바랍니다. 몸에 있는 모든 세포, 원자, 그리고 전자가 부활의 불꽃으로 빛을 발하기 시작하면, 환하게 빛을 방사하게 되리라는 것을 상상할 수 있겠습니까? 그리고 여러분의 몸은 절묘하게 아름다운 자신의 신아(神我)의 형태를 취할 것입니다. 나이가 들어가는 만큼 여러분 자신의 육체의 모습이 더 절묘하게 아름답고 신성해질 것입니다. 그것이 텔로스의 우리가 도달한 상태입니다. 그리고 이것이 오늘 저녁 여러분을 위한 나의 메시지였습니다. 우리는 원래 유전적으로 모두 같은 존재이므로 우리가 달성한 것을 마찬가지로 여러분 모두가 달성할 수 있습니다. 이제 명상할 준비가 되었나요?

명 상

5차원에 있는 부활의 신전으로의 여행

아다마, 사난다, 그리고 나다와 함께하다

이제 우리는 부활의 신전이라 일컫는 5차원의 놀라운 신전으로 의식의 여행을 하도록 여러분 모두를 초대합니다. 5차원의 모든 신전들과 마찬가지로 그것은 거대합니다. 이 신전의 여러 역할 중 하나는 많은 단계에서 일어나고 있는 진정한 부활의 에너지로 인류를 지원하는 것입니다.

여러분의 임박해 있는 앞으로의 진화과정에 있어서 당신들을 괴롭히는 여러 가지 모든 문제들에 대한 피상적이고 임시변통적인 치유가 실현되기를 더 이상 단순히 기대할 수 없습니다. 그것이 육체적인 문제든, 아니면 감정적, 정신적, 또는 영적인 문제들 간에 말입니다. 여러분이 진정으로 행하기를 바라는 것은 자신의 몸과 의식 속으로 그 에너지를 불어넣는 것입니다. 그것이 자신의 현재 상황을 초월한 진동주파수를 일으키는데 도움이 될 것임을 알고 말입니다. 부활의 불꽃은 어느 때라도 항상 여러분에게 유용하며, 또 어떤 비용도 들지 않습니다. 여러분이 그것을 기원하고 그것과 더불어 작업할 때, 그것은 여러분의 시간과 여러분의 집중 및 사랑을 조금 취하는 것이 전부입니다.

이제 몇 번 심호흡을 하면서 자신의 가슴 속에 있는 "신적실재"와 지금 연결되십시오. 자신의 빛의 몸에게 지금 하강하여 의식으로 여러분을 부활의 불꽃으로 데려가 달라고 요청하십시오. 그것은 여러분을 거기에 데려가는 방법을 매우 잘 압니다. 만약 여러분이 그 여행에서 우리와 함께 하기를 바란다면, 나는 지금 여러분의 가슴 속의 의지를 받아들여 공식적으로 여러분을 초대합니다.(멈춤)

이 거대한 에테르적인 신전은 멀리서 황금빛 태양처럼 빛나고 있는데, 그 주변 전체를 마치 황금색 햇빛의 기화물질들이 에워싸고 있는 듯이 보입니다. 벽과 바닥으로 드러나고 있는 황금보다 더 오렌지 색조의 금빛 수정질의 태양 같은 물질을 보십시오. 여기저기에서 그것이 다른 불꽃들과 다른 색채의 진동이 방사하는 빛을 반사하고 있습니다. 여러분의 신성의 실체가 여러분을 빛의 몸으로 그곳으로 데려감에 따라 여러분은 자신의 의식으로 그 장소를 점점 더 잘 알게 됩니다.

이제 "부활의 홀"이라고 하는 큰 홀로 들어가는 자신을 보십시오. 그것은 여러 면, 많은 통로, 또 많은 방들을 갖고 있습니다. 마찬가지로 다른 차원들에서 온 많은 존재들이 역시 그 홀을 이용하는데, 그것은 매우 높은 주파수로 진동하고 있습니다. 이제 신전을 관리하는 한 무리의 존재들을 보십시오. 그들이 여러분을 환영하고 또 이곳에서 여러분을 안내하려고 다가오고 있습니다.

3차원의 사람들인 여러분은 지금 자신들의 진화 단계와 허용되는 주파수에 맞도록 고안된 방으로 안내됩니다. 이 신전은 이 전체 은하계와 그 너머에서 오는 영혼들이 날마다 이곳에 와서 재충전을 하고 에너지를 고양시킬 정도로 잘 관리되고 있습니다. 이 놀라운 황금빛 불꽃의 에너지 속에서 호흡하며, 그것을 자기 존재의 모든 입자들에다 불어 넣으십시오. (잠시 멈춤)

이 불꽃은 여러분이 현 육화상태에서 유지하고 있는 자신의 의식과 삶에 대한 깨달음, 그리고 진화수준을 보다 더 위대한 단계로 발전하도록 지원할 것입니다. 숨을 들이쉬십시오. 그리고 부활의 에너지와 의식을 통합하십시오. 그것을 여러분의 몸의 모든 세포, 원자, 전자 속에 불어 넣으십시오. 부활의 불꽃을 규칙적으로 이용함으로써 그것은 영원히 여러분의 내면에서 확장을 계속해 나갈 것입니다. 상위 차원의 존재들도 여전히 자신들의 의식을 더욱더 높은 단계로 확장하기 위해, 또 자신들의 신성을 더욱 더 부활시키고 깨닫기 위하여 그것을 이용하고 있습니다. 그 가능성들은 정말 끝이 없습니다.

나와 더불어 "부활의 홀"에 잠시 머문 후에 여러분과 동행하기로 친절하게 자원한 그들과 함께 하십시오. 수백만의 부활의 불꽃 천사들이 이 불꽃으로 매일 인류를, 특히 그들을 접촉하려고 의식적인 노력을 하는 이들을 양육하고 보살핍니다. 여러분은 그 불꽃뿐만이 아니라, 1:1로 여러분과 함께 일하기를 바라는 모든 놀라운 천사들에게 다가갑니다. 그들은 여러분에게 에너지를 공급하고 또 영적인 자유의 상태로 여러분을 되돌리고 싶어 합니다.

여러분이 이 놀라운 황금빛 홀에 서 있으면, 지구와 진화하는 인류를 지원하기 위해 갖가지 모양과 크기로 타오르고 있는 무수한 황금빛 부활의 불꽃을 볼 것입니다. 그것들은 근원적인 창조주의 "영원하고도 무한한 생명 불꽃"의 또 다른 한 측면으로서 끊임없이 타오르고 있습니다. 또한 그것들은 3차원의 내부뿐만이 아니라 지구 안팎의 모든 차원들과 은하계들, 그리고 우주의 모든 생명과 행성들을 지원합니다.

그 홀 안으로 걸어 들어가 모든 놀라운 것들을 지켜보노라면, 여러분은 지구의 표면에 사는 이들을 위해 마련해 둔 특별한 원형 구조물에 이르게 될 것입니다. 그 원형 구조물은 가지각색의 조금 다른 꽃들처럼 보이는 다양한 크기와 모양의 불꽃으로 이루어져 있습니다. 거기에는 그곳을 방문하는 영혼들이 조용히 앉아 그들의 몸을 에너지 속에 푹 적실 수 있는 부활의 의자들이 있습니다. 지금 의자 하나를 선택하여 편안하게 그곳에 앉으십시오. 여러분을 부르고 있는 연꽃같이 보이는 의자에 그냥 앉으세요. 그런데 그것은 일종의 연꽃 불꽃입니다. 그 황금빛 연꽃 불꽃이 에너지를 끌어올리려고 여러분 몸의 모든 부분을 완전히 감쌉니다. 거기에 앉아서 그 놀라운 자신의 체험을 깊이 묵상하며, 가능한 한 모든 것을 흡수할 수 있도록 그 에너지 속에서 호흡을 계속하십시오. 그리고 자기 존재의 모든 측면으로 스며드는 그 불꽃을 느끼십시오.

잠시 시간을 가지고 정화하고 싶은 것과 가장 부활(소생)시키고 싶은 삶의 분야를 의식적으로 요청하십시오. 여러분과 함께 하고 있고 또 여러분의 요구에 응대하는 천사들에 의해 사랑으로 당신들에게 주어지고 있는 커다란 선물에 집중하세요. 호흡을 계속하십시오. 여러분은 그 에너지를 자신의 물리적인 몸속으로 가능한 한 많이 가져가야 할 필요가 있기 때문입니다. 이 에너지를 더 많이 취하면 취할수록 자신의 진동을 더 많이 끌어올리는 것입니다.

자신의 몸이 부활의 에너지로 각인되고 있음을 느끼세요. 어떻게 그것이 자신에게 느껴지고, 그 불꽃이 자신에게 어떻게 영향을 미치는지 인식하십시오. 그것의 감각을 알아차리고, 자신의 감각기관이 열려 삶의 모든 측면들을 더 많이 느낄 수 있도록 허용하십시오. 그것이 자신의 가슴에게 가져다주는 기쁨을 느껴보세요. 가능한 모든 것을 흡수하고, 그 좌석에 앉으면서 자신이 지금 얼마나 더 가벼워지고 밝아지고 있는지 느끼십시오. 그것은 천사들이 마치 여러분을 떠받치고 있는듯 합니다. 여러분이 치유하고 균형을 잡고자 하는 많은 문제들에서 벗어나게 할 수 있는 그 놀라운 불꽃으로 자신의 진동을 끌어올리겠다고 의식적으로 마음먹으십시오.

마스터 예수/사난다와 그의 사랑하는 나다가 함께 자신들의 부활의 불꽃으로 여러분을 도울 수 있도록 망설이지 말고 그들을 초청하십시오. 그들은 그 불꽃의 마스터들이니까요. 예수 사난다가 십자가에 못 박힌 후 그 에너지를 이용하여 자신의 몸을 사망의 상태에서 일으키고, 또 나사로(Lazarus)[8]를 죽음으로부터 일으켜 세울 수 있었다면, 또한 그는 확실히 여러분을 크게 도울 수가 있습니다. 그가 행한 것을 여러분 역시도 해낼 수 있으나, 그가 한 것처럼 일정기간에 걸쳐 자신의 힘으로 해야만 합니다. 여러분은 문자 그대로 완벽하고, 아름답고, 빛나고, 밝고, 영원하고, 무한한 신성의 상태로 자신의 몸을 부활시키기 위해 그 불꽃을 이용할 수 있습니다.

다 되었다고 생각되면, 그 자리에서 일어나 부활의 홀 입구에 있는 우리와 다시 만날 수 있도록 되돌아오십시오. 완료되었다고 느껴질 때, 지상에 있는 자신의 몸의 온전한 의식으로 되돌아오십시오. 그 연결 상태는 계속 남아있을 것입니다. 이 에너지를 가지고 자신에게로 돌아오도록 하고, 여러분이 원할 때는 언제든지 부활의 신전으로 되돌아가 그 좌석에 앉아 크게 환영받을 것임을 잊지 마십시오. 여러분은 매일 가도 좋은데, 좋다면 자주 가십시오. 가슴으로 여러분이 방금 받은 축복에 깊은 감사를 표하고, 또 여러분이 부활의 신전을 방문하는 것을 지원

---

[8] 신약성경에서 죽었다가 예수에 의해 다시 살아난 베다니 사람(요한복음 11:1)

한 모든 이들에게 감사하십시오.

불사의 영약(靈藥)은
부활의 불꽃으로부터 옵니다.

우리는 이제 텔로스에서 우리의 빛의 공동체 회원들이 여러분에게 사랑과 평화, 조화, 치유의 마음을 전하는 바입니다. 우리는 늘 여러분과 함께 있으며, 또 여러분이 부르면 금방 손이 닿을 데 있음을 아십시오. 당신들이 우리와 연결을 원하는 그 어느 때든, 우리의 가슴은 열려 있습니다. 우리는 여러분의 형제자매이며, 또 여러분을 무척 사랑합니다. 참으로 그렇습니다.

- 오릴리아 – 아다마님, 이 놀랍고도 놀라운 메시지와 명상, 그리고 부활의 불꽃 및 우리의 삶을 위한 그것의 여러 가지 특성들을 소개해주신 데 대해 대단히 감사합니다. 그것은 정말 놀라운 선물이자 큰 축복이에요! 우리는 또한 오늘 여기에 참석하셔서 사랑과 빛의 헌신을 해주신 나다와 사난다님에게 우리의 깊은 감사를 표합니다. 우리는 아다마님, 사난다님, 그리고 나다님을 무척 사랑합니다. 훌륭한 교사가 되어 주심에 대단히 감사드립니다.

- 아다마 – 그것은 우리의 큰 기쁨이자 즐거움입니다. 우리는 여러분 모두에게 그것을 소개할 수 있는 날을 기대하고 있었습니다. 우리도 여러분 모두를 무척 사랑합니다. 한 존재가 행하거나 행하지 않으려는 것이 무엇이든 우리의 세계에서는 모두 주목하고 있음을 아십시오. 자신의 근면과 노력으로 여러분은

멋진 사랑의 진주를 만들고 있습니다. 훗날 여러분이 그 진주들을 수확하게 될 것임을 확신하십시오. 사랑으로 창조하는 것은 무엇이든, 마찬가지로 사랑으로 거두어들일 것입니다.

텔로스의 우리는 여러분의 의견을 들을 수 있고 읽을 수 있는 이런 기회와 그리고 마침내 지상에서 목소리로 전하는 기회를 가지게 된 데 대해 대단히 고맙게 생각합니다. 우리는 이런 기회를 너무 오래 동안 기다려 왔습니다. 우리는 지상에 있는 우리의 형제자매들과 "가슴에서 가슴으로" 다시 연결되기를 그리워하고 있었습니다. 우리의 문명과 여러분의 문명 사이에 다리가 지금 만들어졌습니다. 하지만 우리의 것이 여러분의 것보다는 더 튼튼합니다. 당신들은 아직도 우리와 함께 더 훌륭한 방법으로 여러분의 다리를 강화해야 합니다. 우리가 여러분의 한 가운데에 분명한 모습을 드러내기 이전에 먼저 당신들 쪽에서 더 많은 사람들과 가슴의 연결이 이루어져야 합니다. 충분한 사람들이 준비되고 또 기꺼이 우리의 가르침을 받아들이고자 할 때, 우리는 좀 더 가시적이고 공공연하게 우리의 존재를 드러낼 것입니다.

- 그룹 – 알겠습니다! 우리는 조만간 당신의 가르침을 더 듣기를 바랍니다. 사랑하는 친구들이여, 다시 한 번 감사드립니다. 정말로 매순간 당신의 지혜는 들을 가치가 있었습니다. 우리가 다시 만날 때까지, 아다마님, 사난다님, 나다님, 그리고 텔로스의 가족 모두에게, 축복있기를 기원합니다.

> 여러분은 모든 창조물과 자연과 더불어 언제나
> 조화의 상태에 머물고자 노력해야 합니다.
> 조화가 없다면, 거기에는 불협화음이 있습니다.
> 그리고 그때는 불화와 함께 파멸이
> 찾아올 것입니다.
>
> - 조하르 -

17 장

조화의 불꽃

상승의 자격을 실현하기 위한 주요 비결

조하르(Zohar)의 끝맺는 말

● 오릴리아 - 조하르는 지구 내부의 도시 샴발라(Shamballa)에서 온 아주 고대의 마스터입니다. 그는 자기 자신이 같은 몸으로 25만 년을 살아왔다고 나에게 말합니다. 그는 약 15피트(약4.5m)의 키에, 대략 35세 정도로 보이며, 그리고 반짝이는 흰 머리칼을 소유하고 있습니다. 그의 흰 머리칼은 나이가 들어 그런 것이 아니며, 다만 자신의 가슴 속에 있는 강렬한 흰빛의 결과라고 부언합니다. 그는 자연과 창조물에 관한 과학자이며, 삶의 대부분을 샴발라에서 지내고 있습니다. 그가 선호하는 주제 중 하나는 "조화(harmony)"의 의식(意識)에 관해 이야기하는 것인데, 그것은 상승할 수 있는 의식단계에 도달하는 한 가

지 핵심열쇠입니다.

그는 또한 레무리아인들이 처음 샤스타 산 내부로 이동한 12,000년 전에 텔로스시를 구축하는 과정에서 그들을 인도하고 도와주었던 자신의 실존이 빛으로 흘러넘치는 존재이기도 합니다. 아울러 그는 그 시기에 앞서서 이전 5,000년 간 그들을 도와주고 충고했었는데, 그때 레무리아는 멸망하기로 예정돼 있었습니다. 그래서 그들은 거주하기에 적합한 지저 도시인 텔로스를 준비하기 시작했습니다.

조하르는 내게 말하기를, 처음에는 샴발라의 누구도 지구 내부 아갈타 연결망에 레무리아 문명이 가입하게 되리라는 것을 알지 못했다합니다. 그리하여 샴발라의 빛위원회에서는 그때 텔로스를 매우 면밀히 주시하고 검토해야 할 필요가 있다고 결정했습니다.

그런데 지난 12,000년 동안 텔로스에서 많은 시간을 보낸 후 조하르는 자신이 정말 빛과 사랑의 그 도시에 대해 맹목적인 사랑을 갖고 있다고 말합니다. 지구 내부의 다른 문명들에 비하여 레무리아 사람들이 거기에서 단기간에 성취한 것은 단연코 당시 어떤 행성위원회나 은하간위원회가 상상했던 모든 기대를 능가했습니다.

그는 다음과 같이 말합니다. "나는 지난 12,000년 동안, 특히 초기에 텔로스에서 무척 많은 시간을 보냈습니다. 그리고 나는 나의 도시 샴발라를 사랑하는 만큼 더욱 이 곳을 사랑하게 되었습니다. 지금도 나는 텔로스에서 많은 시간을 보내는데, 하지만 전과 동일한 이유에서가 아닙니다. 지금도 그곳에 가지만, 더 이상 그들의 진보와 발달을 관찰하고 검토할 필요는 없으며, 다만 빛으로 이루어진 그 놀라운 도시에, 그리고 실재하는 그 주민들 속에 내가 있음을 무척 즐기고 또 사랑하기 때문입니다.

그곳에 그처럼 완벽하게 존재하는 아름다움과 풍요, 형제애, 창조성은 한 문명과 그 주민들이 집단적으로 창조주의 사랑을 온전히 구현하고자 결심했을 때 그 사랑과 조화가 성취할 수 있는 그 어떤 곳의 기적보다도 더 나은 예증입니다. 텔로스와 그 주민들은 사랑이 성취할 수 있는 놀라움에 대한 뛰어난 우주적 본보기인 것입니다."

조하르는 또한 나에게 말합니다. 그는 과거에 몇 번에 걸쳐 잠시 지상에 왔었고, 지표면의 거주자들과 만나 대화를 무척 즐겼다고 합니다. 그는 덧붙이기를, "텔로스의 레무리아 가족의 가슴과 마찬가지로, 나의 가슴은 여러분 사이에서 한 형제로서 다시 걸을 수 있기를 그리워하고 있습니다. 그리고 당신들 모두에게 나의 교시(敎示)와 지혜를 전해드리고자 합니다."라고 언급했습니다.

● 조하르 – 안녕하세요, 나의 사랑하는 형제자매들이여, 나는 샴발라에서 온 조하르입니다. 오릴리아! 그대의 책에서 내가 말할 수 있게 요청해줘서 고맙습니다. 나는 그러한 노력으로 나의 에너지를 전하게 된 데 대해, 그리고 나의 메시지를 읽게 될 여러분 각자와 가슴 대 가슴으로 연결되는 기회를 갖게 되어 정말 기쁩니다.

나는 이 점을 말하고자 합니다. 이 세상이 깨어나 광명화되고 빛 속으로 들어 올려지기 위해서는 여기에 살고 있는 누구든 간에 인간의 "조화(調和)"에 대해 책임을 져야함은 필수적입니다. 누구든지 그것을 행해야만 하는데, 그것은 필요불가결한 것입니다. 그렇지 않다면, 그것을 행하지 않는 자들은 자신들의 오만함으로 인해 끌어내려질 것입니다. 즉 그들은 빛의 결핍으로 육신이 병들어 그저 죽게 될 것인데, 왜냐하면 새로운 세상

에서 행복해질 자격을 얻지 못할 것이기 때문입니다. 이해가 되나요?

사랑하는 이들이여, 이것은 이제 여러분이 해야만 하는 선택입니다. 그것을 실천하든가, 말든가 어느 쪽이든 말입니다. 여러분의 진화의 성과는 오로지 매일, 그리고 매 순간 여러분이 하는 선택에 달려 있습니다.

지구상의 주민들은 이른바 "모임"이라는 것을 점차 형성하고 있습니다. 이 세상의 권력자들, 그림자 정부쪽의 세력들, 일루미나티들(Illuminatis)은 어떤 희생을 치루더라도 그것을 중단시키려 함을 알아야합니다. 그렇지만, 그들이 그 모임을 중단시키려 하면 할수록, 여러분은 더욱더 그것을 올바로 하고 있음을, 또 위대한 대사건에 더 가까이 가고 있음을 알 것입니다. 이해하시겠습니까??

지구상의 여러분 정부들은 지구 내부에 살고 있는 사람들이 오래 동안 그곳에 있어 왔고, 또 제한된 그들의 마음이 일찍이 상상할 수 있었던 것보다 훨씬 더 오래 동안 그곳에서 존재해 왔음을 아직도 깨닫지 못합니다. 아울러 그들은 이 행성을 맡아 관리하고 있는 이들이 자신들이 아니라는 것과 분열 속에 있는 그들의 통치시대가 극적인 종말로 빠르게 다가가고 있음을 아직도 알지 못합니다. 그들의 환상의 물거품이 곧 산산이 부서질 것이며, 그리고 그들은 자신들에게 돌아올 책임의 결과에 직면해야 할 것입니다.

지금은 자신들의 삶에서 조화를 받아들이고자 하지 않는 이들로부터 여러분 스스로 거리를 두어야 할 시기입니다. 그리고 조화를 실현하고자 하거나, 텔로스의 가족으로 받아들여지기를 바라는 모든 이들은 다음 사항을 실천해야만 합니다.

• 여러분은 모든 창조물 및 자연과 더불어 언제나 조화의 상태에 머물러 있도록 애써 노력해야 합니다. 조화가 없으면, 불화가 있으며, 그리고 불화와 함께 거기에는 파멸이 있습니다.

• 사람들이 행하거나 말하는 것과 관계없이, "여러분은 조화로운 상태에 남아 있어야 합니다." 만일 어떤 사람이 여러분에게 해를 끼치면, 그들에게 그저 감사하거나 축복하고, 자신만의 진실을 가지고 살아가십시오. 그들이 여러분 현실의 일부가 되게 하지 마십시오. 왜냐하면 그것이 여러분에게 도움이 되지 않기 때문입니다.

• 만일 여러분이 불협화음적인 상황에 마주치면, 자신을 거기서 멀리 떼어놓으세요. 조화가 지배하지 않는 곳에 남아 있을 의무는 없습니다.

• 언제나 진실과 조화를 추구하세요. 늘 그 흐름으로부터 또다시 자신이 빗나가지 않도록 하십시오. 지금 여러분의 행성에 넘쳐흐르는 새로운 에너지에 저항을 계속하는 자들은 더 이상 그렇게 할 수 없을 것입니다. 그 에너지는 여러분 모두가 기다려 온 변화와 변형을 일으키기 위해 지금 매일 증가하고 있으며, 또 배로 늘어나고 있습니다. 거기에 저항하거나 방해하는 자들은 스스로 파멸될 것입니다.

● 여러분은 부조화 혹은 죄의식의 감정을 더 이상 마음에 품지 않아야 합니다. 자신의 현재 상태 혹은 삶에 대한 카르마적인 빚을 갚기 위해 자기가 겪고 있는 일을 슬퍼하거나 서러워하지 마십시오. 오히려 자신을 향상시키려고 늘 애써 노력하고, 또 자신이 받고 있는 도움에 대해 감사하십시오.

● 조화가 자신의 삶에서 첫 번째 순위가 되어야 하며, 그것이 "상승의 전당"으로 입장하는 여러분의 길을 포장할 터이니 안심하십시오. 자신을 괴롭히거나 근심케 하는 것이 아무 것도 없을 때, 여러분은 자신이 그 단계에 도달했음을 느낄 것입니다. 그 때는 사람들이 당신에게 무엇을 말하거나 무슨 행위를 하든지, 그것이 당신의 가슴을 이런 저런 식으로 슬프게 하지 않을 것입니다.

● 완전한 조화 상태에 있는 이는 우주만물과 더불어 완전히 행복합니다. 그 사람은 있는 그대로를 모두 받아들입니다. 여러분이 그렇게 되면, 상승을 위한 준비가 된 것입니다.
텔로스와 친밀한 관계로 인해 나는 거의 텔로스 사람이므로 나 또한 빛 속에서 여러분을 맞이하고 여러분의 승리를 옹호하기 위해 거기에 있을 것입니다. 사랑하는 친구들이여, 나마스테! 나는 여러분 모두를 너무 너무 사랑하고 있습니다!

※P.S: 5번째 광선과 대비취 사원에 관한 정보는 텔로스 시리즈 제1권에 포함돼 있습니다. 그리고 신의 의지에 속한 제1광선과 변형의 보라색 화염인 제7광선은 텔로스 시리즈 제2권에 담겨져 있음을 알려드리는 바입니다.

◇ 역자(譯者) 약력
정신호 : 한국방송통신대학교 전자계산학과 졸업
숭실대학교 정보과학대학원 전산공학과 졸업
[번역] 피닉스 저널 2권, 피닉스 저널 3권, 은폐한 잔혹행위.

텔로스(Ⅲ) - 5차원의 규약

초판 2쇄 발행 / 2021년 2월 2일

저자 / 오일리아 루이즈 존스
옮긴이 / 정신호   감수 / 光率
발행인 / 朴仁鎬
발행처 / 도서출판 은하문명
등록 / 2002년 12월 05일 (제2020-000063호)
주소 / 서울특별시 서초구 서운로 160, 305호
전화 / (02)737-8436
팩스 / (02)6209-7238
인터넷 홈페이지 (www.ufogalaxy.co.kr)

한국어 판권 ⓒ 도서출판 은하문명

파본은 서점에서 교환해 드립니다
가격 22,000원

ISBN 978-89-94287-05-8 (04840)